SUNKEN CONTINENT

沈んだ大陸

大規模海面上昇と動物分布の謎

柴 正博
SHIBA MASAHIRO

幻冬舎 MC

沈んだ大陸

――大規模海面上昇と動物分布の謎――

まえがき

子供のころ、太平洋に沈んだ「ムー大陸」や大西洋に沈んだ「アトランティス大陸」など、大洋にあったとされる幻の大陸の話に、胸をときめかせたことを覚えています。しかし、現在では「ムー大陸」についてはその存在が否定され、「アトランティス大陸」についてはその大陸のあった場所が不明で、伝説の大陸とされています。

そのような幻や伝説の大陸とは別に、地球の歴史を過去に遡っていくと、海に沈んだ大陸が最近の海底の地質調査でたくさん発見されています。また、生物の遺伝子情報にもとづいた分子系統学により、生物の祖先の系統関係が明らかになり、それらの生物の分布から過去の大陸と海洋の分布についてさまざまな議論がなされています。本書では、最近のこれら地質学と生物学の研究から、過去に沈んだ大陸の痕跡を探してみたいと思います。

まず今から約二万年前の最終氷期のときに海面の高さが現在より一〇〇メートルほど低かったことで、世界のさまざまな場所に広い陸地があり、それがその後の海面上昇によって沈んでしまったことをお話しします。その最終氷期の海面低下でも陸でつながらなかった、北海道と本州のような島々や大陸の間では、それぞれに分布する動物や植物の種類に違いが見られます。

日本列島も含めて東南アジアや地中海などの世界の島々には、固有の珍しい陸生動物が棲んでいます。オーストラリア大陸と南アメリカ大陸になぜ有袋(ゆうたい)類がいるのか、なぜ太平洋のガラパゴス諸島とインド洋のセイシェル諸島にゾウガメがいるのか、なぜマダガスカル島にキツネザルがいるのか、なぜペンギンは南極圏の島々に分かれて棲んでいるのかなど、地球とそこに棲む生物の分布の謎はつきません。このような、生物の地理的分布の謎に迫る科学は生物地理学といいます。

　私の生物地理学への興味は、私の師である星野通平（みちへい）先生の『毒蛇の来た道』（一九九二年、東海大学出版会）の編集を手伝わせていただいたことに始まります。生物地理学の進展については、二〇世紀初めまで、生物の分布、とくに陸生動物の分布は大陸と大陸、または島々をつなぐ陸橋によって説明されていました。しかし、その後に海底の地形が明確になったことにより、海底が相当に深いことから陸橋説が否定され、プレート・テクトニクス説による「大陸移動」分断説と、「稀有な偶然による」海洋分散説が一般化し、現在では分断説で説明できないところを動物の遊泳や筏に乗った漂流などによる海洋分散説で説明する風潮になっています。

　一方最近では、進化系統学の分野で、ある生物で共通している派生形質に注目して系統を考える分岐分類学が発展し、それにつづいてとくに二〇〇〇年代からは遺伝子解析による生物の系統分岐の順序と産出化石の年代から、各系統の分岐年代の推定が盛んに行われています。それにより、生物地理学または生物進化学はこれまでの憶測をする科学から、ようやく推測する科学になってきました。しかし、生物地理学では、単にプレート・テクトニクス説による大陸移動や、海を漂流して渡ったという海洋分散説で、生物、とくに陸生動物の分布を安易に説明している傾向があります。

　本書で私は、ジュラ紀末期以降に海面が一二キロメートル上昇したことを述べています。現在の深海底の大部分は水深五〇〇〇～六〇〇〇メートルなので、それにより現在の深海底の一部がかつては陸地だった可能性が出てきました。この考えは、深海掘削により明らかになった浅海を示す岩石、または陸上で浸食された証拠の存在などと、二〇世紀の石油地質学者が明らかにした地層形成メカニズムにより、ジュラ紀末期以降の地層の形成には相対的沈降量が一二キロメートルにおよぶことからの、私の提案です。

地球の過去の歴史は地層の記録として残されています。この地層がどのように形成されてきたかということが、地球の歴史を解き明かすための根本問題であると、私は考えます。すなわち、私は地層を形成させた地殻の相対的沈降量を海面上昇量としてとらえて、それを白亜紀以降の生物地理学に適用した作業仮説をつくり、本書でそれをみなさんに提案いたします。

生物地理学においては、「陸上に棲む淡水魚や両生類、爬虫類、哺乳類は、自ら海を渡れない」と同じ意味ですが、「陸生動物は生息環境の中を移動する」という基本的なルールを守って、生物の分布や進化を考えるべき、と私は思います。すなわち、私は陸生動物がかつて存在した大陸や陸の橋（陸橋）を渡って別の大陸や島々に分散したという考えで、動物の分布と沈んだ大陸の謎に挑みました。

海に沈んでしまったかつての大陸の分布については、現在までの海洋底の調査でもまだ十分に調べられているとはいえず、単に現在までにそこが陸だった証拠がないからといって、そこが過去に一度も陸だったことがなかったとは、容易に決めつけられないと考えます。

世界の大洋の海底を掘削して調査している国際的な深海掘削計画は、深海底の年代を調べる目的で始められたことから、海底の高まり（隆起地形）での掘削地点が少ない傾向にあります。海底の隆起地形はかつての大陸だった可能性があり、その点で、今後、海底の隆起地形での積極的な掘削などの海底調査が望まれます。なお、遺伝子系統学については、現在さまざまな生物についての論文が次々と発表されていて、本書で扱った動物についても今後さらに新しい結果が公表され、その分岐順序や年代などが変更される可能性もあります。

生物地理学は、私たちヒトも含めた地球の生物のルーツをたどることはもちろん、同時に地球の歴史も明らかにするものであり、今もっともホットな生物学と地質学のテーマになっています。そのため、生物地理学は、今後も地球科学の重要な分野になっていくと思われます。

なお、引用文献については、本文中に[1]などの番号で示し、巻末に各章ごとに文献を示しました。海底地形図については、ことわりのないものは、NOAAのデータビューア（https://www.ncei.noaa.gov/maps/bathymetry/）のマップをもとに作図しました。

目次

第二章　日本列島周辺の沈んだ大陸

第三章　四三万年前に沈んだ大陸

現在の地形は、時間とともに大きく変化していて、地殻の隆起と大規模海面上昇の結果として現在がありま す。そして、その地形変化は、生物の分布と進化にとって重要な要素であり、地殻表層の変化に大きく影響 されて生物は進化してきました。

第一章　伝説の大陸と最終氷期の大陸

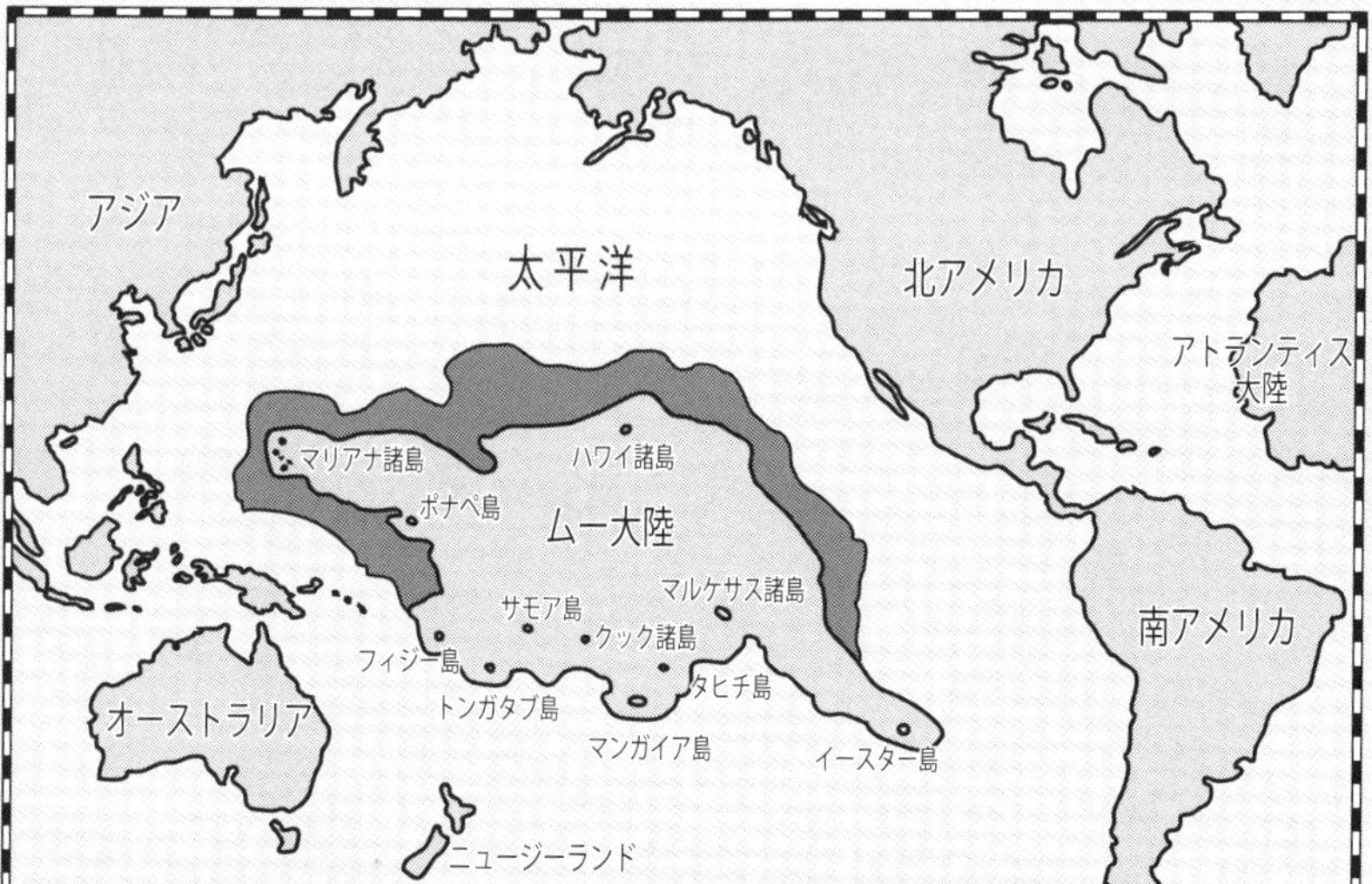
アジア
太平洋
北アメリカ
アトランティス
大陸
マリアナ諸島
ハワイ諸島
ポナペ島
ムー大陸
サモア島
マルケサス諸島
クック諸島
フィジー島
タヒチ島
トンガタブ島
マンガイア島
イースター島
オーストラリア
南アメリカ
ニュージーランド

図1　ムー大陸の位置（チャーチワードによる）[1]。

太平洋に沈んだ「ムー大陸」と大西洋に沈んだ「アトランティス大陸」は、どこにあったのでしょうか。これら二つの伝説の大陸については、今でも謎のままです。しかし、最近に起こった陸と海の地形の大きな変化として、今から約一万年前から起こった海面上昇による沈んだ大陸の物語があります。

それは、今から数万年前から始まった最後の氷期（氷河期）と関連しています。この氷期には、地球の北半球の大陸に氷河（氷床）が広く厚く発達して、そのため海の水が少なくなり、海面が現在の水深約一〇〇メートルのところまで低くなっていました。そのとき、大陸とその沖合にあるいくつかの島々が陸地でつながっていました。その後、今から一万三〇〇〇年前ごろから海面が急激に上昇して、それらの陸と島をつないでいた架け橋の陸地（陸橋）が海に沈み、島々が孤立してしまいました。

本書の最初の章として、「ムー大陸」と「アトランティス大陸」の伝説の大陸の話から始めて、次に、現在から見て最後の氷期以降の海面上昇によって沈んだ大陸（陸地）の話をしたいと思います。

一　伝説の沈んだ大陸

ムー大陸

ムー大陸は、ジェームズ・チャーチワードが一九二八年に著した『失われた人類の母なるムー大陸』や一九三一年の『失われたムー大陸』などの一連の著作の中で、現在のハワイ諸島やマリアナ諸島、イースター島など南太平洋上に点在する島々がすべて陸続きになっていて、東西七〇〇〇キロメートル、南北五〇〇〇キロメートルにもなる超大陸が存在したと考えたものです（本章扉図1）。この大陸は、世界でも類を見ないほど栄華な文明を誇っていましたが、今から約一万二〇〇〇年前に巨大地震などの天変地異が起こり、一夜にして水没してしまったとされました[1]。

チャーチワードがムー大陸とその文明の存在の根拠にしたものは、イースター島の巨大なモアイ像の遺跡や、クック諸島のマンガイア島、トンガ諸島、カロリン諸島のポナペ島やコスラエ島などにある神殿や巨石の遺跡などでした。しかし、ムー大陸があったとされる海域は、それぞれの諸島以外の海底がほとんど水深五〇〇〇メートル以上ととても深く、その広大な深海底に一万二〇〇〇年前まで広大な大陸があった痕跡がまったく存在していません。

現在、最古の文明として確認されているものの一つに、メソポタミア文明の基礎となったシュメール文明があります。それは今から七三〇〇年前ごろに始まったといわれています。ここでは、原始的農業を経て灌漑技術が生み出され、都市ができて寺院ができ、冶金技術も生まれ、神官階級が文字を使用して、いわゆる人類の歴史が始まりました。

チャーチワードは、ムー大陸には今から数万年前から栄えていた文明があったとしています。しかし、このことは現在知られている文明の始まりよりも、相当に早い時期にあたります。また、ムー大陸についてチャーチワードがその存在の根拠とした資料自体の多くが、信憑性が低く、証拠として示された遺跡や遺物の中には実際に存在しないものも含まれていました。このようなことから、現在ではチャーチワードが示したムー大陸の存在が否定されています。

アトランティス大陸

アトランティス大陸は、古代ギリシャの哲学者プラトンの著書『ティマイオス』および『クリティアス』の中で記述された、伝説上の広大な大陸とそこに繁栄したとされる帝国のことです。プラトンによれば、その大陸は九〇〇〇年前ごろに海中に没したと記述されています。プラトンは、紀元前四世紀ごろに生きていた人なので、アトランティス大陸が海中に没したのは、今から一万一四〇〇年前ごろになります。アトランティスについてのプラトンの記述では、巨大なアトランティス大陸はジブラルタル海峡にあったとされる「ヘラクレスの柱」のすぐ外側にあり、そこにあった帝国は豊かで強い軍事力をもち、地中海西部を含んだ広大な領土を支配していたとされます。しかし、領土の拡大を目指してギリシャを侵略したのが失敗して、その直後に起こった地震と洪水でアトランティス大陸は海中に沈み、帝国も滅亡したとされています。[2]

アトランティス大陸については、大西洋を「Atlantic Ocean（アトランティスの海）」と呼ぶヨーロッパの人たちの多くが関心をもち、それがどこにあったかということについてさまざまな説が出されています。その主な論点には、「ヘラクレスの柱」が本当に地中海西端のジブラルタル海峡にあったものかという位置の解釈をめぐる問題と、アトランティス帝国を滅ぼし海中に沈めたとされる洪水の年代の問題があります。その議論の中で、多くの考古学者は、アトランティスの滅亡の物語が紀元前一五二五年ごろにあったエーゲ海のサントリーニ島の大規模な火山噴火と関連したものではないかと考えています。

サントリーニ島（図2）は、ギリシャの首都アテネから約二〇〇キロメートル南東のエーゲ海南部に浮かぶ直径約一〇キロメートルの円形の海を囲むような形をした島で、紀元前一五二五年ごろに大噴火を起

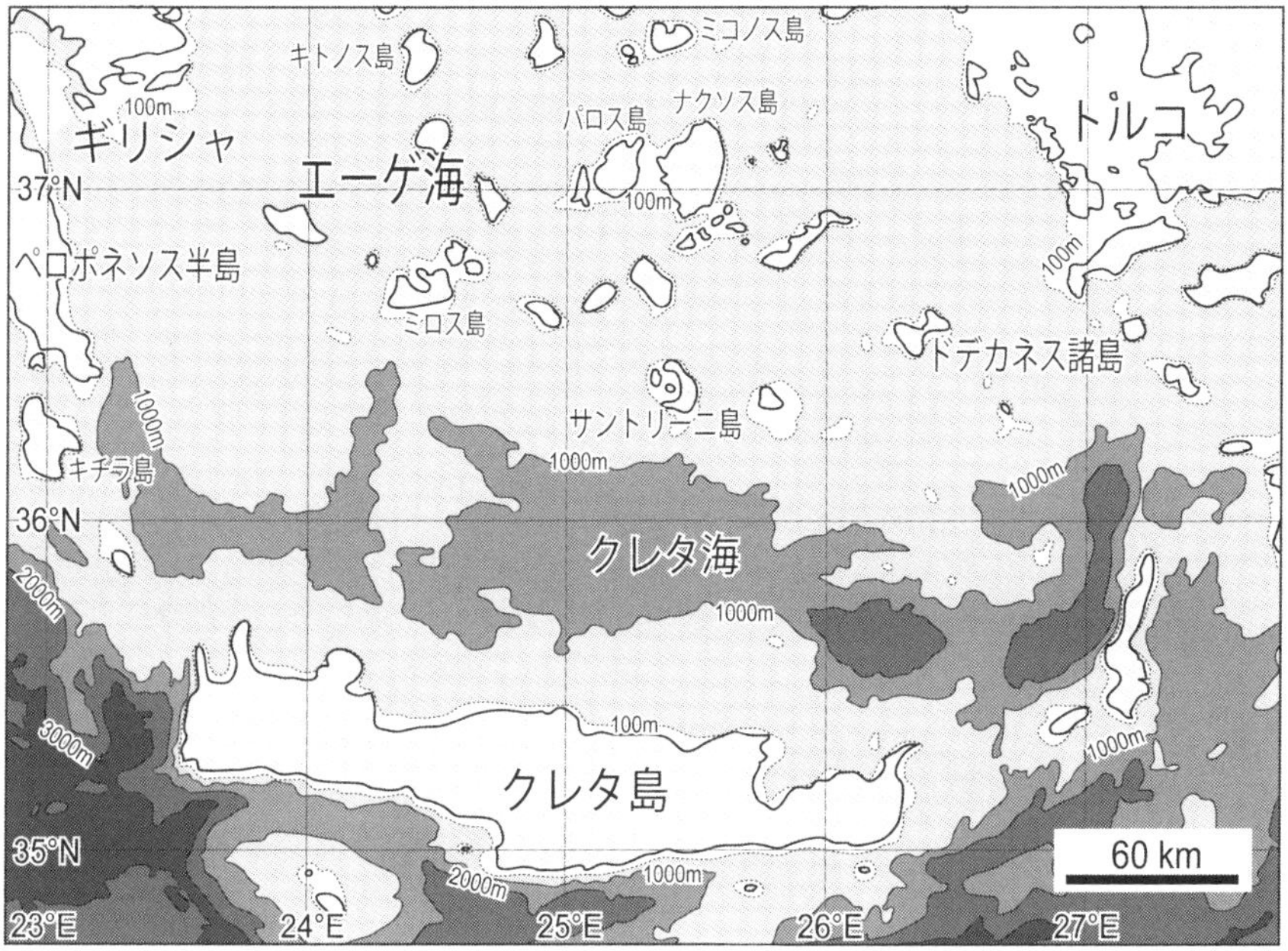
ミコノス島
キトノス島
100m
パロス島
ナクソス島
ギリシャ
トルコ
エーゲ海
37°N
100m
ペロポネソス半島
100m
ミロス島
ドデカネス諸島
1000m
サントリーニ島
キチラ島
1000m
1000m
36°N
クレタ海
2000m
1000m
3000m
100m
1000m
クレタ島
35°N
60 km
2000m
1000m
23°E
24°E
25°E
26°E
27°E

図2　エーゲ海のサントリーニ島の位置とエーゲ海とクレタ島周辺の海底地形。

こしたカルデラ火山の山頂が海上に出ている島です。このサントリーニ島が大噴火したときには津波も起こり、その津波によってクレタ島のミノア文明が滅びました。そのため、この噴火は「ミノア噴火」と呼ばれ、アトランティスの伝説と結びつける人が多くいます。しかし、この事実は、プラトンが示したアトランティスの年代と大陸の位置や規模が相当に違うことから、アトランティスではないという人もいて、アトランティス大陸の謎はまだ解明されていません。

二　最終氷期の海面変動と沈んだ大陸

最終氷期の海岸線

幻の大陸、ムー大陸とアトランティス大陸

が存在していたとされる今から一万数千年前には、大陸に氷床や山岳氷河が広く発達していました。この最終氷期（ウルム氷期）は、今から約七万年前から地球の気温低下が始まって約一万七〇〇〇年前に終了し、そのもっとも寒かった時期（最寒冷期または最盛期）は今から二万一〇〇〇年前といわれています。

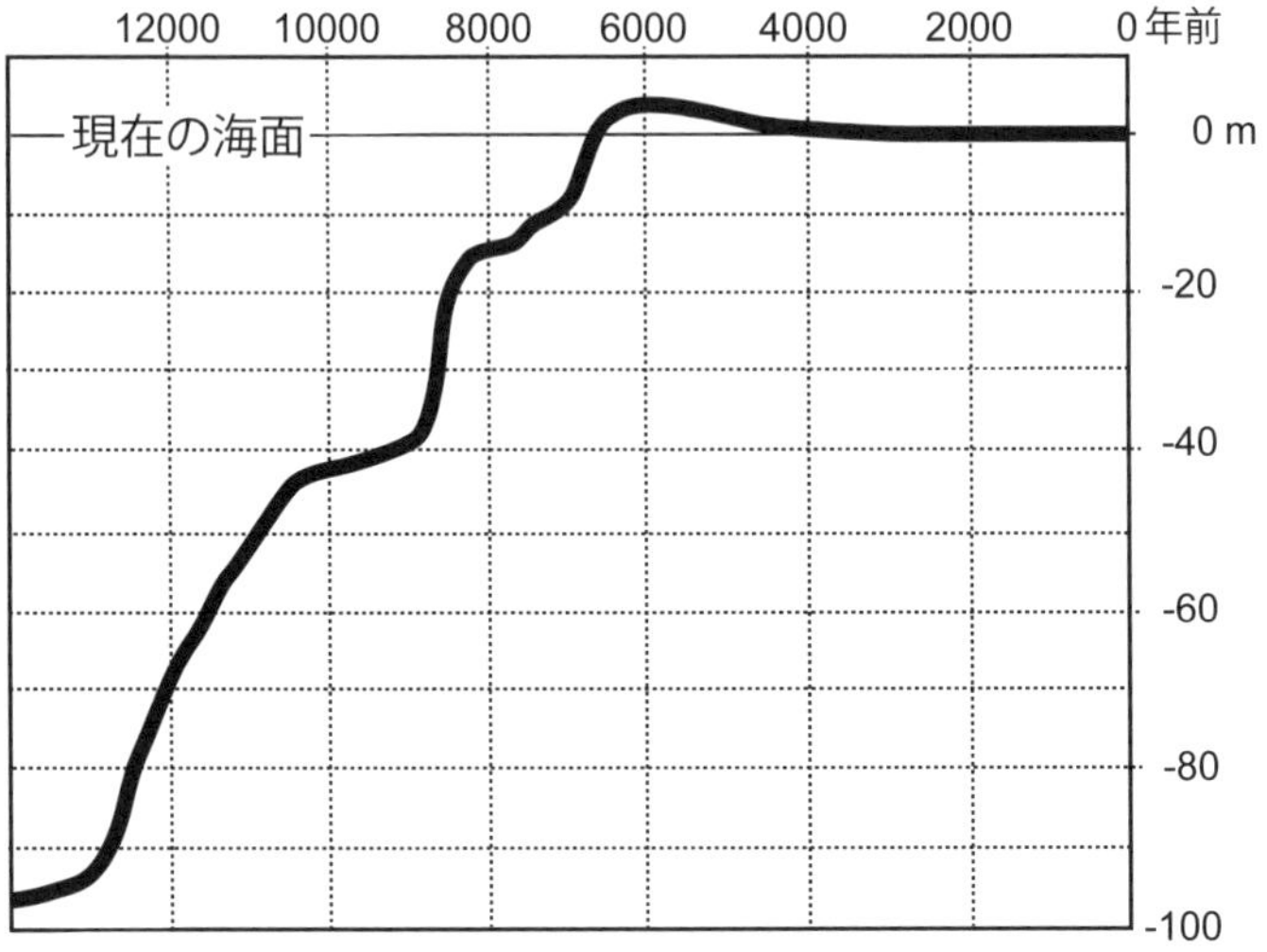

12000
10000
8000
6000
4000
2000
0年前
現在の海面
0 m
-20
-40
-60
-80
-100

図3　最終氷期以降の海面変動曲線[3]。

このウルム氷期最盛期には、大陸に氷床として相当な量の水分が固定されたために海面が低くなり、現在より海面が約一〇〇メートル下がりました。したがって、今から約二万年前の海岸線は、現在の海面より約一〇〇メートル低いところにあったことになります。

最終氷期の終了とともに、今から一万三〇〇〇年前ごろに地球は温暖化して大陸氷床が溶けて海面が急激に上昇しました。一万年前には海面は現在より四〇メートル低いところ、八〇〇〇年前には約一〇メートル低いところ、そして約六〇〇〇年前には現在より数メートル高いところにありました（図3）。その後、少し寒冷化して海面は低下し、現在の海面の位置になりました。

現在、地球の温暖化が危惧されて、その原因とされる二酸化炭素の削減が叫ばれています。しかし、今から約六〇〇〇年前には、現在よりも温暖で海面も数メートル高い時期がありました。同じような温暖化がこれから始まるとすれば、海面は上昇し始めますが、現在のところ世界のどこでも顕著な海面上昇は記録されていません。海面の位置は、どこかが高く、別のところで低いというようなことはなく、地球上のどこでも同じになるので、地球のどこかで海面が上がれば日本でも海面は高くなります。日本の海面が高くならないのに、どこかの島の海面だけが上昇することはありません。

海岸線の証拠

最終氷期の海岸線が、現在の海面から約一〇〇メートル低いところにあったと述べました。その証拠として、全世界的に大陸や島の沖合の海底には水深約一〇〇メートルの大陸棚が発達していることがあげられます。大陸棚とは、現在の海岸線から緩やかな傾斜で続く海底のことで、その海底は水深約一〇〇メートルより深いところからは急斜面となり、さらに深い大陸斜面に続いています。この大陸棚の端で海底の傾斜が変わるところを大陸棚外縁と呼びます。

全世界的に大陸や島の大陸棚外縁の水深は一〇〇～一二〇メートル程度の範囲に揃っていて、東京湾の海底のように大陸棚の海底に最終氷期の川の跡が残っているところも多くあります。また、大陸棚の堆積物を調べると、大陸棚外縁に沿ってかつての海岸の礫（れき）（直径二ミリメートル以上の砕屑（さいせつ）粒子）や砂など粒度の粗い堆積物があり、海岸平野や大陸棚の掘削または大陸棚での音波探査で地層を詳しく調べることにより、かつての海岸の上に海面上昇または海面上昇の停滞期に堆積したと考えられる地層が発見されています。

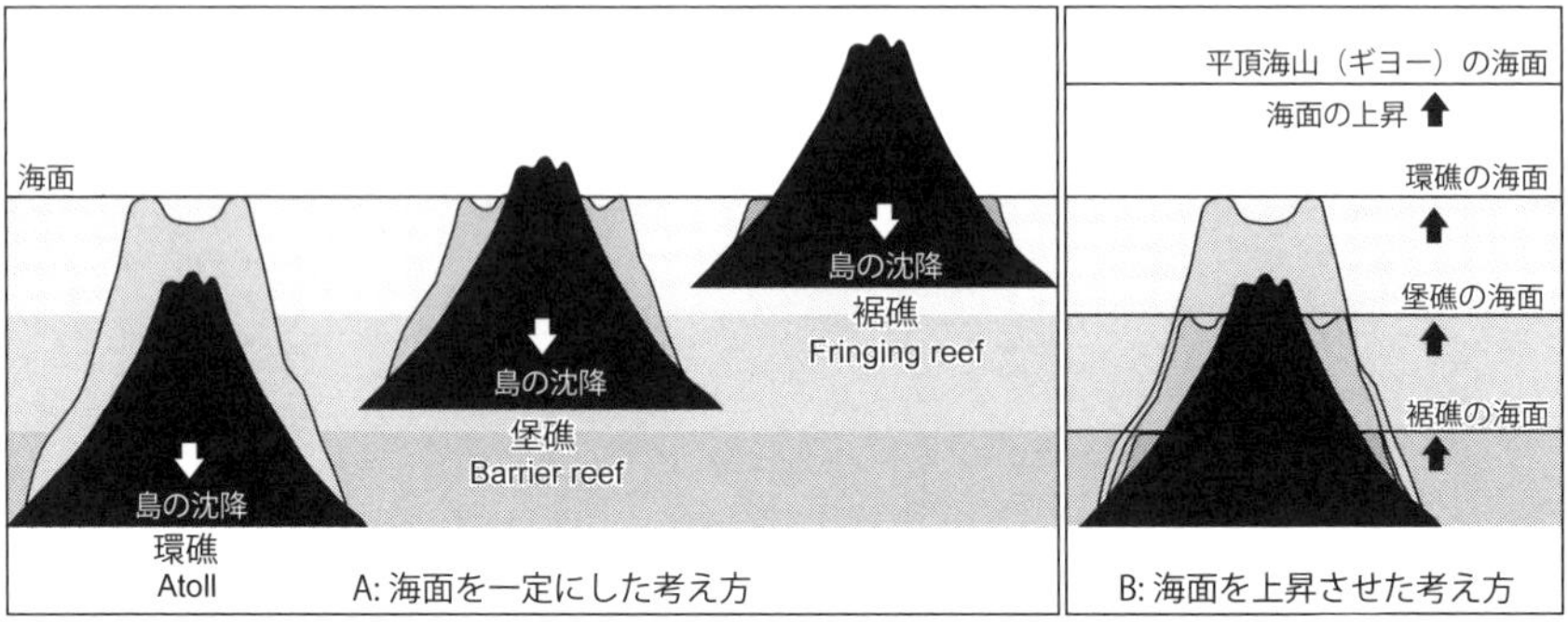
平頂海山（ギヨー）の海面
海面の上昇
環礁の海面
堡礁の海面
裾礁の海面
海面
島の沈降
裾礁
Fringing reef
島の沈降
堡礁
Barrier reef
島の沈降
環礁
Atoll
A: 海面を一定にした考え方
B: 海面を上昇させた考え方

図4　ダーウィンのサンゴ礁の分類とサンゴ礁形成に関する2つの説[3]。A：ダーウィンの島が沈降したという考え方、B：海面が上昇したためにサンゴ礁が形成されたという考え方。

このような証拠から、最終氷期の海岸線が現在の水深約一〇〇メートルにあったことが考えられるようになり、その考えにもとづいて港湾工事や海岸の埋め立て、海岸平野の地下などでのさまざまな建設工事が行われ、その考え方の正しさが確かめられ、利用されてきました。このように、「最終氷期の海岸線が現在の水深約一〇〇メートル低いところにあった」ということは、人間社会での実際の活動（実践）に活用されて、過去に実際に起こったことが確かめられています。

サンゴ礁の沈降と礁の厚さ

一八五九年に『種の起源』を著して自然選択による生物の進化論を唱えたチャールズ・ダーウィンは、ビーグル号の世界周航のときに南太平洋で見たさまざまなサンゴ礁の地形を、その島をつくる火山などの岩石の島とそれを取り巻くサンゴ礁との関係から三つのタイプに分類しました。それらは、島のまわりだけに礁がある裾礁（きょしょう）と、島と礁の間に礁湖（しょうこ）（ラグーン）をもつ堡礁（ほしょう）、島が礁だけからなる環礁（かんしょう）で、サンゴ礁は島の沈降とともに裾礁、堡礁、環礁という順で形成されたと、ダーウィンは考えました（図4－

A）。ダーウィンは進化論を唱えた生物学者として有名ですが、ダーウィン自身は「地質学者」と称し、愛用のハンマーをもっていました。

サンゴ礁をつくる造礁性サンゴは、光合成をする藻類と共生しているため、光合成のできる水深五〇メートルまでの暖かく、水の透き通った浅い海に棲んで、サンゴ礁を拡大させています。サンゴ礁を拡大するといっても、海面の位置が一定であれば、造礁サンゴは海面の上にのびることができませんから、水平方向に広がります。しかし、島のようなところでは限界があります。そのため、サンゴ礁の厚さや礁と島の海浜との間に発達する礁湖の深さは、海面が上昇したか、または島が沈降したことによって大きくなります。

現在分布する島や大陸縁辺に発達する多くのサンゴ礁は最終氷期以降に形成されたもので、そのサンゴ礁の厚さと礁湖の深さが調べられました。今から九〇年前、アメリカのデイリーは『氷河時代の変貌する世界』[4]という本の中で、環礁のサンゴ礁の基底が多くのところで平坦な島棚であり、またその礁湖の深さが海面から約一〇〇メートルかまたはそれ以下であることを述べました。そのことから、デイリーは、環礁の島々が海面に対して一斉に沈降したとは考えられず、環礁のサンゴ礁が最終氷期以降の海面上昇によって上へ上へと成長したものであると結論づけました。このことは、最終氷期以降の海面上昇が約一〇〇メートルあったことと、サンゴ礁の厚さがその場所での海面上昇の大きさを表すことを意味します。

最終氷期以降の場合、そのサンゴ礁の最大の厚さが約一〇〇メートルだったところは、その場所が沈降や隆起をしなかったことを意味し、一方それよりもサンゴ礁の厚さが薄いところはその分の島や陸地の隆起があったことになります。

ダーウィンはサンゴ礁が裾礁から環礁へ成長することを島の沈降で説明しましたが、デイリーは島の沈降ではなく、海面の上昇でサンゴ礁の上方への成長を説明しました。図4－Bは、海面が上昇してサンゴ礁が裾礁から環礁に成長して、さらに急激な海面上昇に追いつけずに海に沈んでしまい、平頂海山（ギヨー）になった状態を示したものです。深海に沈んだサンゴ礁の話は、第四章の「深海に沈んだ大陸」でお話しします。

ブラキストン線

日本列島のまわりには、図5で示すように、五つの動物地理境界線があります。その一つに北海道と本州の動物分布の違いを分ける境界線である、「ブラキストン線」が津軽海峡に引かれています。函館で暮らしたイギリスの探検家で鳥類学者でもあるトーマス・ブラキストンが提唱したこの境界線を境に、北海道ではヒグマがいるのに対して本州では生息せず、代わってツキノワグマが生息しています。このように北海道と本州で哺乳動物などの分布が大きく異なります。

その主な原因は、北海道と本州が最終氷期に陸続きにならなかったことにあります。北海道と本州の間にある津軽海峡の海底は、もっとも浅いところで水深一四〇メートルであり、最終氷期に海面が一〇〇メートル下がっても本州と北海道は陸続きになりませんでした（図6）。一方、北海道の北端の宗谷海峡（ラ・ベルーズ海峡）は、もっとも深いところでも水深六〇メートルで、最終氷期にはシベリアからサハリン島に続く大陸と陸続きになっていました。そのため、ヒグマやケナガマンモスなど北方の大陸の動物が、陸続きになっていた宗谷海峡を渡って北海道にやってきました。

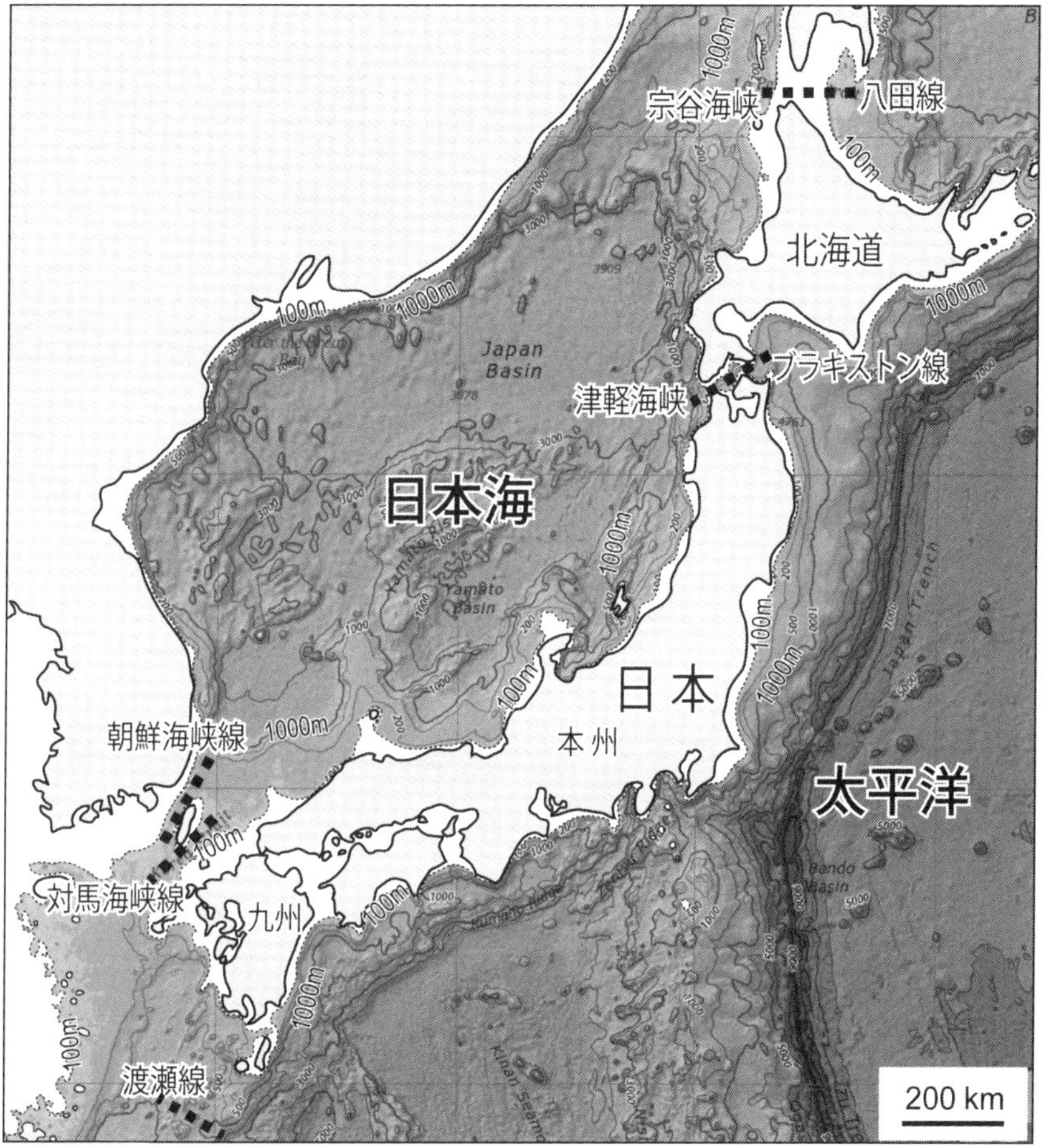
宗谷海峡
八田線
北海道
ブラキストン線
津軽海峡
日本海
Japan Basin
Yamato Basin
日本
本州
太平洋
Japan Trench
朝鮮海峡線
対馬海峡線
九州
渡瀬線
100m
1000m
200 km

図5　日本列島周辺の動物地理境界線。陸地のまわりの白い部分（水深100m）までがウルム氷期最盛期の陸域。

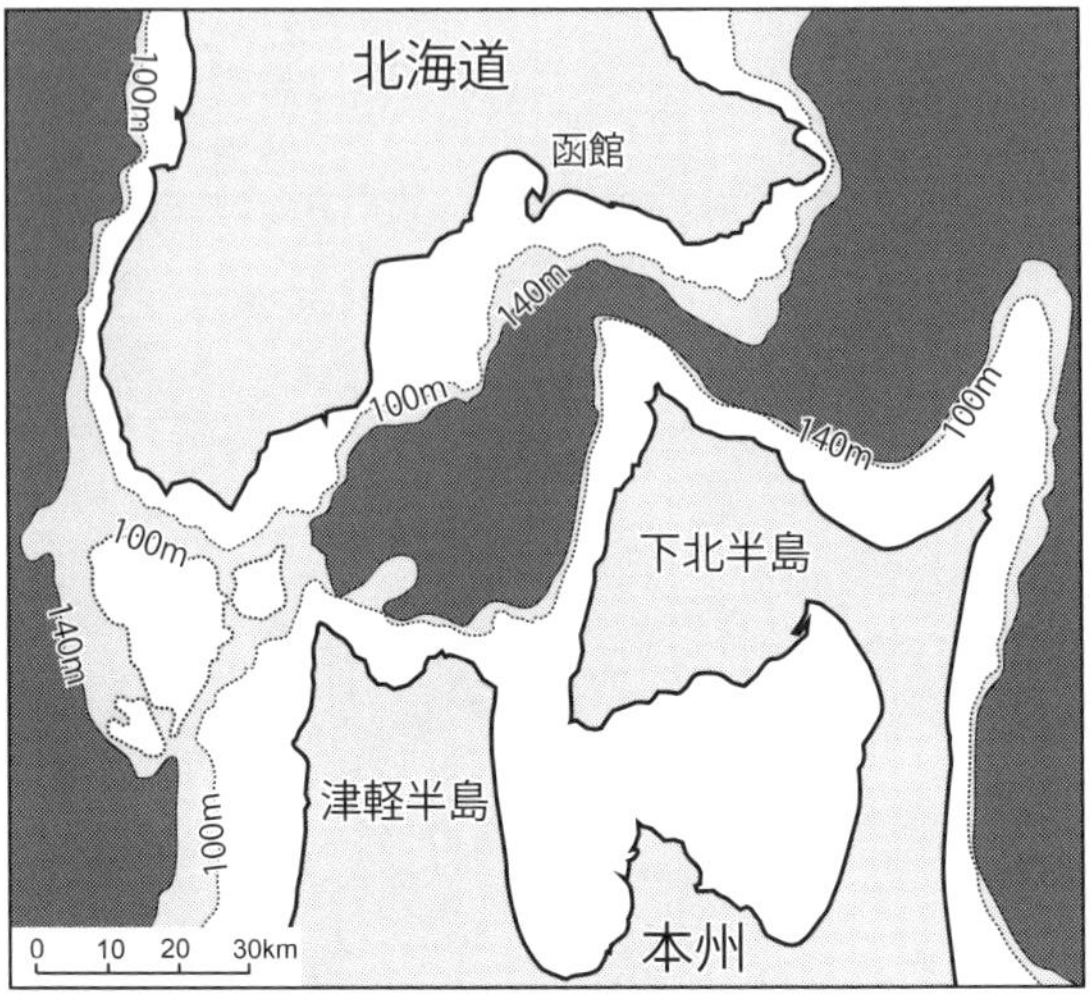
北海道
函館
下北半島
津軽半島
本州
100m
140m
0 10 20 30km
図6　津軽海峡の海底地形。北海道と本州は水深140mではつながりますが、水深100mではつながりません。

このように現在の大陸縁辺の地域では、最終氷期の海面低下により、最終氷期に陸域が拡大して、水深約一〇〇メートルより深いところに動物分布の大きな境界があります。本州では、対馬海峡が「対馬海峡線」として動物地理境界として知られます。対馬海峡ももっとも浅い海底が津軽海峡と同じ水深一四〇メートルであり、最終氷期に対馬と本州が陸続きになりませんでした。また、対馬と朝鮮半島も朝鮮海峡で連続できず、朝鮮半島からの本州への陸続きでの陸生動物の移動は不可能でした。

もう一つの動物地理境界線である渡瀬（わたせ）線は、九州と琉球諸島の間のトカラ海峡にあり、そこには一〇〇メートルの深い海底があります。

スンダランドとベーリンジア

世界の動物地理区の区分において、ウォーレスは、東洋区（東南アジア）の東の端の動物地理境界線（ウォーレス線）を、インドネシアのバリ島とロンボク島の間のロンボク海峡からフィリピンのミンダナオ島の南にかけて引きました。ロンボク海峡は水深が二五〇メートルあり、最終氷期にも海峡としてあり

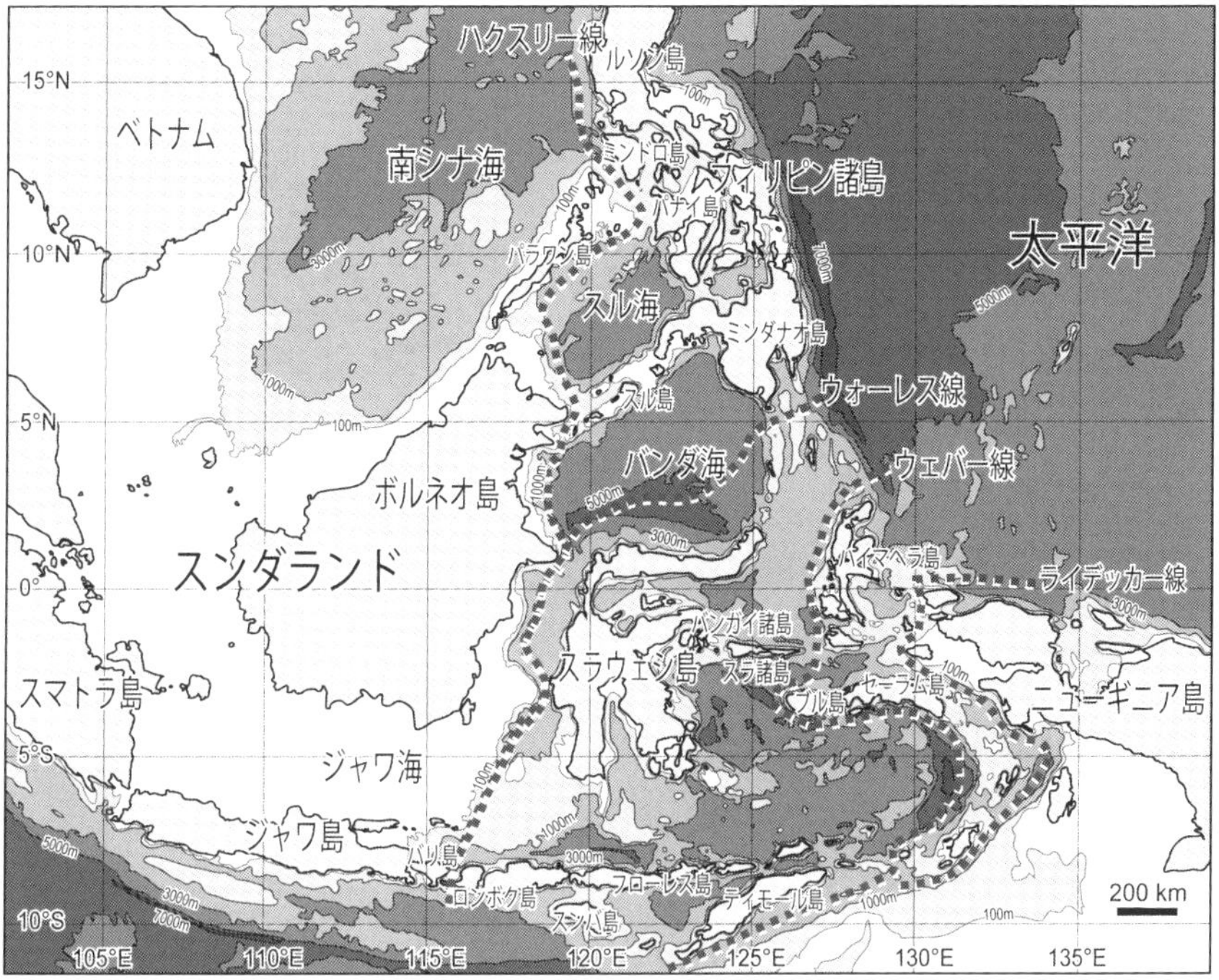
ハクスリー線
ルソン島
15°N
ベトナム
南シナ海
ミンドロ島
フィリピン諸島
パナイ島
太平洋
10°N
パラワン島
スル海
ミンダナオ島
ウォーレス線
スル島
5°N
バンダ海
ウェバー線
ボルネオ島
スンダランド
ハルマヘラ島
ライデッカー線
0°
バンガイ諸島
スラウェシ島
スラ諸島
スマトラ島
ブル島
セーラム島
ニューギニア島
5°S
ジャワ海
ジャワ島
バリ島
フローレス島
ロンボク島
ティモール島
スンバ島
200 km
10°S
105°E
110°E
115°E
120°E
125°E
130°E
135°E

図7　ワラセア区の海底地形と動物地理境界線とスンダランド。破線は動物地理境界線。

つづけ、バリ島とロンボク島は陸続きになりませんでした。

インドネシアのバリ島の大陸棚を北側に延長すると、広いジャワ海に広がったスンダ大陸棚の縁辺を通り、ボルネオ島の大陸棚からフィリピンのパラワン島の大陸棚の東側の縁辺を通ります（図7）。この大陸棚縁辺は、東洋区のこの地域での東端にあたり、動物地理境界線としては「ハクスリー線」に相当します。そして、このハクスリー線の西側のボルネオ島を含んだ広大なスンダ大陸棚に最終氷期に存在した陸地は「スンダランド」と呼ばれます。

この地域の東洋区の動物地理境界から東側のオーストラリア大陸までの地域は、東洋区でもオーストラリア区に

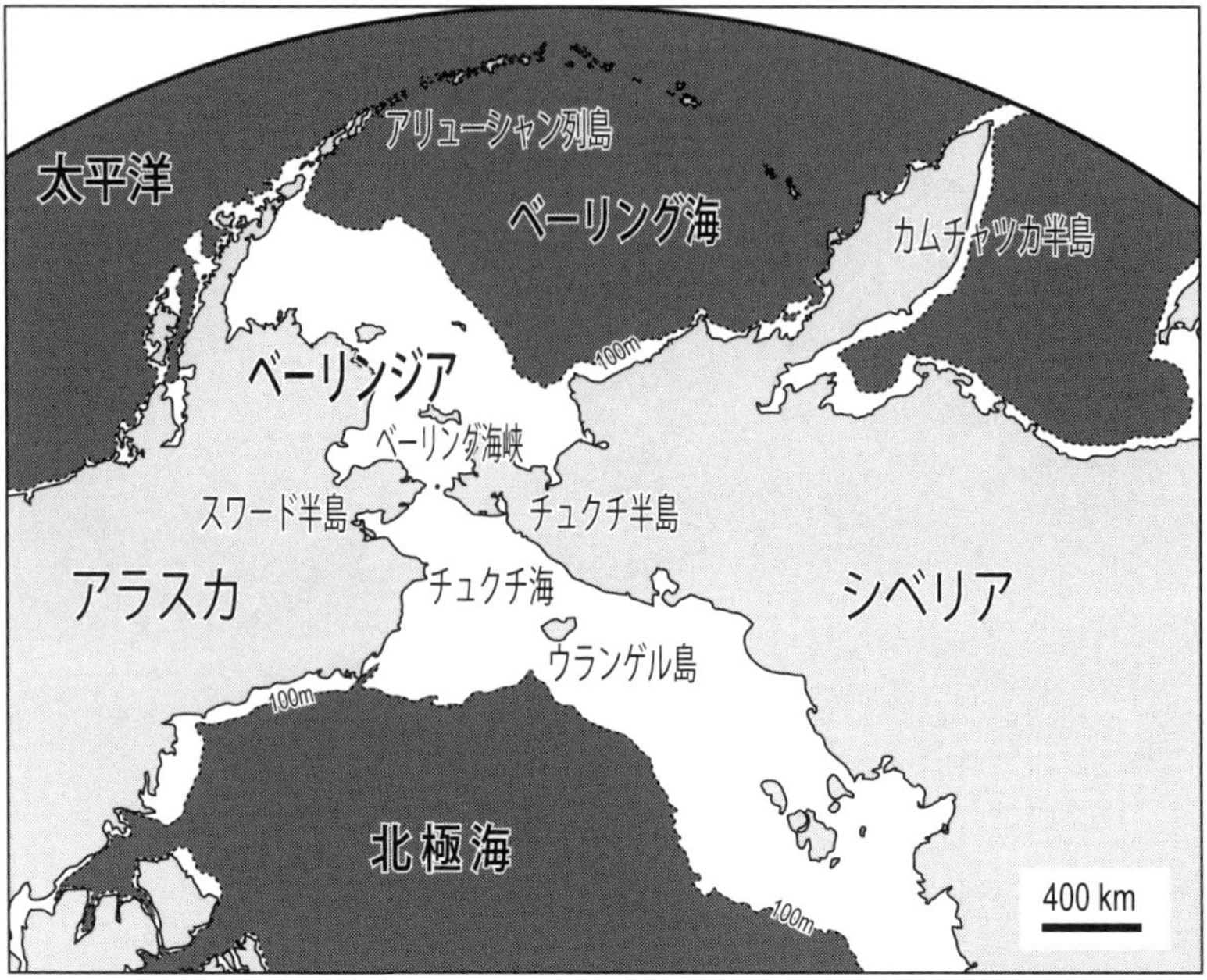

アリューシャン列島
太平洋
ベーリング海
カムチャツカ半島
100m
ベーリンジア
ベーリング海峡
スワード半島
チュクチ半島
アラスカ
チュクチ海
シベリア
ウランゲル島
100m
北極海
400 km
100m

図8　北極点側から見たベーリング海峡周辺。最終氷期に海面が100m下がると海峡は陸になり、濃い色の部分が海になり、それ以外は陸地となりました。

も属さない特異な動物たちが棲む地域となっていて、生物地理学的には「ワラセア区」と呼ばれています。例えばフィリピン諸島ではさまざまなメガネザルの仲間などがいて、スラウェシ島では長く曲がった牙をもつイノシシのバビルサなどの動物たちが生息しています。このワラセア区の固有動物の分布の謎については、第三章の「四三万年前に沈んだ大陸」でお話しします。

一方、太平洋を北に上り、北極海の入り口にあたるベーリング海峡は、アラスカのスワード半島と、東シベリアのチュクチ半島との間にある海峡で、ユーラシア大陸と北アメリカ大陸を分かつ海峡です（図8）。この海峡の幅はもっとも狭い部分でも八六キロメートルあり、深さは水深三〇～五〇メートルと比較的浅い海底が広がっています。そのため、この海峡は最終氷期には広大な陸地となり、ユーラシア大陸からヒト（モンゴロイド）をはじめ、ヒグマやケナガマンモスなどの動物が北アメリカ大陸に渡っていきました。このベーリング海峡に最終氷期にあった大地は「ベーリンジア」と呼ばれます。このベーリンジアを渡って北アメリカ大陸に行ったヒトの仲間は、さらに南方にも進出して、遅くとも一万年前には南アメリカ大陸最南端のマゼラン海峡まで達しました。

このベーリンジアには、ウランゲル島という島があり、この島からはケナガマンモスの化石が発見されていて、それらは今から四〇〇〇年前に絶滅したとされています。このケナガマンモスたちは最終氷期以降の海面上昇でベーリンジアが沈水する中、ウランゲル島にとり残されて生きのびた最後のケナガマンモスでした。

最終氷期以降の海面上昇と沈んだ大陸

最終氷期には、海面が現在より約一〇〇メートル下がったことにより、スンダランドやベーリンジアのような陸地が世界の大陸や島の縁辺に現れました。日本でも、瀬戸内海の島々や四国や九州も本州と陸続きになり、沿岸の大陸棚の海底まで陸上が広がっていました。そして、最終氷期が終了し、今から一万三〇〇〇年前ごろから海面が急激に上昇して、それらの陸地は海に沈み、六〇〇〇年前には海面は今よりも数メートル高い位置にあり、その後に海面が下がって現在の海面の位置になりました。

現在では、世界中の海底地形が明らかになり、最終氷期以降の海面変動もほぼわかっています。そして、考古学者や地質学者によって最終氷期以降の地形や環境変化、石器時代からのヒトの文明の発達の歴史も明らかにされています。それらのことから残念ですが、太平洋にあったというムー大陸や、大西洋にあったとされるアトランティス大陸のような広大な大陸が、最終氷期後にそれぞれの大洋に沈んだことは、考えられません。ただし、スンダランドやベーリンジアなど世界各地のすべての大陸棚や島棚にかつて陸地が広がっていて、それらが最終氷期以降にすべて沈んでしまったことは確かです。

第二章
日本列島周辺の沈んだ大陸

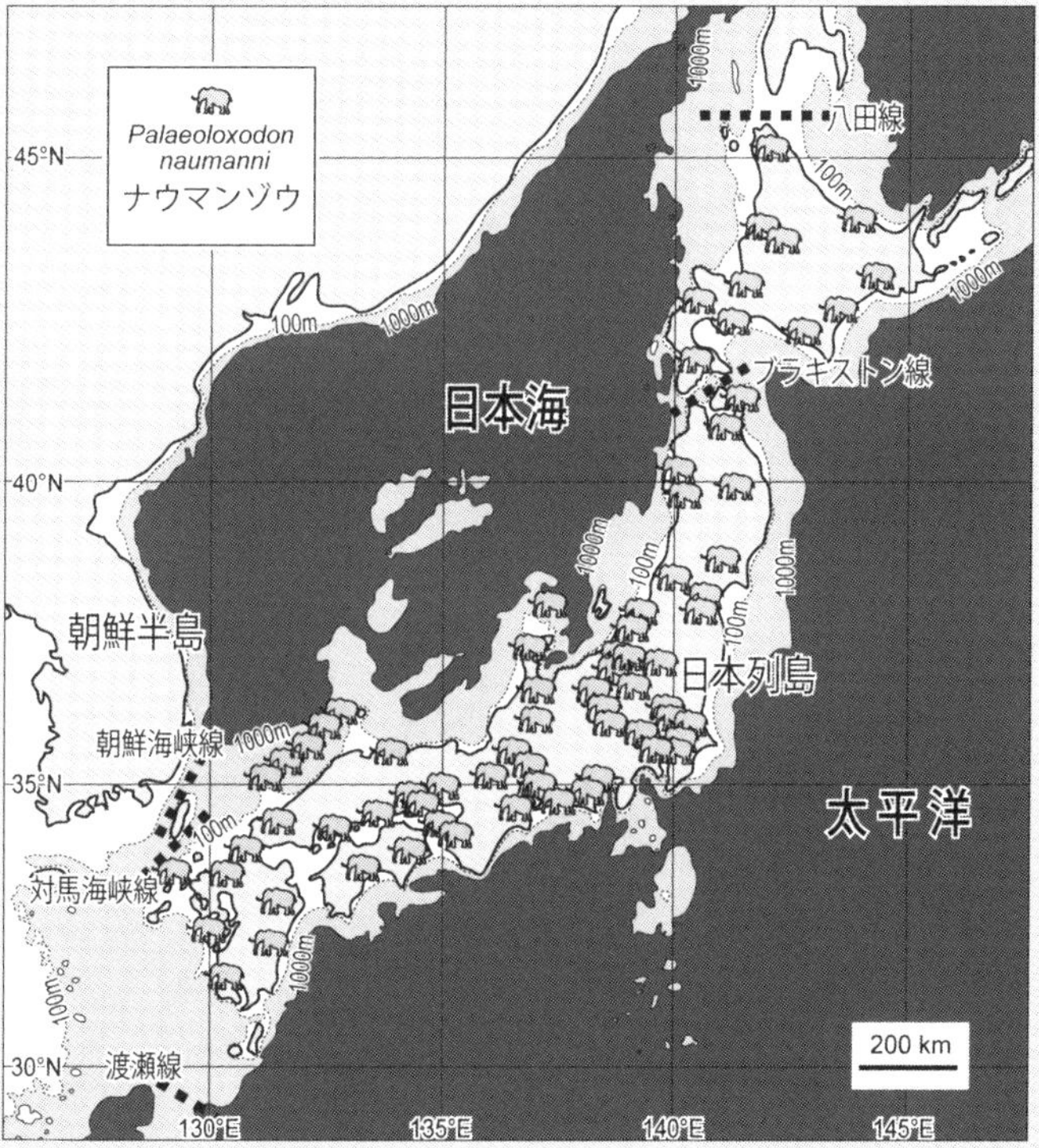

Palaeoloxodon naumanni
ナウマンゾウ
45°N
40°N
35°N
30°N
130°E
135°E
140°E
145°E
八田線
ブラキストン線
日本海
朝鮮半島
日本列島
太平洋
朝鮮海峡線
対馬海峡線
渡瀬線
100m
1000m
200 km

図9　ナウマンゾウが渡った陸橋と化石の分布。水深1000mで区切ると朝鮮半島から日本列島に陸域が連続します。ナウマンゾウマークはその化石の主な発見地を示します。

日本列島は、今から約二〇〇〇万年前の前期中新世には中国大陸の東の縁辺で、まだ日本海の南部のほとんどは陸地でした。しかし、約一六〇〇万年前の中期中新世になると海面の上昇によって日本海が沈水し、その一方日本列島は隆起して島弧（弧状の島列）として出現してきました。

そして、約一〇〇〇万年前の後期中新世には現在の日本列島の背骨にあたる脊梁山脈が隆起して日本列島の原型ができあがりました。その後、とくに前期更新世の今から一八〇万年前以降に、島弧の大規模な隆起と海面の上昇があり、現在の日本列島が形成されたと考えられます。この一八〇万年前以降においては、数度にわたり日本列島は大陸と一時的に陸続きになり、大陸周辺部に分布していた生き物の系統が現在の日本列島に渡ってきたと考えられます。

世界の島々の多くには、今から約八〇万年前の中期更新世という時代から現在にかけて、長鼻目（ゾウ目）をはじめ、シカやカバ、イノシシ、ウシ、ネズミ、キツネ、オオカミなど多くの固有の哺乳類が生息していたことが知られています。日本列島の小型哺乳類化石の研究[1]によると、中期更新世（七七万〜一二万九〇〇〇年前）にはシントウトガリネズミ、ヒミズ、ミズラモグラ、アカネズミ、タヌキ、オコジョなど現存する哺乳類の半数ほどが日本列島に化石として出現していて、この時期にすでに日本列島の固有種になっていたと考えられています。とくにヒメヒミズ属、ヒミズ属、ヤマネ属は、属レベルでも固有化していて、それらは約二五〇万年前以前の新第三紀鮮新世からの生き残りとして本州域の哺乳類相の根幹をなすものであったとされています。

この章では、日本列島の現在の哺乳類相の起源について探るとともに、とくに今から四三万年前以降に沈んだ日本列島周辺の陸地の謎に迫ってみたいと思います。なお、哺乳類の和名については、世界哺乳類和名目録[2]に従います。

一　日本列島の哺乳類相の起源

ナウマンゾウの祖先はいつ日本列島に来たか

「ナウマンゾウ」という名前を聞いたことがあるかと思います。ナウマンゾウ（*Palaeoloxodon naumanni*）は、日本の北海道から九州にかけての地域で、今から約三五万年前から数万年前までの地層から化石としてたくさん発見されている、かつて日本列島にいた長鼻目です。頭蓋骨の研究[3]によれば、ナウマンゾウは中国で同時代の地層から発見されているナマディクスゾウよりも古いアンティクウスゾウのあるタイプのものに近縁で、約三五万年前あるいはその少し前に日本に渡来したものが、日本列島が大陸から孤立したために、日本列島の中で進化したとされています。

日本の長鼻目化石の研究[4]では、本州域に今から約一二〇万年前に中国からマンモスの仲間のトロゴンテリーゾウが、六三万年前に南から東シナ海にあった陸地を経由してステゴドンの仲間のトウヨウゾウが、そして四三万年前に中国北部から朝鮮半島を経由してナウマンゾウの祖先が渡来したとされています。このことから、日本列島がアジア大陸と約一二〇万年前と六三万年前、四三万年前に陸続きになっていたと考えられます。なお、大陸からのこれら動物群の渡来は大量移入ではなく、陸橋が非常に短期間しか存在しないか、または不安定なものだったために、大陸のすべての動物群が日本列島に来られたわけではなく、渡来したものが限られていたと考えられています。

日本列島の本州域に現在生息する哺乳類の多くは、このように何度か日本列島と大陸が陸続きだった時期に、大陸から日本列島に渡来して隔離されて、固有化したもので構成されています。その渡来の最後が、ナウマンゾウの祖先が今から四三万年前に大陸から渡来した時期にあたると考えられます。

駿河湾はいつできたか

私は学生時代から現在までのほとんどを、静岡県静岡市で過ごしてきました。そして、静岡市とその周辺の山々や丘陵の地質を実際に歩いて調査してきました。静岡市は東西に長い静岡県の真ん中にあり、太平洋から北側に深く湾入した駿河湾の奥に位置します。私たちの調査で、この駿河湾（図10）とその周辺の現在の地形は、ごく最近の今から約四三万年前以降にできたことがわかってきました。

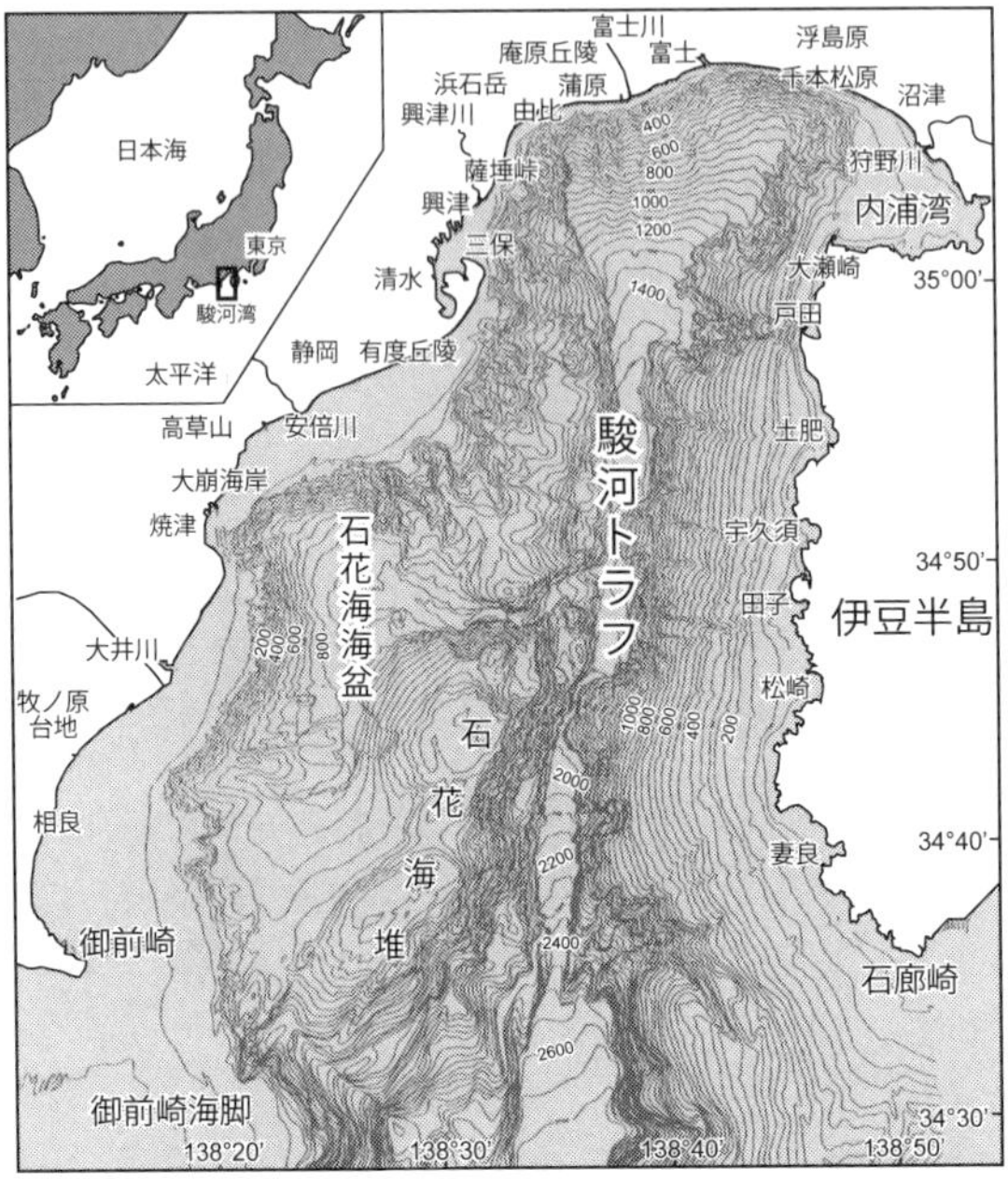

日本海
東京
駿河湾
太平洋
富士川
庵原丘陵
富士
浮島原
千本松原
沼津
浜石岳
興津川
蒲原
由比
薩埵峠
狩野川
内浦湾
興津
三保
清水
大瀬崎
35°00′
戸田
静岡
有度丘陵
高草山
安倍川
駿河トラフ
土肥
大崩海岸
焼津
石花海海盆
宇久須
34°50′
田子
伊豆半島
大井川
牧ノ原台地
松崎
石花海堆
相良
34°40′
妻良
御前崎
石廊崎
御前崎海脚
34°30′
138°20′
138°30′
138°40′
138°50′

図10　駿河湾の海底地形[5]。等深線は100m間隔で、駿河湾の湾口部では水深が2500mあります。

駿河湾の中央には南北に深い「駿河トラフ」と呼ばれる狭い海底谷があり、南側で南海トラフにつながっています。この駿河湾の中央にある狭い海底谷の西側には、

「石花海堆」という海底の高まりがあり、その西側には駿河湾西岸までの間にもっとも深いところで水深一〇〇〇メートルもある石花海海盆があります。石花海堆をつくる地層は今から約一〇〇万～四三万年前に河口の扇状地（ファン）とその海側の三角州（デルタ）で堆積した礫層からなります。その礫層に含まれる円礫の種類は、静岡市を南北に流れる安倍川の円礫の種類と同じもので、四三万年前までの安倍川は駿河湾の中央西側の石花海堆のところまで流れていて、そこに河口があったと考えられます。

すなわち、今から四三万年前には駿河トラフの西側は陸地だったことになり、その後に海面に対して一〇〇〇メートル沈水したと考えられます。また、駿河湾の東側の伊豆半島側の大陸斜面でも水深一〇〇〇メートル以上深い海底が一〇〇万年前は陸上で侵食されていて、四三万年前には浅い海だったことがわかっています。

駿河湾の西側にある静岡市街の南側に、駿河湾に面してある有度丘陵（一般にその頂上は日本平と呼ばれます）は、今から約四〇万年前から安倍川の海側のデルタや河口に堆積した地層が隆起した丘陵です。ここでの私たちの地質調査から、そのデルタで地層が堆積したときに、相対的に約一〇〇〇メートルの海面の上昇があったことがわかりました[6]。

この駿河湾の石花海海盆と伊豆半島大陸斜面の東西両岸での一〇〇〇メートルにおよぶ相対的沈降と、その西側の有度丘陵の地層を形成させた一〇〇〇メートルの海面上昇は、今から約四三万年前以降に同時に起こったことになります。これらのことから、私はこの沈降と海面上昇は同じ現象で、駿河湾の東西両岸は沈降したのではなく、一〇〇〇メートルにおよぶ海面上昇により沈水したと考えました。私は二〇一七年に著した『駿河湾の形成』[6]の中で、今から約四三万年前以降に海面が一〇〇〇メートル上昇して、同

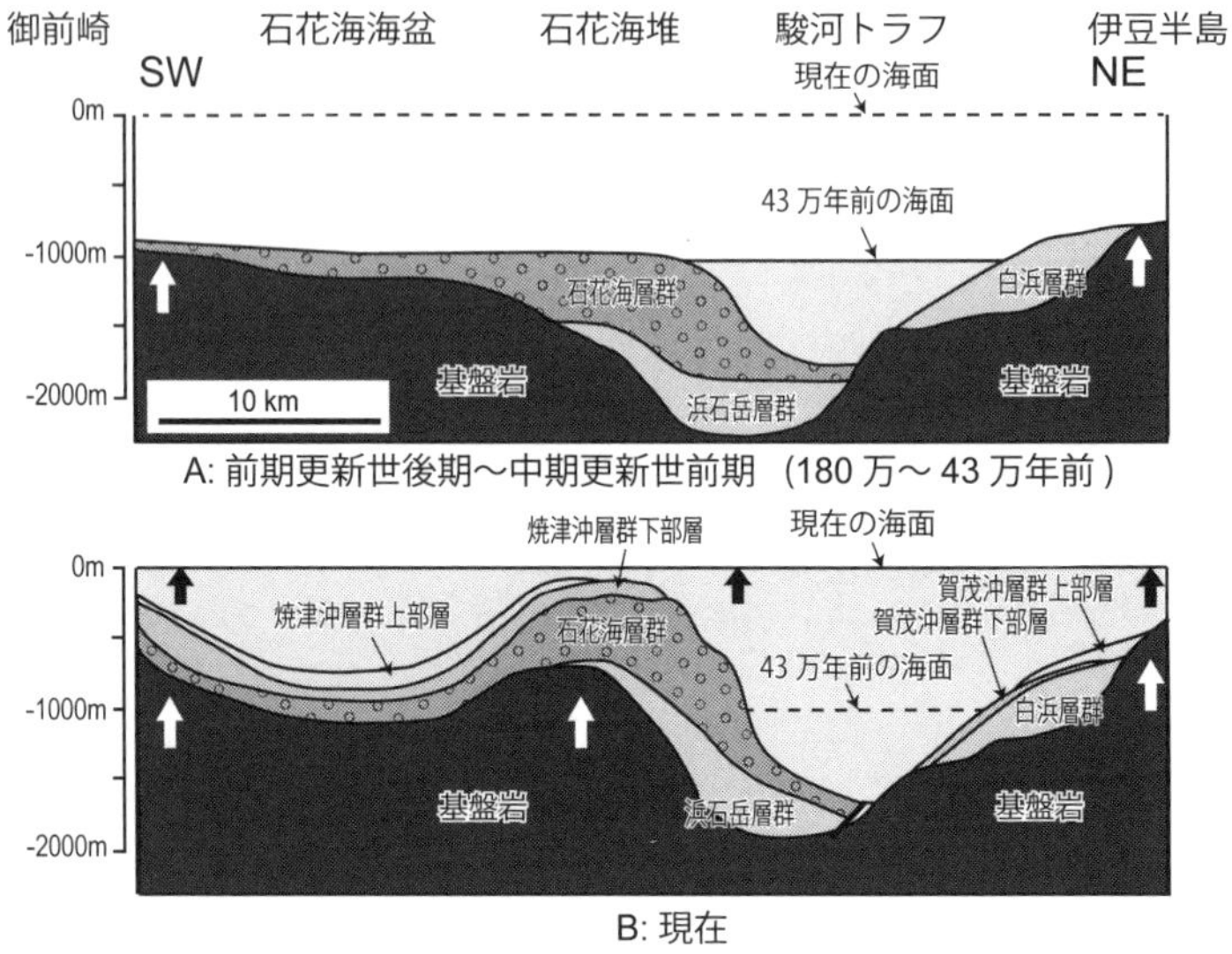

御前崎
石花海海盆
石花海堆
駿河トラフ
伊豆半島
SW
NE
現在の海面
0m
-1000m
-2000m
43 万年前の海面
石花海層群
白浜層群
基盤岩
10 km
浜石岳層群
基盤岩
A: 前期更新世後期〜中期更新世前期（180 万〜 43 万年前）
焼津沖層群下部層
現在の海面
賀茂沖層群上部層
焼津沖層群上部層
石花海層群
賀茂沖層群下部層
43 万年前の海面
白浜層群
基盤岩
浜石岳層群
基盤岩
B: 現在

図11　駿河湾のでき方（文献[6]を修正）。A：今から43万年前には海面が現在の海面より1000m低いところにあり、石花海海盆は陸地でした。B：その後に東西の陸側と石花海堆が隆起し、海面も1000m上昇して、駿河トラフと石花海海盆が隆起しないで取り残され、現在の駿河湾ができました。

時に陸側と石花海堆も大規模に隆起して、現在の駿河湾の地形が形成された（図11）という仮説を提唱しました。

ナウマンゾウの祖先が渡った沈んだ大陸

ナウマンゾウの祖先が今から四三万年前に大陸から渡来したとすると、ナウマンゾウの祖先が渡った沈んだ陸の橋（陸橋）はどのようなものだったのでしょうか。この四三万年前の海面が、駿河湾を形成したときの海面と同じく、現在より一〇〇〇メートル低い位置にあったとすると、大陸と日本列島の陸地の範囲は、本章扉の図9のように、ほぼ現在の水深一〇〇〇メートルの等深線で表したようになると考えられます。

この沈んだ大陸の範囲には、中国東側の東シナ海が広く陸地として含まれ、朝鮮半島と日本列島が陸橋でつながり、ナウマンゾウの化石がよく発見される本州の日本海沿岸の広い海域も含まれます。この中期更新世後期の陸地は、その後に海面が段階的に上昇したために沈み、本州域は大陸と海で隔てられて孤立して現在に至ったと考えられます。そして、日本列島にとり残された動物たちは、列島の中で固有の種へと進化していったと考えられます。

二　伊豆諸島の沈んだ大陸

伊豆諸島のマムシとシモダマイマイ

「駿河湾はいつできたか」の項で述べたように、今から四三万年前以降に一〇〇〇メートルの海面上昇があったとすると、図9のように日本列島周辺の現在の水深一〇〇〇メートルより浅い海底がかつての陸地になります。この図で注目できる点の一つは、伊豆半島の南にある伊豆諸島の一部が陸続きになることです。伊豆半島から南方へ連続する高まりは、伊豆―小笠原海嶺（かいれい）と呼ばれ、その上には伊豆諸島が分布します（図12）。ここでは、伊豆半島と伊豆諸島の固有生物について述べたいと思います。

伊豆半島は、伊豆半島ジオパークのホームページでは「かつては南洋にあった火山島や海底火山の集まりで、プレートの北上にともない火山活動を繰り返しながら本州に衝突し誕生した」とされています。しかし、本当に伊豆半島は南から来て日本列島に衝突したのでしょうか。

伊豆半島の南にある伊豆諸島には、海を渡れないハチジョウノコギリクワガタなどの昆虫や、日本列島

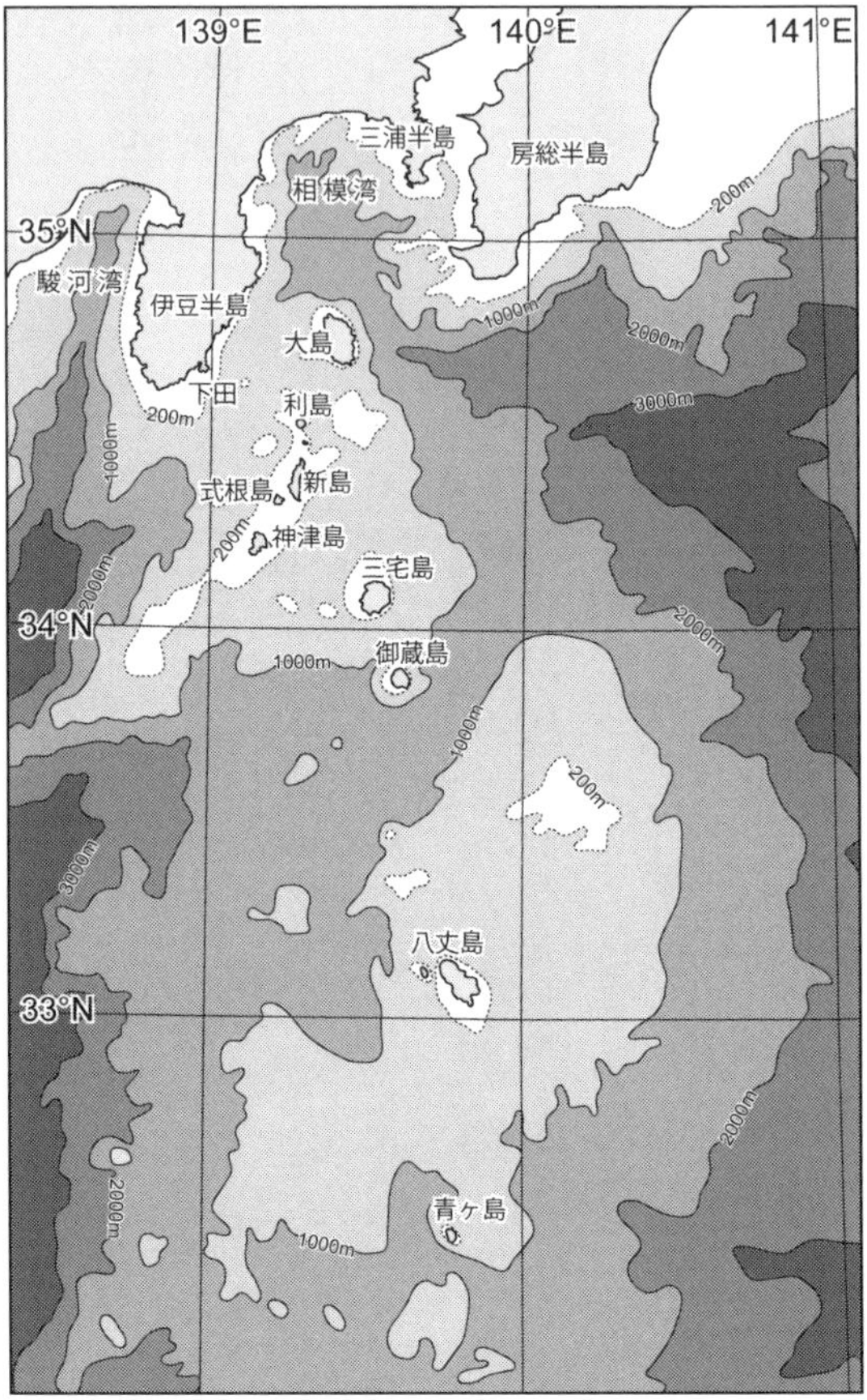
139°E
140°E
141°E
35°N
34°N
33°N
三浦半島
房総半島
相模湾
駿河湾
伊豆半島
大島
下田
利島
新島
式根島
神津島
三宅島
御蔵島
八丈島
青ヶ島
200m
1000m
2000m
3000m

図12　伊豆諸島周辺の海底地形（海底地形は文献[7]より）。

にいるマムシとシマヘビ、アカネズミが生息し、伊豆半島南部にも生息するシモダマイマイやオカダトカゲという固有種が生息しています。そして、それらの祖先はまぎれもなく過去の地質時代に日本本土から伊豆諸島に陸地を渡って分布を広げたものたちです。伊豆諸島に生息する海を渡れない動物たちの存在は、伊豆半島やその南の伊豆諸島の島々がかつてはるか南方にあって北に移動してきたという説ではまったく説明できません。

伊豆半島の先端からおよそ一五〇キロメートル離れた八丈島にはマムシがいます。日本列島の対馬以外に生息するマムシはニホンマムシ一種のみで、八丈島のマムシも同じ種に含まれます。伊豆諸島には八丈島以外に大島にもマムシがいて、伊豆諸島のマムシは体色が赤く「アカマムシ」と呼ばれます。ニホンマムシは、朝鮮半島からユーラシア北部のマムシに近縁のものであり、八丈島や大島のマムシが南から来たとは考えられません。

シモダマイマイは、伊豆半島南部と伊豆諸島北部の大島から神津島までの島々に分布します。シモダマイマイのミトコンドリアRNA解析では、伊豆半島南部と伊豆諸島北部のシモダマイマイが同じハプロタイプをもつことから、[8]それらの地域はかつてシモダマイマイがそこで進化した大きな島であったと考えられます。すなわち、シモダマイマイの祖先は、かつて本州から伊豆半島と伊豆諸島北部に侵入しましたが、その地域が本州と隔離されて島となり、そこで現在の種が進化して、その後に伊豆半島が本州と陸続きになったと考えられます。

オカダトカゲがいた古伊豆半島

今から五〇年ほど前まで、多くの日本の生物学者は、伊豆諸島の昆虫相や陸貝相、爬虫類相の研究から、かつて本州から青ヶ島までをつなぐ巨大な「古伊豆半島」が存在し、それが順次水没して切り離されて現在の伊豆諸島の動物相の古い要素が形成された、と考えていました。その根拠のひとつに、伊豆半島から伊豆諸島の青ヶ島まで分布するオカダトカゲという特徴種があげられます。このトカゲは、ニホントカゲに似ていますが、胴体中央の体鱗の列の数がニホントカゲより少ないのが特徴で、ミトコンドリアDNAのデータによって両種は区別されます。

オカダトカゲとニホントカゲの地域ごとのDNAのデータから、今から約四〇万年前に伊豆半島と本州が陸続きになる前から、伊豆半島から伊豆諸島にオカダトカゲの祖先が分布していて独自に進化したと推定されています。[9]そして、ニホントカゲとオカダトカゲの起源は、今から五〇〇万年前に遡るとされています。また、疋田[10]は、オカダトカゲの伊豆諸島における分布は、飛び石のように分布を広げたのでも、海流によって流されて分布したのでもなく、伊豆諸島地域にかつて南北に長い古伊豆半島があったことを想定する必要があると述べています。

伊豆諸島の植物の生い立ち

伊豆諸島の植物相も動物と同じように特徴的なもので、その成立に関して大場[11]は以下のように述べています。

「日本の常緑広葉林帯の火山砂礫原の初期先駆植生には、イタドリ―ススキ群集が出現するのに対して、伊豆諸島ではハチジョウイタドリ―シマタヌキラン群集が特有の植物群落となっていて、シマタヌキランは本州の夏緑広葉林帯から高山帯下部にわたって分布するコタヌキランに近縁のものであり、このことからハチジョウイタドリ―シマタヌキラン群集は、本州中部の夏緑広葉林帯以上のところから由来したと考えられる。また、伊豆諸島はその全域が常緑広葉林帯に属するにもかかわらず、夏緑広葉林帯以上のところに本拠のあるマイヅルソウやコイワザクラ、スズタケ、クロモジ、タチハイゴケなどが分布していて、伊豆諸島の植物相はハチジョウイタドリ―シマタヌキラン群集など本州中部の夏緑広葉林帯にその母型が求められるものと、ハチジョウモクセイやフシノハアワブキなど九州南部以南に母型が求められるものの二つの群に大別される」

「このことから、伊豆諸島の植物相の形成がまず過去のある時期に本州と伊豆諸島の間が陸化していて、その時期に伊豆諸島およびその対岸の本州が現在よりも寒冷で海岸付近まで夏緑広葉林帯であったと考えられ、その後に気候が温暖化して海面が上昇し、本州と伊豆諸島が海で隔てられて伊豆諸島における夏緑広葉林帯が消失して温暖環境で常緑広葉林帯の環境に適応分化したと考えられる。そして、伊豆諸島の新固有種形成以後に海面が低下して、一部海岸付近の植物が本州沿岸に渡り、イズノシマダイモンジソウやハコネウツギ、オオバヤシャブシなどの伊豆諸島に起源をもつ植物が房総や三浦、伊豆半島の海岸に分布したと思われる」

古伊豆半島

　伊豆諸島の動物や植物は、そこがかつて日本列島と陸続きであったことと、その後に海で隔てられ独自の生物相が形成されたことを示しています。とくに伊豆諸島と伊豆半島の遺存種（いぞんしゅ）は、そこが大きな半島だった時代に中国大陸や朝鮮半島から日本列島を経由して渡り、海に隔てられて島だった時代にシモダマイマイやオカダトカゲのような生物がそこで独自の進化をとげて固有種となったと思われます。すなわち、伊豆半島と伊豆諸島の遺存種は、南に長くのびた古伊豆半島の存在と伊豆半島が南から移動してきたものではないことを証明しています。

　それでは、その古伊豆半島はいつ存在し、どのように切り離されて、現在に至ったのでしょうか。伊豆諸島の固有種は、九州の南にあるトカラ諸島の遺存種と関連が深く、トカラ諸島にはその南部の悪石島（あくせきじま）と小宝島（こだからじま）の間に引かれた動物地理境界線である「渡瀬線」があります。この渡瀬線はニホンマムシなど日本列島の動物の南限で、ハブなど琉球諸島の動物の北限にあたります。渡瀬線は、トカラ諸島の東側にあるトカラギャップと呼ばれる水深約一〇〇〇メートルの海底の溝に引かれていて、そこには今から五〇〇万

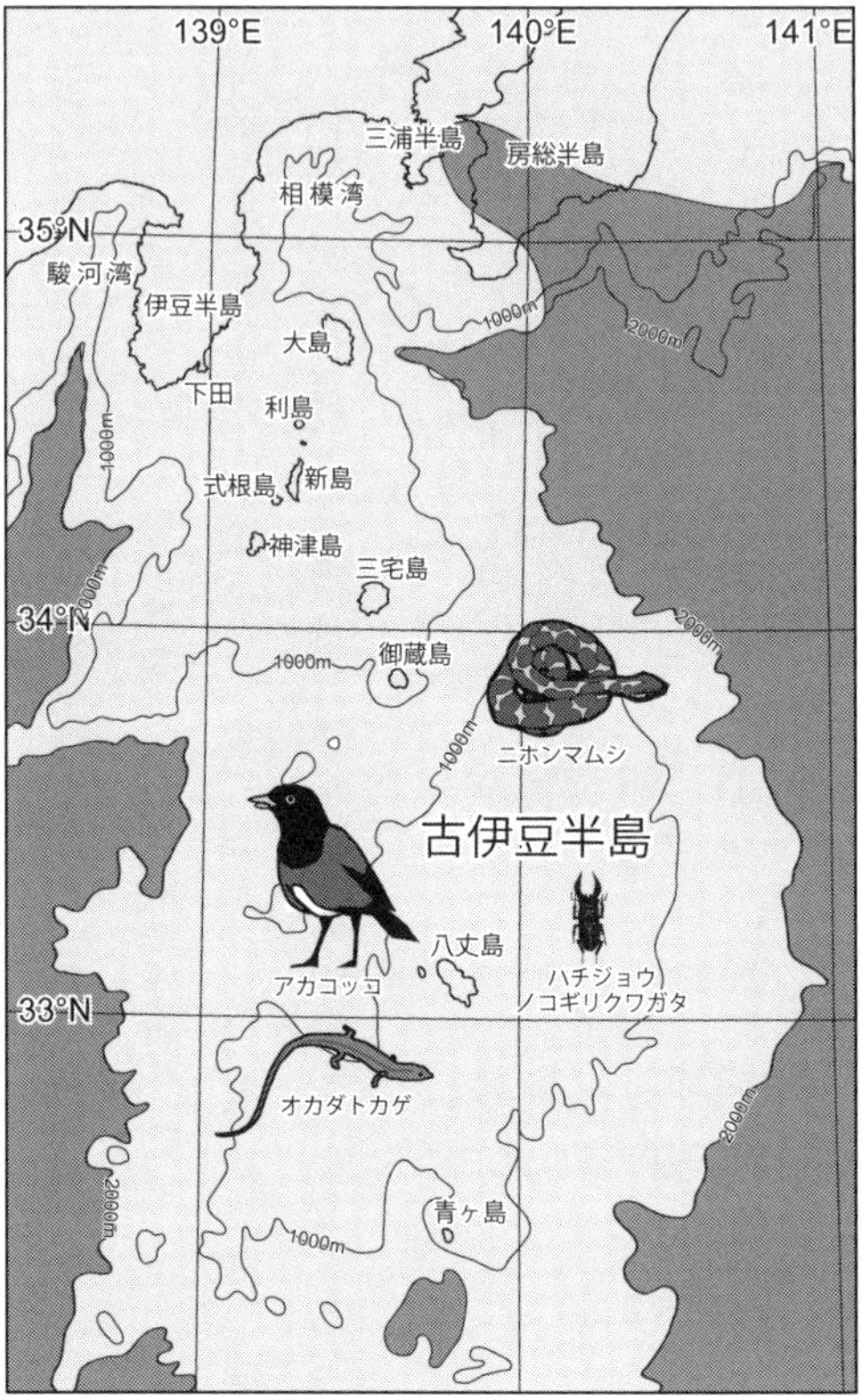
139°E
140°E
141°E
35°N
34°N
33°N
三浦半島
房総半島
相模湾
駿河湾
伊豆半島
大島
下田
利島
式根島
新島
神津島
三宅島
御蔵島
1000m
2000m
ニホンマムシ
古伊豆半島
八丈島
アカコッコ
ハチジョウ
ノコギリクワガタ
オカダトカゲ
青ヶ島

図13　中新世末期の古伊豆半島[13]。この時期には、ほぼ水深2000mの等深線で囲まれた八丈島の南側までのびた古伊豆半島があったと考えられます。

年前以降の地層が厚く堆積していて、中新世にはそこに深い海峡があったと推定されています。

私の海洋地質学の師である星野通平先生は、今から約六〇〇万年前の中新世末期に現在の水深二〇〇〇メートルの等深線付近に海岸線があったという仮説[12]を主張されています。試みに、駿河湾から伊豆諸島にかけての水深二〇〇〇メートルの等深線を見ると、八丈島の南側までのびた幅広い古伊豆半島が出現します（図13）。同じように、トカラギャップでも、五〇〇万年前（鮮新世）より新しい地層を除くと、そこには深い海峡が出現します。

古伊豆島と古八丈島

今から約六〇〇万年前の中新世末期に存在しただろう古伊豆半島は、その後の五〇〇万～四三万年前までの間に、段階的に上昇してきた海面により南側の古八丈島と、北側のシモダマイマイの先祖が渡ってそ

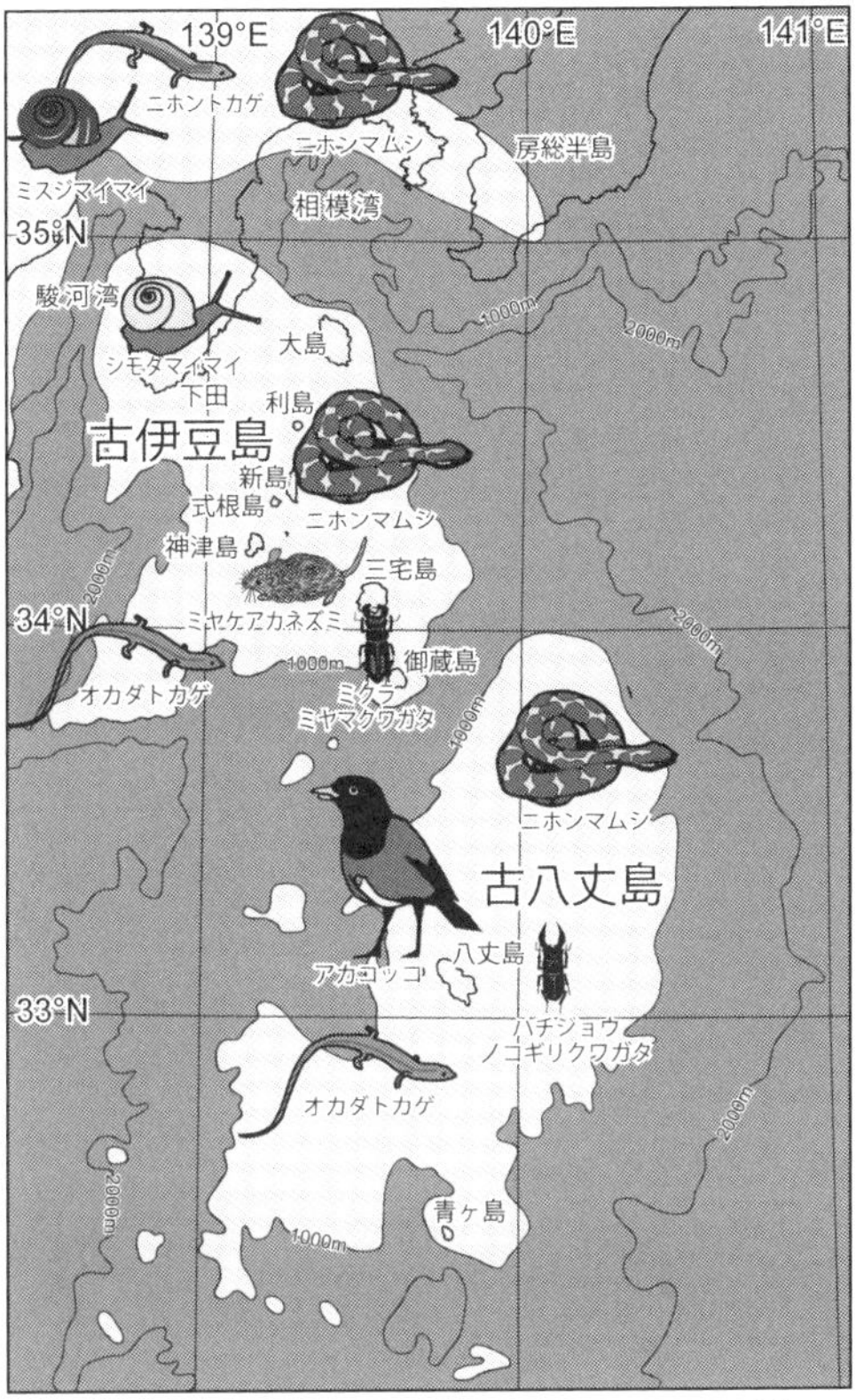
139°E
140°E
141°E
35°N
34°N
33°N
ニホントカゲ
ミスジマイマイ
ニホンマムシ
房総半島
相模湾
駿河湾
シモダマイマイ
下田
大島
利島
古伊豆島
新島
式根島
ニホンマムシ
神津島
三宅島
ミヤケアカネズミ
御蔵島
ミクラ
ミヤマクワガタ
オカダトカゲ
1000m
2000m
ニホンマムシ
古八丈島
アカコッコ
八丈島
ハチジョウ
ノコギリクワガタ
オカダトカゲ
青ヶ島

図14　鮮新世〜中期更新世の古伊豆島と古八丈島[13]。この時期には水深1000mで囲まれた伊豆島と古八丈島という、二つの島があったと考えられます。

こで進化した古伊豆島に分けられたと考えられます（図14）。今から約一八〇万〜四三万年前までの間、現在の伊豆半島北部に海が入っていて、古伊豆島は日本列島とは海で隔てられていました。ただし、今から約六〇万年前の日本列島が隆起した時代に古伊豆島は三浦半島または房総半島南部と一時的に陸続きになったと思われます。そして、そのときに現在御蔵島までの島々に生息するシマヘビが本州から渡ってきたと思われます。

約四三万年前から現在までは、すでに述べましたように大規模な隆起と約一〇〇〇メートルにおよぶ海面の上昇が起こった時代で、その初めの時期に古伊豆島は北側の日本列島と完全に陸続きになりました。古伊豆島の北部は、隆起と激しい火山活動によって現在の伊豆半島として陸地でありつづけましたが、古伊豆島の南部と古八丈島は隆起量が小さかったために、海面の上昇に追いついていけずに現在あるいくつかの火山島を残して沈水してしまいました。

三　琉球諸島の沈んだ大陸

琉球諸島の地形と爬虫類相

琉球諸島は、九州の南西にあるサンゴ礁の島々が連なり、アマミノクロウサギやイリオモテヤマネコなどの哺乳類とハブなどの爬虫類の遺存固有種が多く、「東洋のガラパゴス」と呼ばれます。

動物地理学的には日本は旧北区と東洋区に大きく分けられ、旧北区が日本列島で、東洋区が琉球諸島にほぼ対応します。そして、旧北区と東洋区の境界は奄美大島と九州の間にあるトカラ列島南部の悪石島と小宝島の間の水深が一〇〇〇メートルもあるトカラギャップに対応し、それは動物地理境界線の「渡瀬線」にあたります。トカラギャップは、今から五〇〇万年前以降に堆積した火山岩などによって埋積されているため、現在は浅くなっていて、水深一〇〇〇メートルの等深線で琉球諸島と屋久島や九州がつながりますが、六〇〇万年前以前の中新世のころには今よりも深かったトカラギャップによって、琉球諸島と九州は海で隔てられていたと考えられます。

琉球諸島の爬虫類相を見ると、奄美・沖縄諸島のほとんどの爬虫類は小宝島以南を北限とするハブ属、リュウキュウアオヘビ、アオカナヘビからなります。その爬虫類相は、シマヘビやアオダイショウなどナメラ属からなる日本の爬虫類相と比べて大変異なっています。この奄美・沖縄諸島の爬虫類相の特徴は、奄美・沖縄諸島が日本列島と陸続きになったことがなく、むしろ台湾や南西側の大陸と陸続きだったことを意味しています。

琉球諸島から台湾と大陸の間には、さらに三つの動物地理境界線があります。奄美・沖縄諸島と宮古・

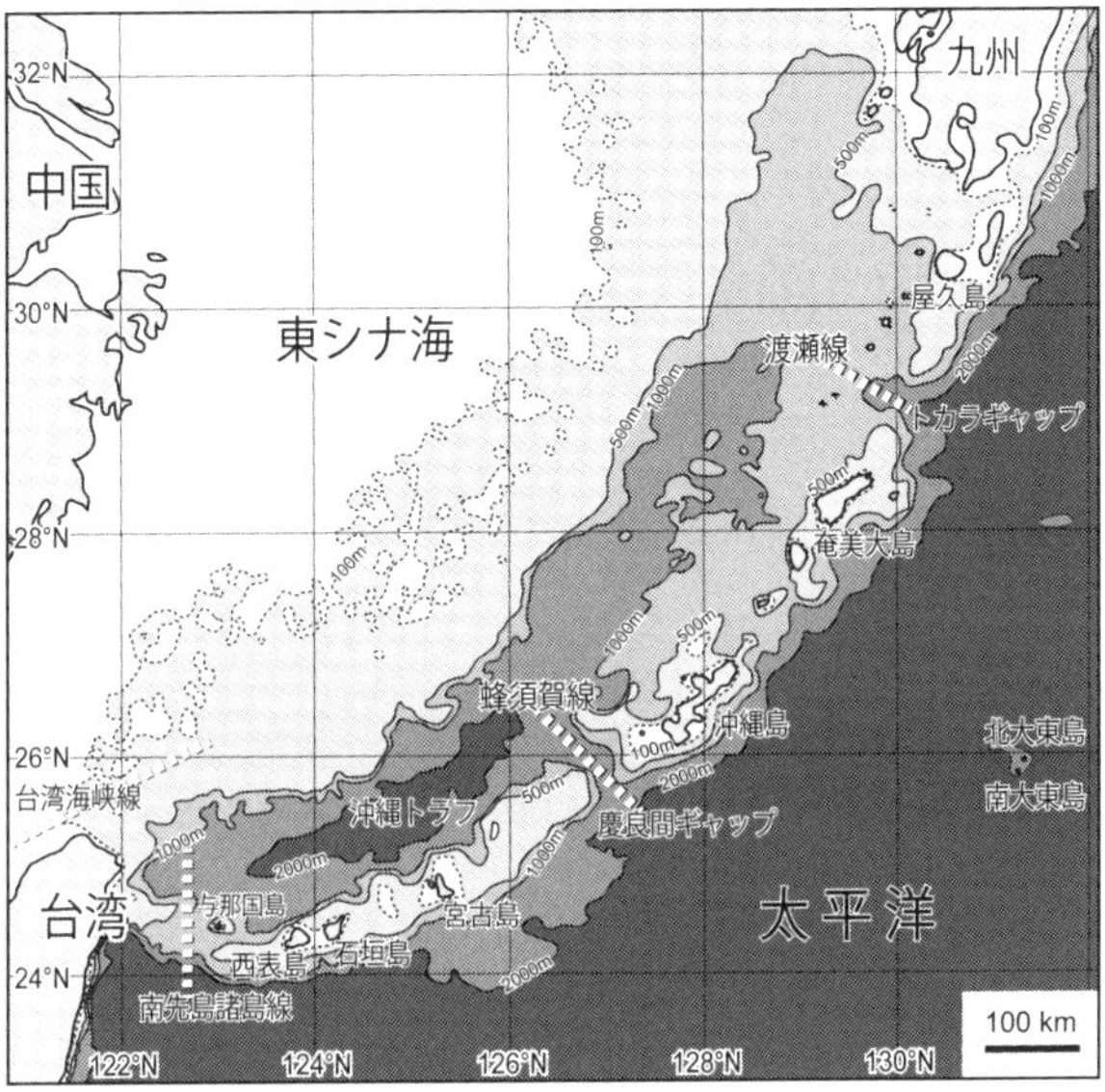
九州
32°N
中国
30°N
東シナ海
屋久島
渡瀬線
トカラギャップ
28°N
奄美大島
蜂須賀線
沖縄島
26°N
北大東島
南大東島
台湾海峡線
沖縄トラフ
慶良間ギャップ
台湾
与那国島
宮古島
太平洋
24°N
西表島
石垣島
南先島諸島線
100 km
122°N
124°N
126°N
128°N
130°N
100m
500m
1000m
2000m

図15　琉球諸島周辺の海底地形と動物地理境界線。

八重山諸島の間に「蜂須賀線」が、八重山諸島と台湾の間に「南先島諸島線」が、台湾と大陸の間に「台湾海峡線」が引かれています（図15）。これらの分布境界線のうち、蜂須賀線に対応するものが水深一〇〇〇メートルを超えるもっとも深い慶良間ギャップです。さらに、台湾と八重山諸島を隔てる水深五〇〇メートルより深い与那国海峡が南先島諸島線に対応します。それに対して、大陸と台湾の間は大陸棚でつながっています。

海に沈んだ琉球古陸

星野[14]は、今から六〇〇万年前の中新世末期の海面は現在より二〇〇〇メートル低いところにあり、そのころの琉球諸島は中国南部の大陸と結ばれていて、その後の鮮新世の時代の海面上昇によって台湾からのびた半島の先端に奄美・沖縄の古陸があったとしています。そして、その後の鮮新世〜更新世には現在の水深一〇〇〇メートルの等深線で囲まれた奄美・沖縄諸島と宮古・八重山諸島が慶良間ギャップで分かれて、奄美・沖縄諸島は孤立していたと述べています。

琉球諸島には、後期中新世〜前期更新世に海底で堆積した泥層からなる島尻層群と、その上位に前期〜

中期更新世の主にサンゴ礁石灰岩からなる琉球層群が広く分布します。サンゴ礁の堆積物からなる琉球層群は、琉球諸島が現在のような大陸から離れた海域の中の列島となって形成されました。琉球諸島と東シナ海の大陸棚の間には深さが二〇〇〇メートルもある沖縄トラフがあります。この沖縄トラフが形成され始めて、大陸からの泥質堆積物が琉球諸島に供給されなくなったことで、琉球諸島では泥層の島尻層群に代わって、今から一八〇万年前の前期更新世からサンゴ礁堆積物からなる琉球層群が堆積しました。

すなわち、今から六〇〇万年前の中新世以前までは、東シナ海大陸棚から琉球諸島にかけての地域には琉球古陸という大陸からの陸域の広がりがあり（図16－A）、更新世の一八〇万年前までにその中央部が沈水して沖縄トラフができたことで、台湾からのびる古琉球半島が形成されたと考えられます（図16－B）。

琉球諸島の陸生爬虫類相の地域間での比較からは、沖縄・奄美諸島と八重山・宮古諸島の間では近縁種のほとんどの種が異なっているのに、八重山・宮古諸島と台湾の間では多くの種が亜種レベルでしか分化していないことから、台湾からのびる古琉球半島が最初は大陸から台湾を経てトカラギャップまでのびていて、その後に慶良間ギャップで分断され、最後に与那国海峡で分断されたと考えられています。[10] すなわち、更新世のおそらく後半にあった半島は、台湾から宮古諸島までしかのびていなくて、沖縄・奄美諸島はトカラギャップと慶良間ギャップにより他の地域から隔離されて古沖縄島となっていたと考えられます（図16－C）。このことは、琉球諸島の爬虫類相からも確かめられています。

琉球諸島では、水深一〇〇〇メートルの水深線をたどると沖縄・奄美諸島と台湾・八重山諸島は慶良間ギャップで分断され、爬虫類相から示された更新世の台湾・八重山諸島の陸橋と沖縄・奄美諸島の古沖縄島の存在がよく説明できます。すなわち、今から四三万年前には台湾から八重山諸島にかけての八重山半島と沖縄・奄美諸島の古沖縄島がありましたが、四三万年前以降に八重山半島と古沖縄島が海に沈んで、現在の琉球諸島の島々になり、琉球古陸は完全に海に沈んでしまったと考えられます。

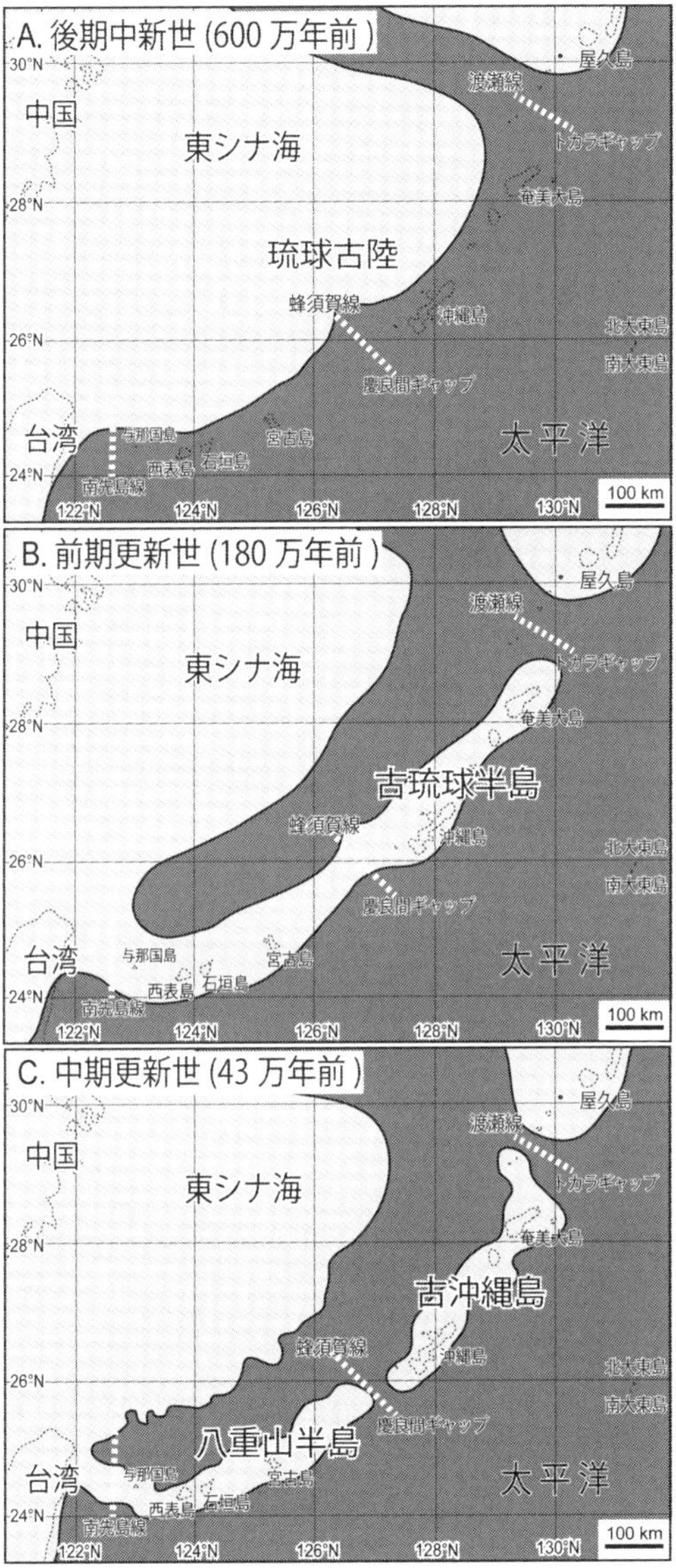
A. 後期中新世 (600 万年前)
30°N
28°N
26°N
24°N
中国
東シナ海
琉球古陸
屋久島
渡瀬線
トカラギャップ
奄美大島
蜂須賀線
沖縄島
北大東島
南大東島
慶良間ギャップ
台湾
与那国島
宮古島
西表島
石垣島
南先島線
太平洋
100 km
122°N
124°N
126°N
128°N
130°N
B. 前期更新世 (180 万年前)
30°N
28°N
26°N
24°N
中国
東シナ海
古琉球半島
屋久島
渡瀬線
トカラギャップ
奄美大島
蜂須賀線
沖縄島
北大東島
南大東島
慶良間ギャップ
台湾
与那国島
宮古島
西表島
石垣島
南先島線
太平洋
100 km
122°N
124°N
126°N
128°N
130°N
C. 中期更新世 (43 万年前)
30°N
28°N
26°N
24°N
中国
東シナ海
古沖縄島
八重山半島
屋久島
渡瀬線
トカラギャップ
奄美大島
蜂須賀線
沖縄島
北大東島
南大東島
慶良間ギャップ
台湾
与那国島
宮古島
西表島
石垣島
南先島線
太平洋
100 km
122°N
124°N
126°N
128°N
130°N

図16　琉球諸島の後期中新世からのなりたち。黒の破線は現在の陸地や島の地形。

コラム1

地質年代に慣れてください

地質年代は、地球の誕生から現在までの地球の歴史を年代として刻んだものです。地球ができて現在まで約四六億年といわれますが、私たちが地球の時間を認識できるのは地球上にある地層や岩体に残されている記録からです。そのため、地質年代は過去のその時間に堆積した、主に地層をもとに設定されています。そして、地質年代を設定した地層を「地質系統」といいます。

地質年代はその時間に堆積した地層から設定されていることから、地層が残っていない地球の時間について、私たちは認識することができません。そして、地層が残っていない地球の時間は意外と多くあります。すなわち、地球の歴史の一万年間を一ページとする本に例えれば、それは四六万ページもある分厚いものになりますが、その本のページは相当に抜け落ち（落丁し）ているため、私たちは残ったほんのわずかなページから地球の歴史を読み解いているに過ぎません。

みなさんは、地質年代を途切れのない連続した時間の流れと考えているかもしれません。しかし、実際には地層が時間的かつ空間的に不連続に存在するため、年代は不連続に配列されています。すなわち、地質年代とは時計のように連続して時を刻むものではなく、残された時間の断片（地層すなわち地質系統）を古い時代から新しい時代に順番に並べたものに過ぎません。

地質年代を設定した地質系統は、ある地域での模式となる地層と産出化石を記載したもので、それをもとに世界各地の地層が対比（同じ時代に堆積した地層かどうかを比較）されています。地質系統はある特別な地質年代の範囲、すなわち年代層序単元（紀・世・期など）を決定する基礎となる地層

表1　地質年代表[15]。Maは100万年前のこと。年代値は年代の始まりの値。

累代	代	紀		年代値
顕生累代 Phanerozoic Eon	新生代 Cenozoic Era	第四紀	Quaternary Period	2.58 Ma
		新第三紀	Neogene Period	23.03
		古第三紀	Paleogene Period	66.0
	中生代 Mesozoic Era	白亜紀	Cretaceous Period	145.0
		ジュラ紀	Jurassic Period	201.3
		三畳紀	Triassic Period	252.17
	古生代 Paleozoic Era	ペルム紀	Permian Period	298.9
		石炭紀	Carboniferous Period	358.9
		デボン紀	Devonian Period	419.2
		シルル紀	Silurian Period	443.8
		オルドビス紀	Ordovician Period	485.4
		カンブリア紀	Cambrian Period	541.0
原生累代　Proterozoic　Eon				2500
太古累代（始生累代）Archean　Eon				4000
冥王累代　Hadean				4600

です。例えば、ジュラ紀という地質年代はフランスのジュラ山脈に分布する「ジュラ系」という地層が堆積した年代を示すものです。また、ジュラ系にはそれを定義したジュラ系を構成する各地域の地層、例えば「オックスフォーディアン階」や「キンメリッジアン階」などという地層があります。

地質系統とそれにしたがって定義された地質年代の名前は、聞いたことのない名前が多く、一般の方は違和感を覚えるかもしれません。それは、それらの地層が分布する地域の名前や地層の特徴、地層の重なりの順番などにより名づけられていて、統一した決まりがないためかもしれません。本書では、地層が堆積した地質年代がよく出てきますので、すみませんが本書の内容をより良く理解するために地質年代に慣れておいてください（表1）。

古生代の地質系統は、ペルム系（ペルム紀の地層）を除いてすべてイギリス南西部のウェールズ地方で命名定義されています。古生代のもっとも古い地層であるカンブリア系は砂岩層からなり、ウェールズの古い呼び名から名前がつき、オルドビス系とシルル系は主に泥岩層からなり、ウェールズ地方にローマ時代に住んでいた民族の名前から、デボン系は石灰岩層と赤色砂岩層からなりデボン州の名から命名されました。その上に重なる石炭系は下から石灰岩層と石炭層からなり、その石炭層から命名されました。この石炭層はイギリスでの産業革命当時に採掘の対象となった地層で、この石炭層の探査と開発により地質学が発展しました。

イギリスでは、石炭系の上に中生代の三畳系の赤色砂岩層が重なるため、それ以上古生代の地層が認められません。しかし、ヨーロッパの東側に地層の連続をたどると、ロシアのウラル山脈のペルム地方に石炭系と三畳系との間の地層が存在することから、その地層を模式としてペルム系が定義されました。なお、ペルム系はドイツにも分布し、ドイツでの地層は下位から砂岩層と石灰岩層の上下二層からなることから二畳系と呼ばれます。日本では明治時代にドイツの地質学者が来て地質学を広めたことから、ドイツの地層名（系）や年代名（紀）がしばしば使用され、ペルム紀を二畳紀と呼ぶことがあります。

中生代の地質系統は、地層の特徴と地域の名前から命名されています。三畳系は、ドイツに分布するこの時代の地層が、下位から赤色砂岩層、石灰岩層、雑色砂岩層という三つの地層からなることから命名されました。ジュラ系は、スイスとフランスの国境に位置するジュラ山脈に分布する海底に堆積した（海成の）地層から命名されました。白亜系は、「白亜」すなわち白い石である石灰岩の地層が特徴的であり、イギリスとフランスの間のドーバー海峡両岸に露出する後期白亜紀のチョーク（遠洋性のプランクトンの殻からなる石灰質泥岩）からなる白亜の海崖の地層に由来します。

ヨーロッパでは白亜系の下部は主にサンゴ礁石灰岩からなり、上部は主にこのチョークからなります。白亜系を細分した地層にはフランスのオート（アルプ県）やシャンパーニュなどの地域に分布する地層で定義されたことから、「アルビアン期」や「カンパニアン期」などの白亜紀を細分した年代名がついています。このような中生代の地層を概観すると、三畳紀には陸域の環境が広く分布し、広域に平坦化された陸域にジュラ紀に海進（海面上昇により海が陸域に浸入する現象）があって浅い海底となり、前期白亜紀には周辺に大河川がない環境でそこにサンゴ礁が広く分布する海となり、後期白亜紀にはそれらが深く沈んで遠洋の海底になったと考えられます。

同じように古生代の地層を概観すると、各年代の地層（系）の間に大きな不整合（二つの上下に重なる地層の間に陸上での侵食や大きな時間間隙をともなう現象）を挟みますが、カンブリア紀には浅い海底があり、オルドビス紀には海が深くなり、シルル紀にまた浅くなり、デボン紀には陸上となり、石炭紀にはサンゴ礁が形成された後に陸上植物を埋積した沼沢地が広がり、前期ペルム紀に陸になり、その後ヨーロッパ東部に海が浸入していったことがわかります。

なお、古生代より古い時代は一般に先カンブリア時代と呼ばれますが、地球の誕生から冥王累代、太古累代（始生累代）、原生累代に細分され、その後の古生代からの多細胞生物に富む時代は顕生累代と呼ばれます。

新生代を細分した第三紀と第四紀については、かつて新生代より前の時代の地層を第一系と第二系と呼び、新生代の地層を第三系や第四系と呼んでいたときの名前が残ったものです。すでに第

表2　新生代の地質年代表[15]。Maは100万年前のこと。年代値は年代の始まりの値。

紀	世		年代値
第四紀 Quaternary Period	完新世	Holocene Epoch	0.0117 Ma
	更新世	Pleistocene Epoch	2.58
新第三紀 Neogene Period	鮮新世	Pliocene Epoch	5.333
	中新世	Miocene Epoch	23.03
古第三紀 Paleogene Period	漸新世	Oligocene Epoch	33.9
	始新世	Eocene Epoch	56.0
	暁新世	Paleocene Epoch	66.0

一系から第三系までは廃止され、第三系は下位からパレオジーン（Paleogene）とネオジーン（Neogene）に分けられています。しかし、日本ではそれらの新訳語が決定していないため、本書では従来からの「古第三系（紀）」と「新第三系（紀）」を使用します。新生代を細分した地質年代を表2に示します。新生代の世の区分は、古第三紀が暁新世、始新世、漸新世に、新第三紀が中新世と鮮新世に、第四紀が更新世と完新世に区分されています。この区分は、『地質学原理』を著したチャールズ・ライエルにより各地層の貝化石群集に含まれる現生種の割合をもとに行われたために、地域や岩相の特徴を表した名前ではなく、年代の順番を示す語が用いられています。

第三章
四三万年前に沈んだ大陸

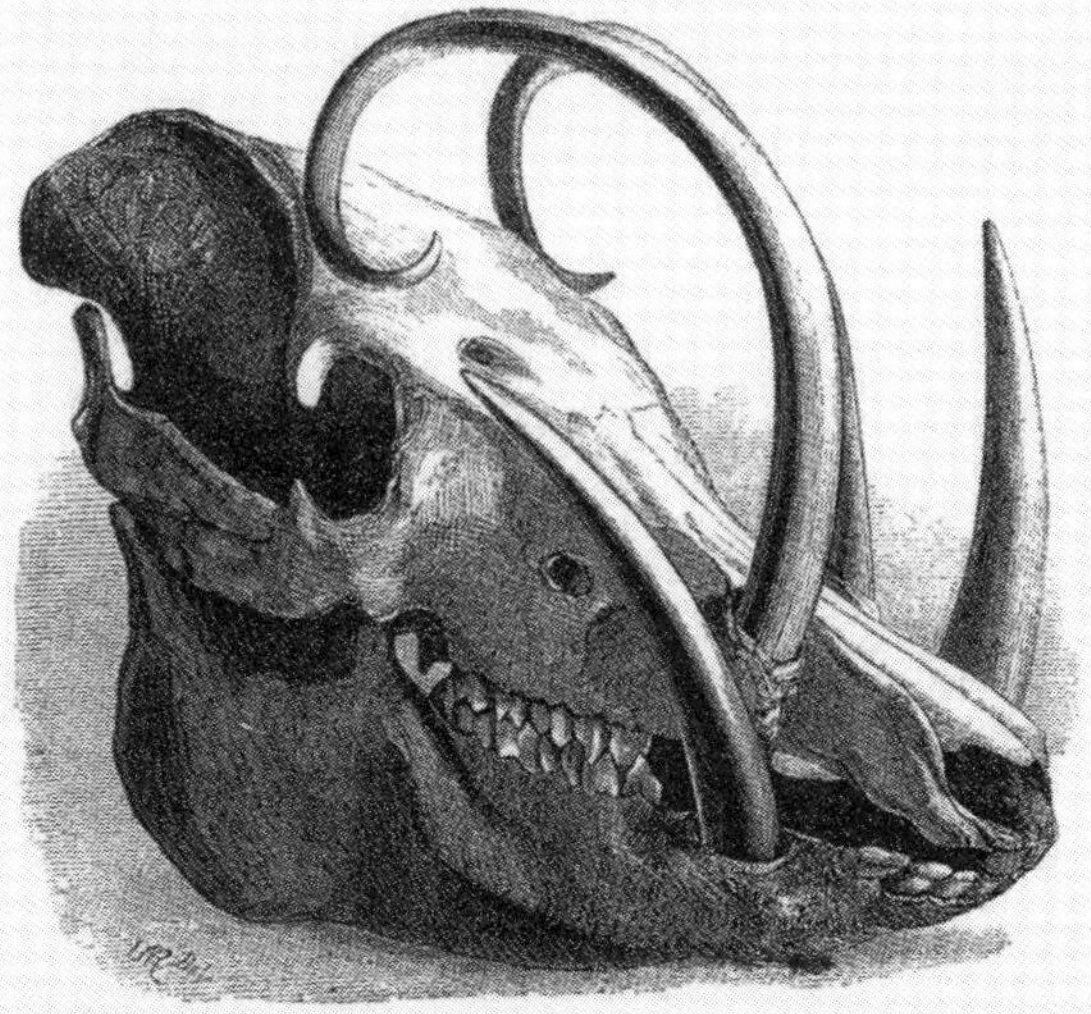

図17　スラウェシ島に現在生息する固有のイノシシ、バビルサ（*Babyrousa babyruss*）の頭骨[1]。

世界には、なぜ絶海の孤島にこんな珍しい固有の動物または植物がいるのだろうと思える島々がありま
す。ここでは、主に固有の陸生哺乳動物が生息している島々と、今は絶滅していますが哺乳類の化石が発見される島々を取り上げたいと思います。

ヴァン・デル・ギアたちは、『島嶼の哺乳類の進化』[2]という本の中で、世界の島々の化石哺乳類の分布とその動物相の変遷についてまとめています。ここでは、主にその本の内容を参考にして、私なりにそれらの島々とそこに棲むまたは棲んでいた陸生哺乳類の謎に迫ってみたいと思います。ギアたちは、その本の中で、それぞれの島々で今から一八〇万年前の更新世の間に動物相が何度か変換したことと、いくつかの変換期で時期がある程度一致する場合があることを述べています。[2] その変遷時期の中で、最後の時期の多くが約一三万年前の後期更新世か、またはそれ以前であることが注目されます。[3]

ここでは、そのような固有の動物たちが棲む島々について、東南アジアのワラセア区西部、地中海、北アメリカ大陸西海岸のチャネル諸島、南アメリカ大陸の南東にあるフォークランド諸島、ニュージーランド東方のチャタム諸島などを見ていくことにします。

一　ワラセア区の沈んだ大陸

ワラセア区とは、東南アジア東部の動物地理境界であるウォーレス線またはハクスリー線と、オーストラリア区の西端を画するウェバー線またはライデッカー線との間の、東洋区とオーストラリア区との間の

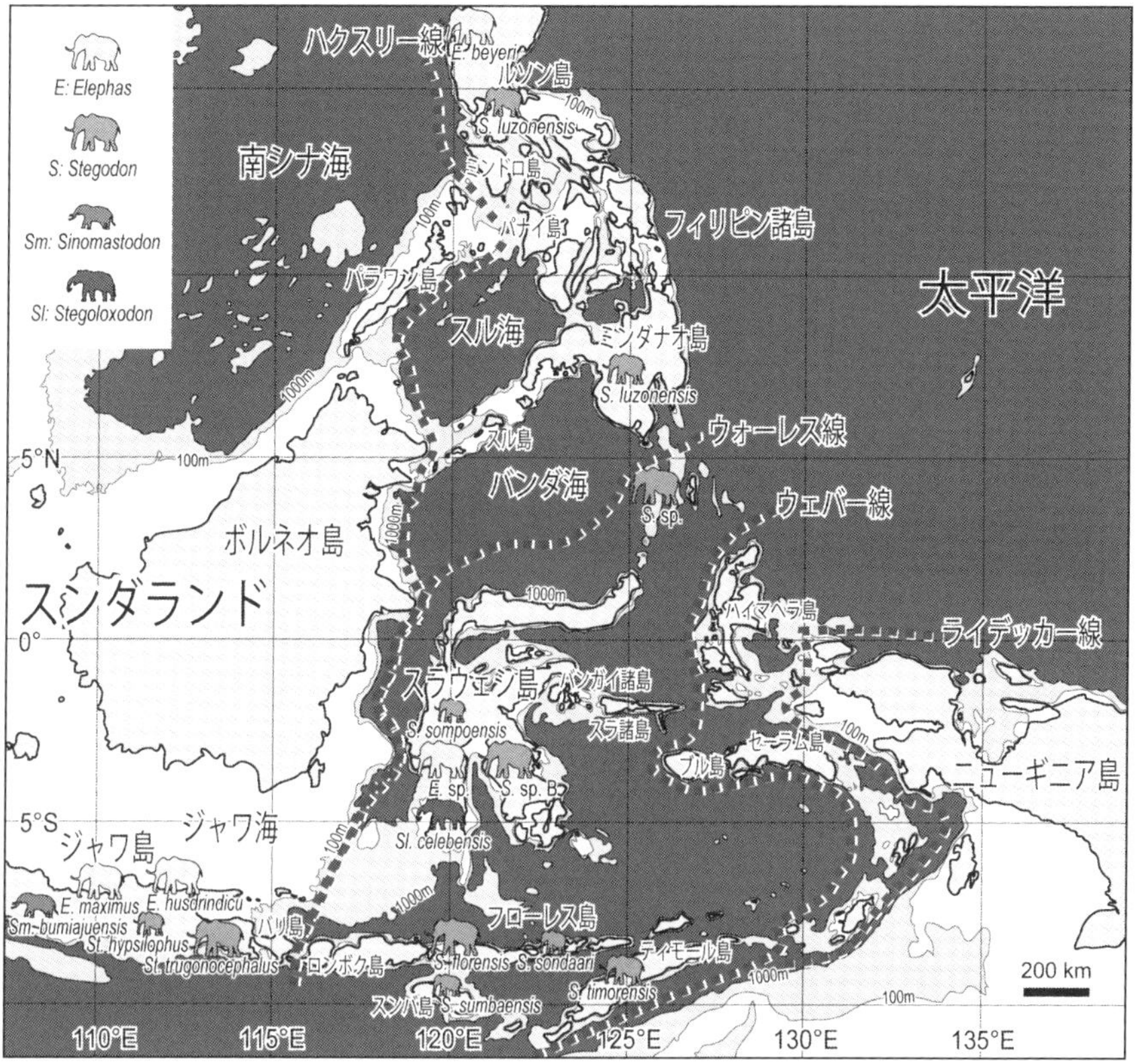
E: Elephas
S: Stegodon
Sm: Sinomastodon
Sl: Stegoloxodon
ハクスリー線
E. beyeri
ルソン島
S. luzonensis
南シナ海
ミンドロ島
パナイ島?
フィリピン諸島
パラワン島
太平洋
スル海
ミンダナオ島
S. luzonensis
ウォーレス線
5°N
スル島
バンダ海
S. sp.
ウェバー線
ボルネオ島
スンダランド
ハルマヘラ島
ライデッカー線
0°
スラウェシ島
バンガイ諸島
S. sompoensis
スラ諸島
セーラム島
ブル島
ニューギニア島
E. sp.
S. sp. B
5°S
ジャワ島
ジャワ海
Sl. celebensis
E. maximus
E. husdrindicu
Sm. bumiajuensis
バリ島
フローレス島
St. hypsilophus
St. trugonocephalus
ロンボク島
S. florensis
S. sondaari
ティモール島
S. timorensis
スンバ島
S. sumbaensis
200 km
100m
1000m
110°E
115°E
120°E
125°E
130°E
135°E

図18　ワラセア区の長鼻目化石の分布と水深1000mの陸橋。水深1000mより浅いところを43万年前の陸域とすると島をつなぐ陸橋が出現します[3]。

境界地域にあたります。このワラセア区の島々には、フィリピン諸島やスラウェシ島、フローレス島などが含まれ、それらの島々にはそれぞれに固有な動物が大変多く、更新世の地層からはステゴドンなどの長鼻目やサイ、スイギュウ、イノシシ、シカなどの絶滅した固有種の化石が多数発見されています（図18）。

なお、動物たちの大きさを表す「矮小(わいしょう)化」と「ピグミー」などという用語は、ギアたちの記述[2]にしたがい、「ピグミー」をとくに小さな形で祖先の大きさの半分またはそれ以下、「矮小化」は六〇～八〇パーセントの大きさとし、「小さい」は九〇パーセントの大きさについて用います。

ジャワ島

ジャワ島はウォーレス線の西側の東洋区に属する島ですが、ワラセア区の島々の動物分布を考える上で重要なので、その島の成り立ちと、年代ごとの動物相について概要を示します。

ジャワ島の島弧は今から二五〇万年前からの火山活動によって隆起が始まり、一八〇万年前からは段階的に隆起してジャワ島の西部と中部が陸地になりました。このころにジャワ島に棲んでいた哺乳類は、小さなカバとシカ、小さなマストドンによって特徴づけられます。今から七〇万年前ごろから原人（ホモ・エレクトス）と固有の小さなステゴドンによって特徴づけられる東南アジア本土の動物たちが継続してジャワ島に流入してきました。そして、数十万年前には東南アジア本土の熱帯雨林に棲む動物たちがインドネシア諸島に渡来しました。

ジャワ島からは、大きく分けて四つの連続した動物相が認められています。[2] それらは、古い方から（一）前期更新世のマストドンとコビトカバ、シカの仲間とおそらくピグミーステゴドンによって代表されるサティル動物相、（二）中期更新世のインドのシワリク動物相と密接な類縁がある原人とハイエナ、ジャワステゴドン、ジャワゾウ、ケンデングサイ、アンテロープ、ライデッカーシカによって代表されるチ・サート動物相とトリニールH・K動物相など、（三）後期更新世の典型的な東南アジア本土の熱帯雨林動物相の新しい要素であるアジアゾウ（エレファス）やボルネオオランウータン、フクロテナガザル、ミナミブタオザル、スンダトラ、スマトラサイ、マレーグマ、カモシカ、スイギュウ、イノシシなどに代表されるプヌング動物相、（四）現在の種によって置き換えられたものか、または更新世の先住者から進化したものと考えられる、今から約一万二〇〇〇年前からの完新世のワジャク動物相です。

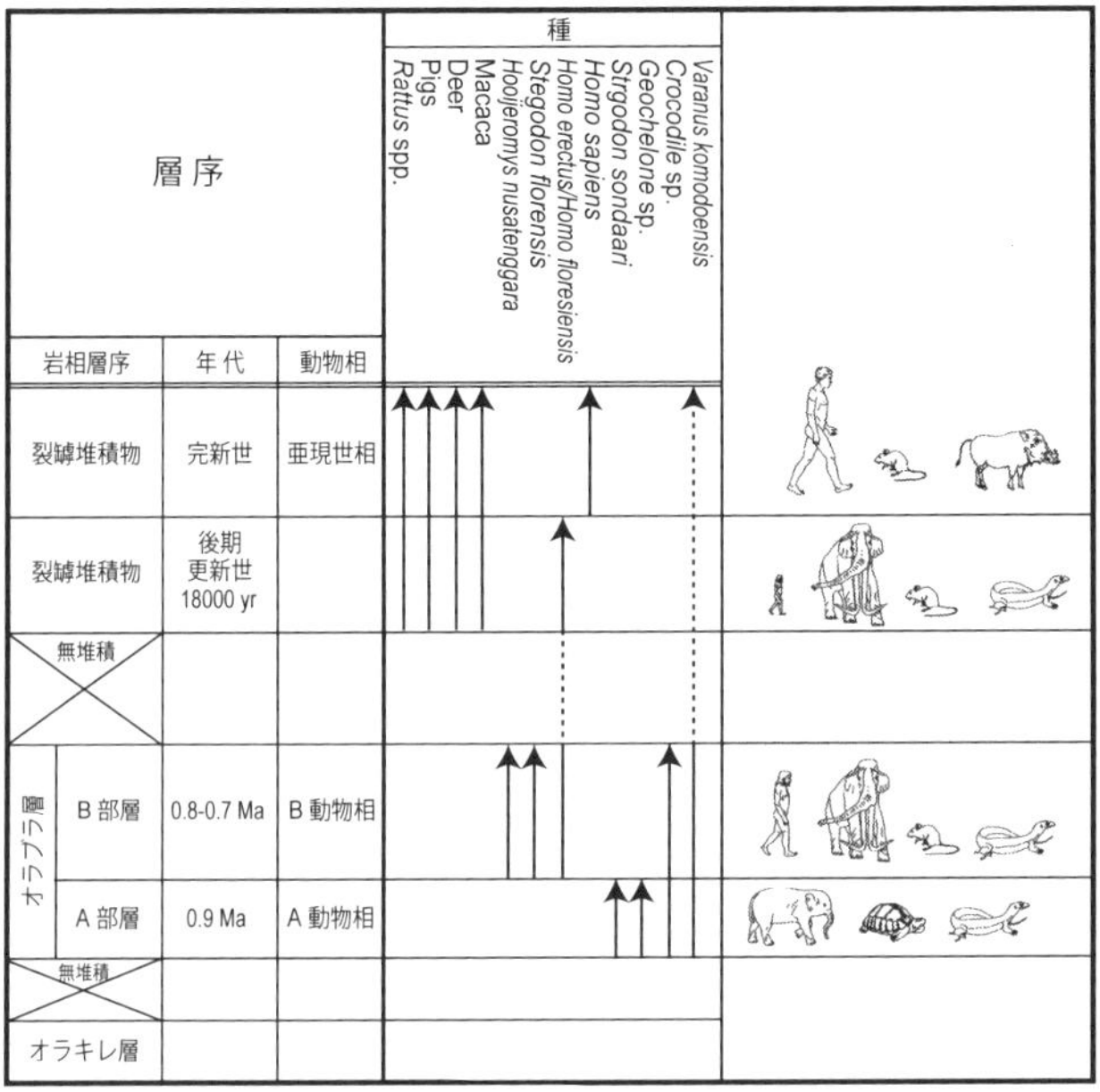
層序
種
Varanus komodoensis
Crocodile sp.
Geochelone sp.
Strgodon sondaari
Homo sapiens
Homo erectus/Homo floresiensis
Stegodon florensis
Hooijeromys nusatenggara
Macaca
Deer
Pigs
Rattus spp.
岩相層序
年代
動物相
裂罅堆積物
完新世
亜現世相
裂罅堆積物
後期
更新世
18000 yr
無堆積
オラブラ層
B 部層
0.8-0.7 Ma
B 動物相
A 部層
0.9 Ma
A 動物相
無堆積
オラキレ層

図19　フローレス島の脊椎動物相の年代による区分[2]。Ma：100万年前。

フローレス島

フローレス島は、東ジャワの小スンダ諸島の一つで、ロンボク島の東にある島です。ロンボク島から東の島々は、スンダ大陸棚の上にあるジャワ島やバリ島とはロンボク島の西にあるロンボク海峡によって大陸棚ではつながらず、最終氷期でもジャワ島やバリ島とは陸続きにはなりませんでした。

フローレス島は、今から約二一〇〇万～一五〇〇万年前（前期～中期中新世）の間に海面上に出現し、二五〇〇万年前ごろから急激に隆起しました。島の南半分は現在活動を終えた火山からなり、東端と西端には若い活動的な火山があります。

フローレス島には中期と後期更新世にピグミーステゴドンと矮小化したステゴドン、巨大なネズミ、コモドドラゴン、矮小化した原人（ホモ・フローレシエンシス）が棲んでいました。フローレス島の動物相は、今から九〇万年前の前期更新世のA動物相と、中期更新世のB動物相、後期更新世の三つの動物相に区分されています[2]（図19）。後期更新世の動物相は、中期更新世のB動物相と大きな転換はなく、B動物相が変化したもので、矮小化したステゴドンと矮小化した原人によって特徴づけられます。

スラウェシ島

スラウェシ島は以前には「セレベス島」と呼ばれ、ボルネオ島（カリマンタン島）の東にあるスンダ諸島のもっとも大きな島です。この島とボルネオ島は水深二〇〇〇メートルを超えるマッカーサー海峡で隔てられていますが、その南側のジャワ海では水深一〇〇〇メートルの等深線で連続します。

スラウェシ島には、現在、バビルサという奇妙な牙の生えたイノシシ（本章扉図17）やアノアという水牛、クロザル、ブトンモンキー、ヘックモンキー、ゴロンタロモンキー、ダイアンメガネザル、ピグミーメガネザル、それと有袋類のクマクスクスなど多くの固有種または固有亜種が生息します。

スラウェシ島では、今から二五〇万年前以降、三つの哺乳類化石相が区別されています[2]。それらは、（一）前期更新世の小さなステゴロクソドンと巨大なブタ、小さなステゴドンによって代表されるワラナエ動物相と、（二）中期または後期更新世の大きなエレファスと中型のステゴドン、短足のブタによって代表されるタンルング動物相、そして（三）後期更新世～現世動物相です（図20）。

後期更新世～現世動物相は、それ以前の動物相とは長鼻目と巨大なブタが欠けることで明瞭に区別さ

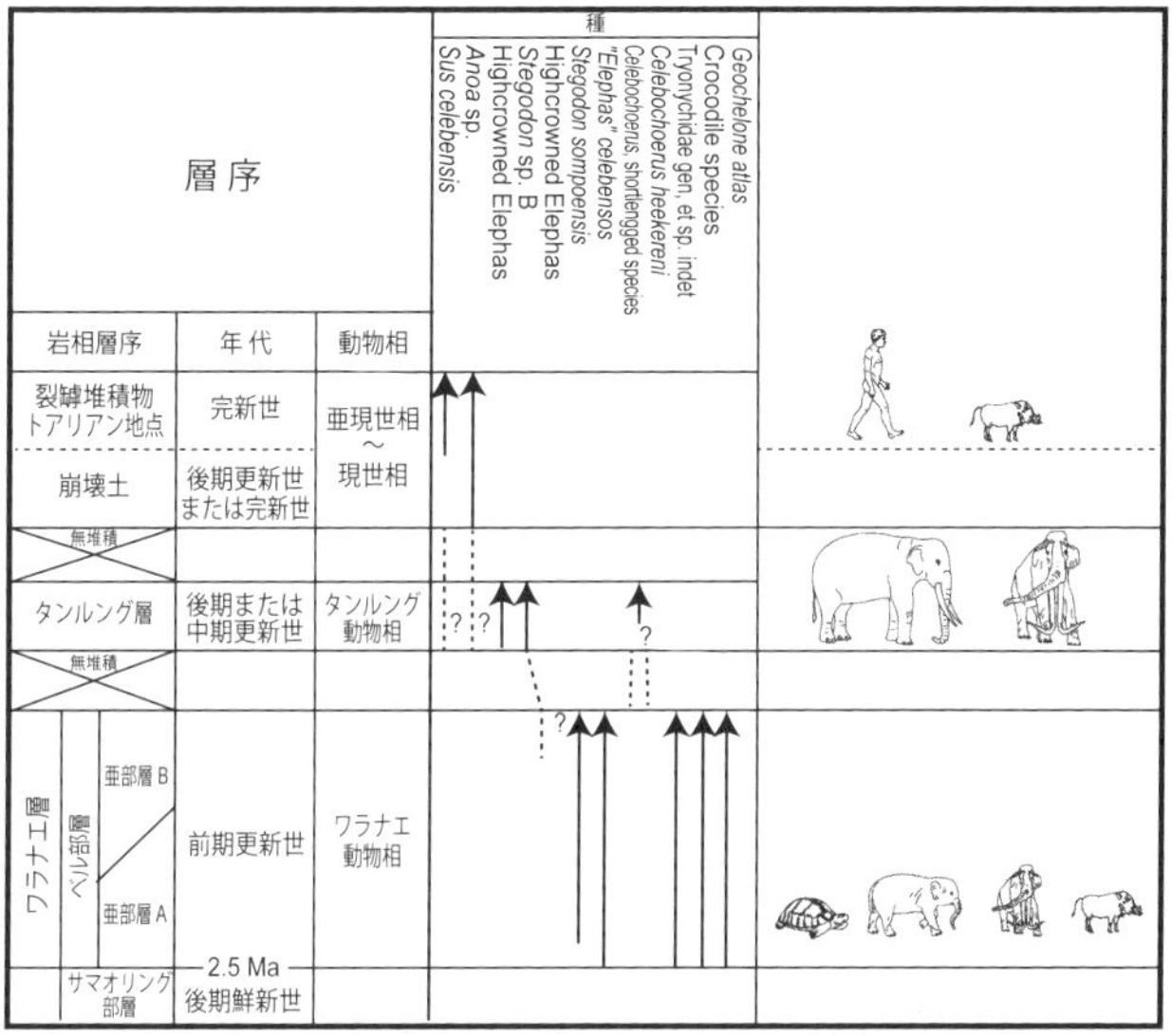

層序
種
Geochelone atlas
Crocodile species
Tryonychidae gen. et sp. indet
Celebochoerus heekereni
Celebochoerus, shortlegged species
"Elephas" celebensos
Stegodon sompoensis
Highcrowned Elephas
Stegodon sp. B
Highcrowned Elephas
Anoa sp.
Sus celebensis
岩相層序
年代
動物相
裂罅堆積物
トアリアン地点
完新世
亜現世相
～
現世相
崩壊土
後期更新世
または完新世
無堆積
タンルング層
後期または
中期更新世
タンルング
動物相
無堆積
ワラナエ層
ベル部層
亜部層 B
亜部層 A
前期更新世
ワラナエ
動物相
2.5 Ma
サマオリング
部層
後期鮮新世

図20　スラウェシ島の脊椎動物相の年代による区分[2]。Ma：100万年前。

れ、この動物相は中期更新世のタンルング動物相の終末に向かって新たにスラウェシ島に渡来したものが徐々に固有種に入れ替わり、南スラウェシで後期更新世の間に確立されたと考えられています。この動物相はウォーレスが注目したように、長い期間の隔離と進化の効果によって固有な種類になったと考えられます。

フィリピン諸島

フィリピン諸島は、マレー群島の中のボルネオ島と台湾の間に位置する七〇〇〇以上の島々からなっています。水深約一〇〇メートルの等深線で区切って最終氷期最盛期のフィリピンの古地理を復元すると、それらは大ルソン、ミンドロ、大パラワン、大ネグロス、パナイ、大ミンダナオ、大スルという六つの大きな古島からなります。

フィリピン諸島の北端は、台湾と二〇〇〇メートルよりも深い海底によって隔てられていて、南西側のボルネオ島とはパラワン島が水深二〇〇メートルの等深線で連続しますが、大パラワンとミンドロ島は水深五〇〇メートルの等深線でなければ連続しません。また、ボルネオ島とミンダナオ島は水深五〇〇メートルの等深線で連続し、ミンダナオ島の南端はスラウェシ島と水深一五〇〇メートルの等深線でなければ連続しません。

フィリピン諸島には現在、固有種が非常に多く生息していて、その固有の程度はマダガスカル島をも上回るとされています。それら固有種の主なものは、マリアナジカ、アルフレッドサンバー、フィリピンメガネザル、フィリピンヒヨケザル、フィリピンカニクイザルと、いくつかのコウモリの種と多くの固有の齧歯（げっし）類です。フィリピン諸島の動物相の多くは山地帯に限られたもので、一つの島に限定されている種は少なく、島々に広く分布します。そして、ボルネオ島やインドネシア西部の島々を含むスンダ大陸棚の種と近縁な関係のあるタクサ（種や属、科などの生物の分類群）を含み、それらの多くはとてもはっきりした亜種や別種として認識されています。このことから、ハーネー[4]は、更新世の間、とくに中期更新世にフィリピン諸島とアジア大陸との間にはスンダ大陸棚を通じて陸橋があったことを強調しました。

フィリピン諸島の化石の哺乳類相は、それぞれの島々の地層についての共通した年代対比が進んでいないため、あまり信頼できるものではありませんが、大まかに（一）中期〜後期更新世と（二）後期更新世、（三）更新世末期〜完新世の三つの動物相が区別されています[2]。

（一）中期〜後期更新世の動物相は、大ルソン―大ネグロス―パナイ―大ミンダナオに見られ、この動物相にはステゴドンと、大きなエレファス、サイ、ルソンスイギュウ、ミンドロスイギュウ、セブスイギュウ、ルソンイノシシなどが含まれ、ステゴドンの化石は今から八〇万年前の年代値を示すテクタイト（隕石衝突で飛び散ったガラス片）と石器とともに発見されています。

（二）後期更新世の動物相には、マスバテ島（大ネグロス―パナイ）から小さなシカと巨大なネズミの頭骨が含まれます。

（三）更新世末期〜完新世の動物相は、現在の動物相とその祖先にあたり、更新世の終わりかまたは完新世の初めにそれらが渡来して、隔離のもとに種分化をしたと考えられています。

ワラセア区の沈んだ大陸

ジャワ島の後期更新世のプヌング動物相は、それ以前のシワリク動物相と密接な類縁がある中期更新世のチ・サート動物相やトリニールＨ・Ｋ動物相などに代わって、今から数十万年前の中期更新世の終わりに典型的な東南アジア本土の熱帯雨林動物相がインドネシア諸島に移動して形成されました。

フローレス島では、前期更新世と中期更新世に動物相の変換があり、後期更新世の動物相は中期更新世の動物相が変化したものであるといわれます。前期更新世の動物相Ａの層準から九〇万年前の年代値が得られていることと、中期更新世の動物相Ｂの層準から約八八万年前と六八万年前の火山層の年代値、テクタイトから八〇万年前の年代値が得られていることから、前期更新世の動物相Ａと中期更新世の動物相Ｂの変換時期は九〇万年前ごろの可能性があります。

スラウェシ島も、前期更新世と中期更新世、および後期更新世に動物相の変換があり、そのうち後期更新世〜現世動物相は中期更新世のタンルング動物相に新たに渡来したものが徐々に固有種に入れ替わり形成されたと考えられています。

フィリピン諸島では、後期更新世の動物相とそれ以前の中期〜後期更新世の動物相の変換は、おそらく中期更新世の後期に起こったと考えられています。なお、フィリピン諸島では、更新世の終わりかまたは

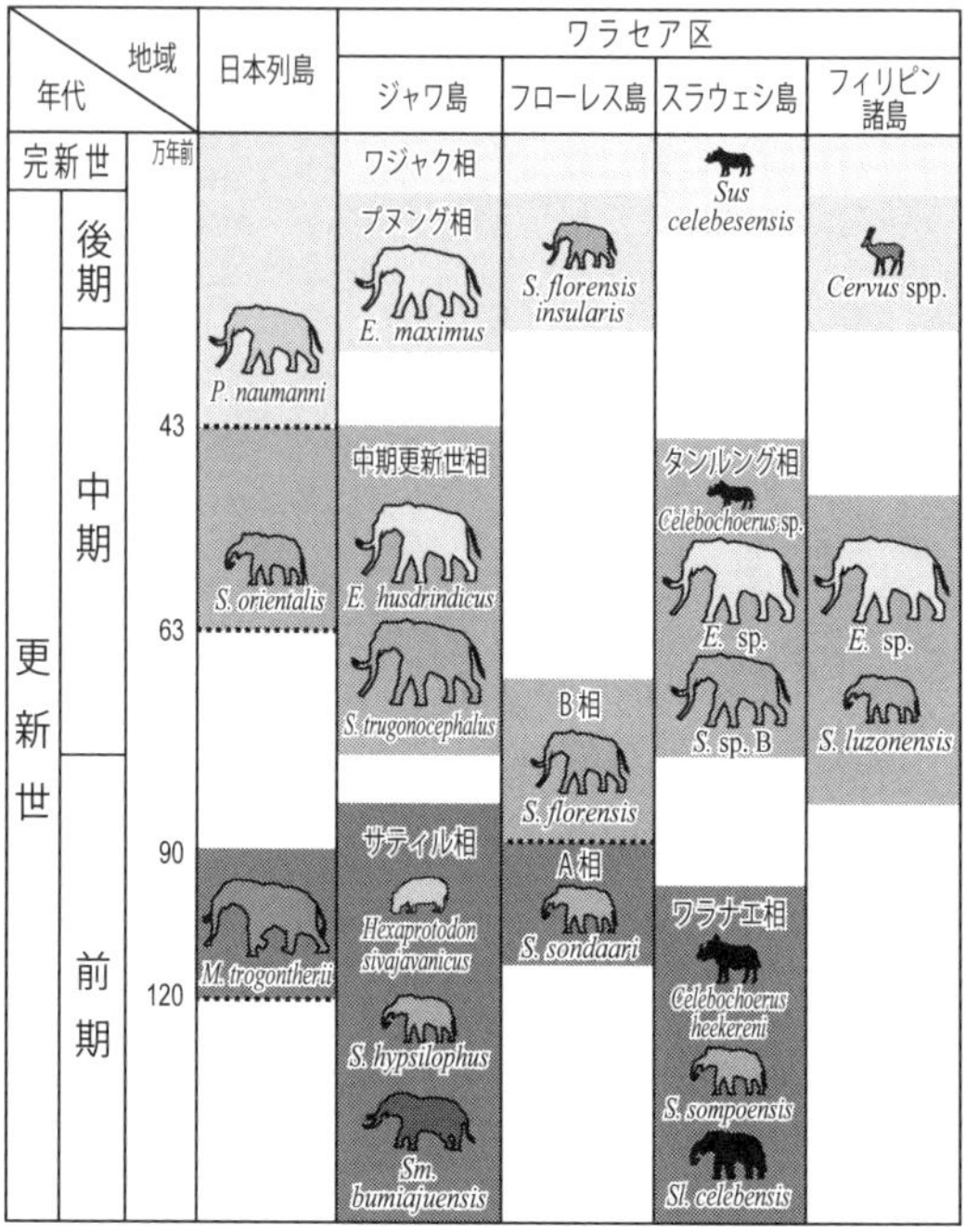
地域
年代
日本列島
ワラセア区
ジャワ島
フローレス島
スラウェシ島
フィリピン諸島
完新世
更新世
後期
中期
前期
万年前
43
63
90
120
ワジャク相
プヌング相
E. maximus
P. naumanni
S. florensis insularis
Sus celebesensis
Cervus spp.
中期更新世相
S. orientalis
E. husdrindicus
S. trugonocephalus
タンルング相
Celebochoerus sp.
E. sp.
S. sp. B
E. sp.
S. luzonensis
B相
S. florensis
サティル相
Hexaprotodon sivajavanicus
S. hypsilophus
Sm. bumiajuensis
M. trogontherii
A相
S. sondaari
ワラナエ相
Celebochoerus heekereni
S. sompoensis
Sl. celebensis
E: Elephas, M: Mammuthus, P: Palaeoloxdon, S: Stegodon, Sl: Stegoloxodon, Sm: Sinomastodon

図21　ワラセア区の島々と日本列島の動物相の変換時期。

完新世の初めに新たな動物相の渡来があったと推定されています。

　これまで見てきたように、東南アジア東縁のワラセア区の島々の多くでは、前期更新世と中期更新世、および後期更新世にそれぞれ固有の動物相が認められます（図21）。そのうち、それらの最後にあたる中期更新世の動物相から後期更新世の動物相の変換時期は、それぞれの島々での具体的な年代値は不明ですが、今から数十万年前の中期更新世後期、おそらく日本列島にナウマンゾウの祖先が渡来した約四三万年前ごろにあたると考えられます。

　今から数十万年前、おそらく四三万年前にワラセア区の島々は、東南アジアの大陸とつながっていて、その後に起こった海面上昇によって大陸とは海で分離されてそれぞれが島となり、そこに残された動物たちが独自に進化してそれぞれの島の固有の種がつくられたものと、私は考えます。

　オードリー・チャールズ[5]は、スラウェシ島周辺のバンガイ諸島とスラ諸島、セーラム島、ブル島は、後期更新世（約一三万年前）かまたはそれ以前に広大な「スンダランド」という陸地の一部であり、スラウェシ島の西部は部分的に陸となり、マカッサル海峡を通ってボルネオ島と断続的に連結していたと考えました。それに対してギアたちは[2]、スラウェシ島の周辺の海は一〇〇〇メートルの深さの海峡になっていて、そのような海面低下が考えられないとして、チャールズの考えを否定しました。しかし、海面が低下したのではなく、以前の海面の位置が低く、水深一〇〇〇メートルより浅い深さの海底がかつての陸地であったとしたら、スラウェシ島からバンガイ諸島とスラ諸島はボルネオ島と陸続きになります。さらに、フローレス島やフィリピン諸島も東南アジアの大陸から陸続きとなり、それらの島々の固有陸生動物の分布が説明できます（図18）。すなわち、今から四三万年前には東南アジアの東側には広い陸域があり、それ以降に起こった一〇〇〇メートルにおよぶ海面の上昇により、その陸域の大部分が沈水して、隆起して沈水から逃れたワラセア区の島々にそれぞれの固有の動物相が生まれたと、私は考えます。

二　地中海の沈んだ大陸

地中海は、北と東をユーラシア大陸、南をアフリカ大陸に囲まれた海で、西はジブラルタル海峡で大西洋と接し、東はダーダネルス海峡とボスポラス海峡を通じてマルマラ海と黒海につながります。地中海には、その西部にスペインのバレアレス諸島が、中部のイタリア半島の西側のティレニア海にはサルデーニャ島とコルシカ島が、イタリア半島の南にシチリア島とマルタ島があります。地中海東部のギリシャとトルコの間のエーゲ海にはキクラデス諸島など、その南のクレタ海にはクレタ島とロドス島など、さらに

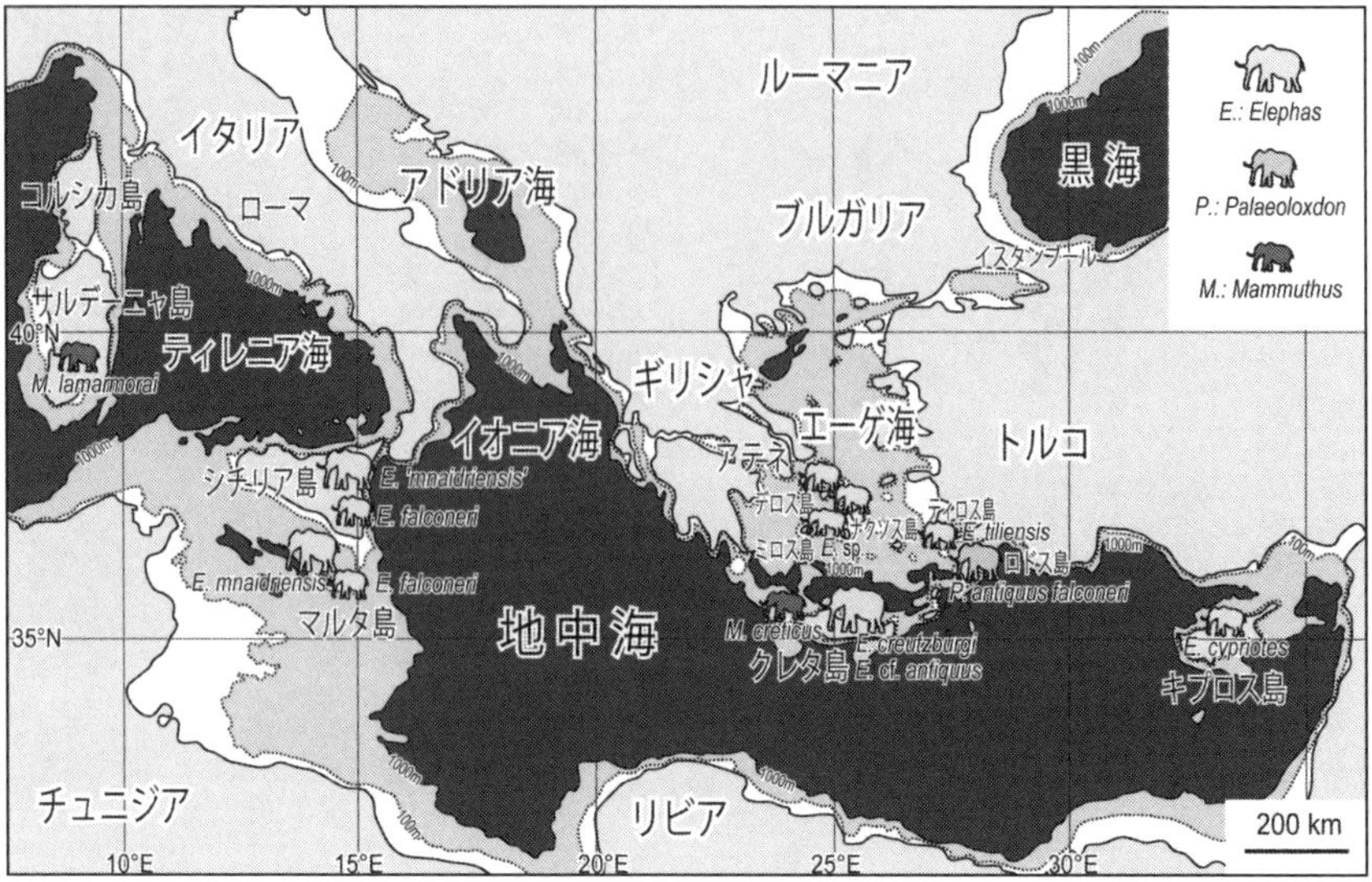
ルーマニア
イタリア
コルシカ島
ローマ
アドリア海
黒海
ブルガリア
イスタンブール
サルデーニャ島
40°N
M. lamarmorai
ティレニア海
ギリシャ
イオニア海
エーゲ海
トルコ
アテネ
シチリア島
E. 'mnaidriensis'
E. falconeri
デロス島
ティロス島
ナクソス島
E. tiliensis
ミロス島
E. sp.
ロドス島
E. mnaidriensis
E. falconeri
P. antiquus falconeri
マルタ島
地中海
M. creticus
E. creutzburgi
35°N
クレタ島
E. cf. antiquus
E. cypriotes
キプロス島
チュニジア
リビア
200 km
10°E
15°E
20°E
25°E
30°E
1000m
100m
E.: Elephas
P.: Palaeoloxdon
M.: Mammuthus

図22　地中海の島々と発見される長鼻目化石。水深1000mより浅いところが43万年前の陸域とすると全部の島が大陸とつながります[3]。

トルコの南にはキプロス島と、たくさんの島々があります。

これら地中海の島々のほとんどは、最終氷期最盛期に海面が一〇〇メートル低下したときに大陸と陸地でつながってはいませんでした（図22）。しかし、これらの島々の多くで更新世以降の地層から長鼻目やカバ、シカ、カワウソ、トガリネズミなど多くの種類の固有哺乳類の化石が発見されています。

キプロス島

キプロス島は、地中海の中で三番目に大きい島で、今から二〇〇〇万〜六〇〇〇万年前までの中新世の間に海上に出現して、現在の島を形成しました。現在のキプロス島は、トルコ本土との間が最短でも約八〇キロメートルあり、そこには水深五〇〇メートルより深い海底が広がっていて、水深一〇〇〇メートルの等深線でつながります。

キプロス島では、（一）（後期？）更新世と（二）更新世の終わりかまたは完新世の初めの二つの動物相が認められています。[2]

（一）の（後期？）更新世の地層からは、ピグミーカバと小さなエレファスの化石が発見され、そのうちピグミーカバはこれまで知られている島のカバのうちでもっとも小さく、キプロス島から発見される哺乳類化石の九〇パーセント以上を占めます。また、小さなエレファスはナウマンゾウの祖先でもあるアンティクウスゾウから派生したと考えられ、ピグミーカバも含めてそれらは中期更新世の後期にこの島に渡来して、その後の海による隔離により、その島の小さな面積に適応して、矮小になり固有化した（島嶼化した）と考えられています。

（二）の更新世の終わりか、または完新世の初めにかけての地層からは、ジェネットとハツカネズミ、エジプトルーセットオオコウモリの化石が発見されています。キプロス島の完新世の動物のほとんどがトルコ本土の動物の亜種レベルに固有のもので、その多様性がとても少ないのが特徴です。

クレタ島

クレタ島はギリシャ最大の島で、ギリシャとトルコの間のクレタ海にあり、水深一〇〇〇メートルの等深線でギリシャのペロポネソス半島とつながります（図2と図22）。

クレタ島は、後期中新世まで小アジアの本土とつながっていましたが、今から五〇〇万年前の鮮新世に地中海地域に起こった大規模な海進により沈水して、クレタ島は一時期少なくとも四つの島に分かれ、前期更新世の今から二〇〇万年前ごろか、またはその後に現在の地形がほぼ形成したとされています。

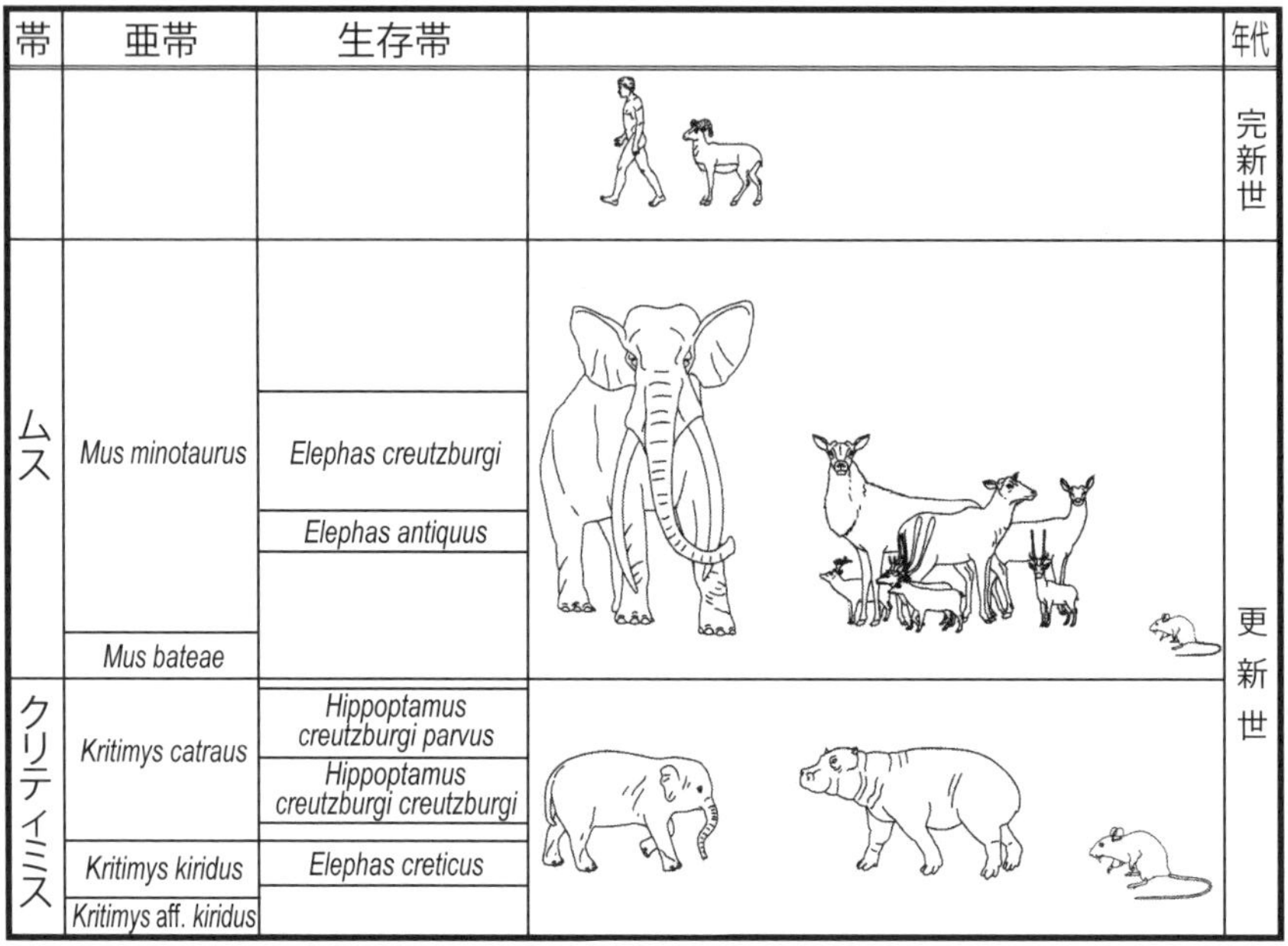
帯
亜帯
生存帯
年代
完新世
ムス
Mus minotaurus
Elephas creutzburgi
Elephas antiquus
Mus bateae
更新世
クリティミス
Kritimys catraus
Hippoptamus creutzburgi parvus
Hippoptamus creutzburgi creutzburgi
Kritimys kiridus
Elephas creticus
Kritimys aff. kiridus

図23　クレタ島の脊椎動物相の年代による分布（文献[2]を修正）。

クレタ島からは更新世の固有の哺乳類相が知られ、その中には矮小化したシカや、矮小化した長鼻目、矮小化したカバ、大きなネズミが含まれます。更新世以前の哺乳類化石は今から約六〇〇万年前以前の後期中新世のもので、それは大陸の種類に属します。更新世の間には二つの異なった主要な生物帯が認められ、その生物帯の境界では動物相の大きな変換が認められます。

クレタ島からは後期中新世の生物帯を除くと、（一）前期更新世〜中期更新世の前期のクリティミス帯と、（二）中期更新世の後期〜後期更新世のムス帯の二つの生物帯に区分されます[2]（図23）。

（一）のクリティミス帯は、クレタ島のクリティミス属のネズミと、ピグミークレタマンモス、小さなクレタカバによって代表されます。カバの大臼歯から得られた年代値は八五万～三七万五〇〇〇年前までの範囲で、ピグミークレタマンモスの祖先は本土にいたミナミマンモスであろうと推定されています。

（二）中期更新世の後期～後期更新世のムス帯は、ハツカネズミと、クレタエレファスまたはアンティクウスゾウの仲間、七種のクレタシカ、クレタビロードカワウソ、クレタンジネズミなどで代表され、それらは中期更新世の後期に渡来して固有化したとされています。

エーゲ海の島々

エーゲ海のティロス島、ロドス島、ナクソス島、デロス島などでは、今から数十万年前以降の後期更新世の間の地層から矮小化した長鼻目の化石が多数発見されています[2]。これらの島々は水深一〇〇メートルの等深線では大陸と連続することはなく、水深五〇〇～一〇〇〇メートルの海底の台地（海台）の上に分布します。

ティロス島では一万頭もの長鼻目の化石が発見され、それらの大きさの変異は大きく、多くはパレオロクソドン属の二つの異なった亜種に同定されています。また、その中から新しいエレファスの種も記載され、この新しいゾウの年代値が四万五〇〇〇～三五〇〇年前の範囲であると推定されています。

ナクソス島からの化石とデロス島からの化石は、まだ記載されていない矮小化した長鼻目に属し、ナクソス島からは長鼻目の上顎が発見され、デロス島から長鼻目の大臼歯が発見され、さらにロドス島やロス島とセリフォス島、キオス島からも長鼻目の化石の報告があります。

シチリア島

シチリア島は中央地中海の中で最大の島で、イタリア半島の南西端とはもっとも幅の狭い箇所で三キロメートルのメッシーナ海峡で隔てられています。メッシーナ海峡は水深二五〇メートルより深い等深線で半島と連続します。

シチリア島は、鮮新世から前期更新世には二つの島からなり、イタリア半島南端部のカラブリア地方南部もシチリア島北部と一連の島となっていました。そして、シチリア島とカラブリア地方の間、すなわちメッシーナ海峡の距離は更新世の間の海面の変化にしたがって変化しましたが、同時にカラブリア地方の北部と南部の間の「カタンザーロの狭窄（きょうさく）」と呼ばれる低地も陸生動物がシチリア島へ移動する大きな障害となっていました。

シチリア島は、更新世の間、矮小化した長鼻目や矮小化したカバ、巨大なヤマネを含む哺乳類の固有動物相によって特徴づけられます。その後、シチリア島は徐々に大陸からの隔離が失われ、島に棲む本土の種類の数が増加しました。シチリア島の更新世の哺乳動物相は、完新世の動物相を除いて、（一）前期更新世（モンテ・ペレジリノ動物相）と、（二）中期更新世の前期〜中期（ファルコネリゾウ動物相）、（三）中期更新世の後期〜後期更新世の前期（マナイドゥリゾウ動物相）、（四）更新世末期のゴッタ・サン・テオドローコントラダ・ピアネッティ動物相の四つの動物相に区分されます。[2]

（一）の前期更新世の動物相は、テンやトガリネズミ、大きなアカネズミ、二つの大型のヤマネ、ネズミ、ウサギなどで代表され、トガリネズミは他の地中海の島のアカハトガリネズミと並行して進化して、すべて共通の先祖の群から由来したと考えられ、ヤマネは中新世末期（メッシニアン期）のより古い動物相の遺存種とみなされています。

（二）の中期更新世の動物相は、非常に固有化していることと、その種類が少ないことが特徴で、ファルコネリゾウ（ピグミーエレファス）を特徴としています。ピグミーエレファスの化石から約四五万五〇〇〇年前という年代値が出されています。この動物相は、マルタ島のこの時期の動物相とほぼ同じもので、この時期シチリア島とマルタ島がつながって一つの島となっていたことの根拠となっています。この動物相には、ピグミーエレファス以外に、ジネズミや巨大なヤマネ、カワウソが含まれ、ピグミーエレファスの生息地は草で覆われた開けた疎木の環境からなると考えられています。花粉分析によれば、それは現在のアフリカゾウの生息地と類似し、シチリア島とマルタ島のジネズミはＤＮＡの研究からアフリカ大陸のサハラジネズミから派生したと推定されています。

（三）中期更新世の後期～後期更新世の前期の動物相は、固有種である小さなエレファス（マナイドゥリゾウに似たゾウ）と小さなカバに、シチリアダマジカ、オーロックス、アカシカ、イノシシ、ヒグマ、バイソン、オオカミ、ライオン、ブチハイエナ、ナミハリネズミなどの本土からの新たな渡来種によって形成されています。化石の歯のエナメル質による年代値は、約一四～八万年前の間の範囲とされています。

（四）更新世末期の動物相は、それ以前の動物相の大型哺乳類も含まれますが、ヨーロッパロバを含め、小型哺乳類のアカネズミやシシリージネズミなど本土の種類が島に渡来したことを示しています。

マルタ島

マルタ島はシチリア島の南の小さな島で、シチリア島とは水深一〇〇メートルの等深線ではつながりませんが、二〇〇メートルの等深線ではつながります。マルタ島は、中期更新世の前期にシチリア島とつながっていましたが、更新世末期までに起こった海面上昇によってマルタ島はシチリア島と海で隔てられてマルタ島固有の動物相が形成されました。

マルタ島の動物相は、完新世の動物相を除いて、（一）中期更新世の中期と、（二）中期更新世の後期、（三）後期更新世の三つに分けられます。[2]

（一）の中期更新世の中期の動物相は、マルタ島がシチリア島と一つの島となっていたことから、シチリア島と同じファルコネリゾウ（ピグミーエレファス）と巨大なヤマネ、大きなヤマネ、マルタカワウソに代表されます。

（二）の中期更新世の後期の動物相は、新たに渡来した小さなカバと、シチリア島とは少し違った小さなエレファス（マナイドゥリゾウ）によって特徴づけられます。

（三）後期更新世の生物相は、短い手足のシカとアナホリハタネズミ、ジネズミ属のものなどがあり、すべてが新たに移動してきたものです。マルタ島の後期更新世の動物相は、固有性の程度がシチリア島のそれより大きく、全体としての動物相はシチリア島のそれより種類が少ないです。

サルデーニャ島とコルシカ島

サルデーニャ島とコルシカ島は、イタリア半島の西側にある二つの大きな島で、水深一〇〇メートルの等深線で両者は連続します。そのため、最終氷期以降の海面上昇期（完新世の初め）まで一つの島であったと考えられ、サルデーニャ島とコルシカ島の動物相は、実質的にほぼ同じです。なお、コルシカ島とイタリア半島との間のコルシカ海峡は、イタリア半島西岸のエルバ島とコルシカ島との間の幅が約五〇キロメートルで、水深二〇〇メートルより深く、水深五〇〇メートルの等深線で連続します。

サルデーニャ島とコルシカ島は、今から約五〇〇〇万年前の始新世の間は隣接する大陸と陸続きでしたが、今から二三〇〇万年前の中新世の初めに大陸から隔離され、六〇〇万年前の後期中新世末期にはイタリアのトスカーナ地方と陸続きになり、約三〇〇万～一〇〇万年前の後期鮮新世～前期更新世には島となり、今から約七〇万年前以降の中期更新世に数度にわたり大陸と接続して新たな動物の要素が渡来し、中期更新世の後期を最後にイタリア本土から隔離されたと考えられます。

サルデーニャ島とコルシカ島の動物相は、その歴史のそれぞれの時代に形成されて、（一）前期～中期始新世、（二）前期中新世、（三）後期中新世、（四）後期鮮新世～前期更新世、（五）前期更新世の後期～前期完新世の五つに区分されています。[2] ここでは、（四）の後期鮮新世～前期更新世と（五）前期更新世の後期～前期完新世の動物相を説明します。

（四）の後期鮮新世～前期更新世の動物相は、ゴーラル様のカブリナ（偶蹄目）、小さなブタ、サル、ハイエナ、小さなウシ、ヤギの仲間、イタチの仲間、大きなアカネズミと小さなノネズミ、ヤマネの仲間、トガリネズミ、ヨーロッパモグラ、サルデーニャウサギ、アナウサギなどを含むいくつかの小型哺乳類によって特徴づけられます。この動物相は、おそらく中新世末期のメッシニアン期塩分危機（中新世末期に地中海が干上がった現象：113ページ参照）の間に存在した陸橋により移動し、その後の長い時代の隔離によって進化と増殖を繰り返した結果形成されたと考えられています。

（五）の前期更新世の後期～完新世前期の動物相には、イヌ科の仲間、ハタネズミ、オオツノジカ、アカハトガリネズミとヒト（ホモ・サピエンス）であり、オオツノジカの化石は四五万年前と三六万七〇〇〇年前の地層から発見されています。なお、矮小化したマンモスの祖先も含まれ、それは中期更新世の後期の間にこの島に到着したと考えられます。この時代の動物相は、不均衡で強い固有性をもち、やはり長い時代の隔離を経てこの場所で進化したと考えられます。しかし、中期更新世以降からは、それ以前のものと少し違った動物相を形成したと考えられています。

地中海の沈んだ大陸

これまで紹介してきた地中海の島々には、現在でも哺乳類以外に、爬虫類や両生類などの動物や植物の固有種が生息しています。それらの固有種がどのようにそれらの島々に渡ってきたかについて、多くの研究が行われています。

地中海の島々の更新世以降の哺乳類相を見ると、それらの多くで中期更新世の前期と後期以降に大きな変換が認められます（図24）。その代表的な例がクレタ島で、ここではピグミークレタマンモスと小さなクレタカバで代表される前期更新世〜中期更新世の前期のクリティミス帯と、アンティクウスゾウの仲間とクレタシカなどで代表される中期更新世の後期〜後期更新世のムス帯の二つの生物帯が認められ、ムス帯の哺乳類は中期更新世の後期に渡来して固有化しました。

キプロス島では（後期？）更新世の矮小化した動物相があり、それらは中期更新世の後期にこの島に渡来していると考えられています。また、エーゲ海の島々でも後期更新世の長鼻目化石が発見されていて、キクラデス諸島がおそらく後期更新世の間に一つの大きな島を形成していたと考えられています。

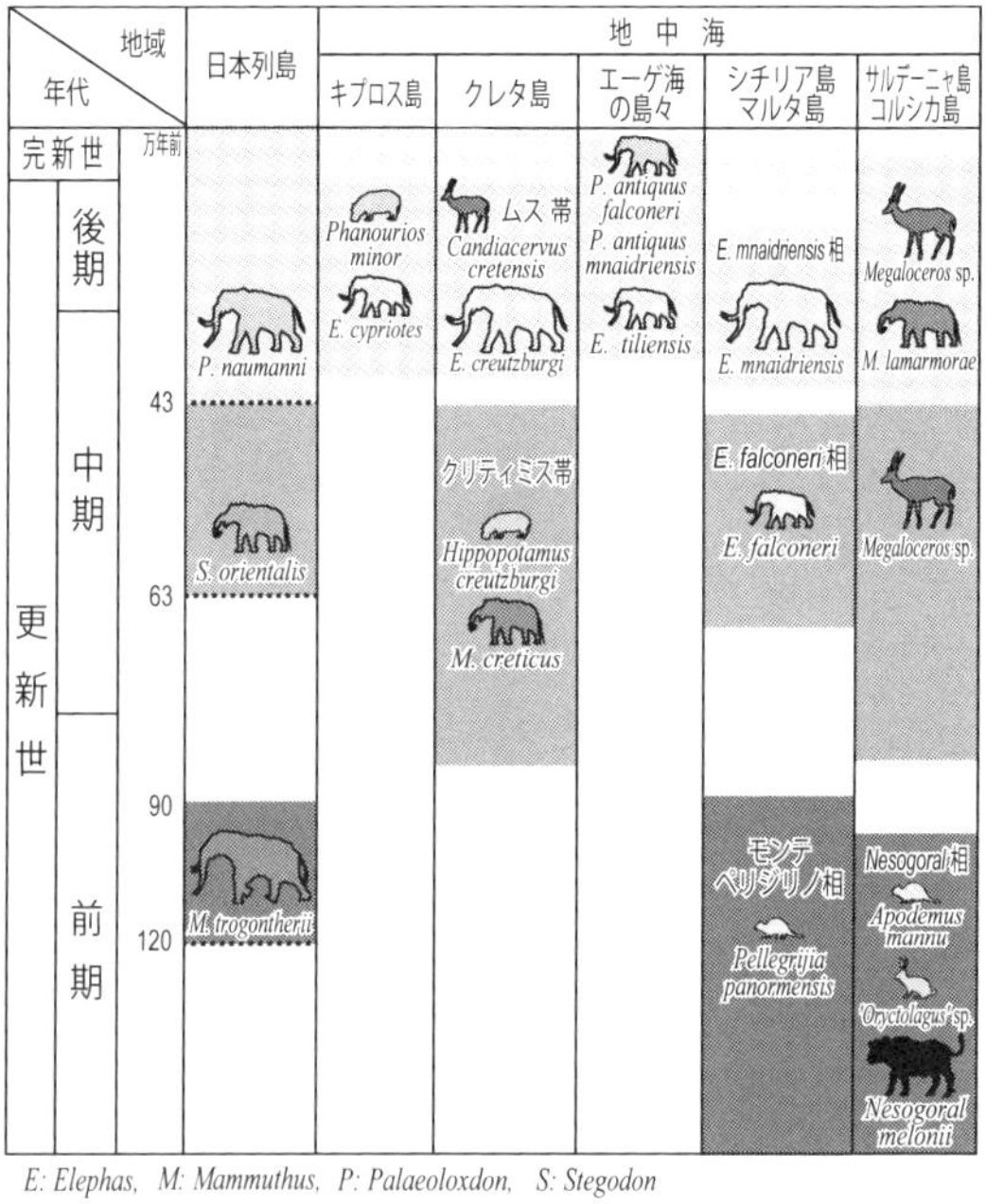
地域
年代
日本列島
地中海
キプロス島
クレタ島
エーゲ海の島々
シチリア島 マルタ島
サルデーニャ島 コルシカ島
完新世
更新世
後期
中期
前期
万年前
43
63
90
120
P. naumanni
S. orientalis
M. trogontherii
Phanourios minor
E. cypriotes
ムス帯
Candiacervus cretensis
E. creutzburgi
クリティミス帯
Hippopotamus creutzburgi
M. creticus
P. antiquus falconeri
P. antiquus mnaidriensis
E. tiliensis
E. mnaidriensis 相
E. mnaidriensis
E. falconeri 相
E. falconeri
モンテペリジリノ相
Pellegrijia panormensis
Megaloceros sp.
M. lamarmorae
Nesogoral 相
Apodemus mannu
'Oryctolagus' sp.
Nesogoral melonii
E: Elephas, M: Mammuthus, P: Palaeoloxdon, S: Stegodon

図24　地中海の島々と日本列島の動物相の変換時期。

シチリア島とマルタ島では、ファルコネリゾウで代表されるとくに固有化した中期更新世の前期～中期の哺乳動物相と、中期更新世の後期～後期更新世の前期の哺乳動物相があり、後者はシチリア島では中期更新世の後期の約四五万五〇〇〇年前と約一四万年前との間にイタリア本土の種が新たに渡来したことによって形成されたと考えられています。

マルタ島はシチリア島と比べて小さな面積であったことと、渡来した種の数が極端に制限されたことにより、シチリア島よりも隔離の程度が高く、同じ時代のものでもマルタ島の動物相の方がシチリア島の動物相よりも固有化していたと考えられます。なお、シチリア島では更新世末期にイタリア半島と一部で接続した可能性があります。

サルデーニャ島とコルシカ島の更新世の動物相は、中期鮮新世～前期更新世の動物相と前期更新世の後期～前期完新世の動物相からなりますが、中期更新世以降からはそれ以前のものと少し異なった動物相を形成して、中期更新世の後期の間に矮小化したマンモスの祖先がこの島に到着したと考えられています。

これらのことから、その正確な年代値は得られていませんが、地中海の島々の多くが中期更新世の後期のある時期に大陸と陸続きになり、新たな動物たちが渡来して哺乳動物相の大きな転換があったと考えられます。そして、その後に海で隔てられて島となり、島に固有の動物たちが進化し繁栄しました。その大陸と島をつないだ陸橋が沈んだ時期は、おそらく今から四三万年前だったと考えられます。図22で示したように、これらの島々は水深一〇〇〇メートルの等深線で近接する大陸とつながります。したがって、これらの島々は今から四三万年前には大陸と陸続きで、それ以後に沈水して島となり、それぞれの島の動物は固有化したものと考えられます。

三　四三万年前に沈んだその他の大陸

チャネル諸島のキツネ

北アメリカ大陸の西海岸、ロサンゼルスからサンディエゴの沖合にサンタバーバラ海峡を隔てて太平洋に浮かぶ「チャネル諸島」と呼ばれる八つの島々があります。この諸島の六つの島には、シマハイイロギツネ（*Urocyon littoalis*）という、この諸島だけにしか生息しない灰色の小さなキツネがいます。

チャネル諸島は、北チャネル諸島と南チャネル諸島に分けられ、北チャネル諸島は幅が約二〇キロメートル、水深約三〇〇メートルのサンタバーバラ海峡で大陸と隔てられ、東西方向に並んだ四つの島からなります。それらは、東から西にアナカパ島、サンタクルス島、サンタローザ島、サンミゲル島からなりま

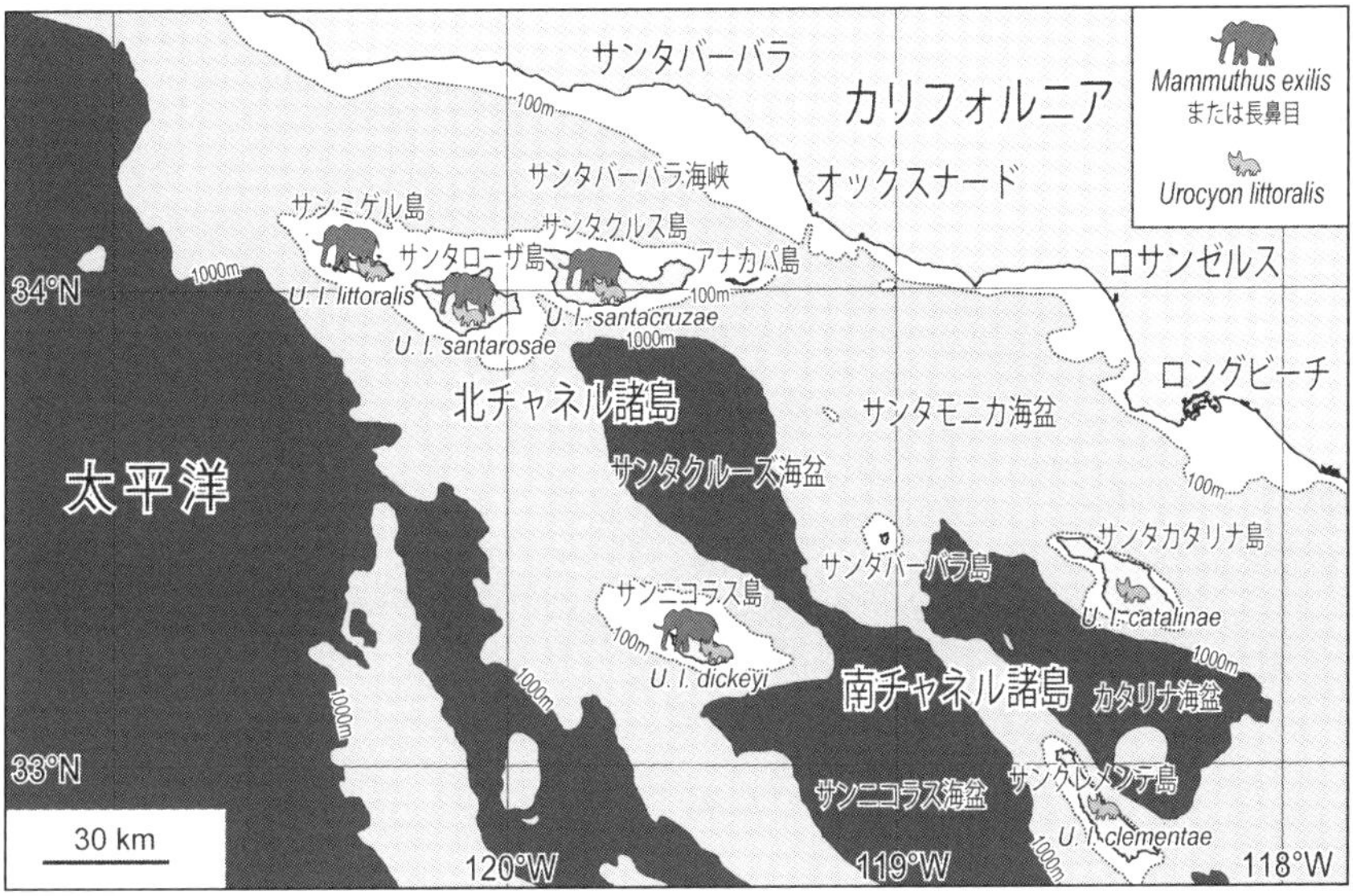

サンタバーバラ
カリフォルニア
Mammuthus exilis
または長鼻目
Urocyon littoralis
100m
サンタバーバラ海峡
オックスナード
サンミゲル島
サンタクルス島
サンタローザ島
アナカパ島
ロサンゼルス
34°N
1000m
U. l. littoralis
U. l. santacruzae
U. l. santarosae
北チャネル諸島
ロングビーチ
サンタモニカ海盆
太平洋
サンタクルーズ海盆
サンタバーバラ島
サンタカタリナ島
サンニコラス島
U. l. catalinae
U. l. dickeyi
南チャネル諸島
カタリナ海盆
33°N
サンクレメンテ島
サンニコラス海盆
U. l. clementae
30 km
120°W
119°W
118°W

図25　チャネル諸島と、シマハイイロギツネとマンモスの化石の分布。水深1000m以深を43万年前の海域と仮定すると、北アメリカ西岸に広大な大陸が出現します[3]。

す。南チャネル諸島は、北チャネル諸島の南に離れてそれぞれが孤立してあり、東からサンタカタリナ島、サンクレメンテ島、サンタバーバラ島、サンニコラス島からなります（図25）。

北チャネル諸島では、現在観察される動植物のうち一四五種が固有種で、サンタローザ島には一〇〇種以上の陸鳥、三種の哺乳類（キツネ、スカンク、ネズミ）、両生類二種、爬虫類三種、そして海鳥やアシカが生息し、この島でしか見られない植物の種類は六種あります。

チャネル諸島のシマハイイロギツネは、アメリカ合衆国からコロンビアにかけて分布するハイイロギツネと類似しますが、それとは別種とされています。シマハイイロギツネが生息するチャネル諸島の六つの島で、それらはそれぞれ異なった亜種に分けられています[6]。シマハイイロギツネが生息しないチャネル諸島の残った二つの島であるアナカパ島とサンタバーバラ島は、シマハイイロギツネが生息する島々に比べてとても小さく、餌などが不足して生息できなかったと考えられます。
シマハイイロギツネがどのようにしてチャネル諸島に生息するようになったかについては、アメリカ先住民族がシマハイイロギツネをペットとして輸送したという説があります。もしもそうであるならば、アメリカ先住民族はキツネの餌になるネズミなどもいっしょに連れていったことになります。また、シマハイイロギツネが大陸に棲むハイイロギツネとは別種であり、島ごとに亜種まで進化したことから、シマハイイロギツネの祖先がチャネル諸島に移住したのは、アメリカ先住民族がアメリカ大陸に移住した時期よりもずっと前の時代の出来事であると考えられます。したがって、アメリカ先住民族のペットという説は考えられないと、私は思います。
北チャネル諸島のサンタクルス島、サンタローザ島、サンミゲル島の各島では、高さ一・五メートルほどの矮小化したマンモスの化石が発見されています。後期更新世～完新世の北部チャネル諸島の化石動物相は、矮小化したマンモスとシマハイイロギツネ、ラッコ、大きなシロアシマウスと小さなシロアシマウスからなります。その動物相には矮小化していないコロンビアマンモスも発見されていて、南部チャネル諸島のサンニコラス島からは長鼻目の歯の化石も発見されています。[2]
矮小化したマンモスの先祖は、おそらく更新世に北アメリカ大陸に生息していたコロンビアマンモスと思われますが、それらがどのようにチャネル諸島に生息するようになったかについては、マンモスが遊泳して渡ったという説があります。しかし、島まで約二〇キロメートルもあるサンタバーバラ海峡をマンモスがどんな目的をもって泳いで渡ったのでしょうか。

チャネル諸島がある北アメリカ西海岸の、カリフォルニアからチャネル諸島にかけての水深一〇〇メートルの等深線をたどると、チャネル諸島の八つの島はすべてがカリフォルニアから続く陸域となります。現在の水深一〇〇メートルより浅い海域がかつて陸上だったとすると、現在のカリフォルニアの沿岸地域に相当広い大陸が存在したことになります（図25）。

その過去のある時期、おそらく中期更新世の後期には、現在のカリフォルニアに棲んでいるハイイロギツネとチャネル諸島のシマハイイロギツネの共通祖先やコロンビアマンモスが、チャネル諸島を含む今よりも広大な北アメリカ大陸西海岸の自然環境の中で生息していたと思われます。その広大な西海岸の大陸が、海面上昇により今から四三万年前から海に沈み始めて現在のチャネル諸島となり、その島々に隔離されて生き残ったキツネの共通祖先がそれぞれの島のシマハイイロギツネとなり、コロンビアマンモスは矮小化したマンモスとなったと考えられます。

バハカリフォルニア半島のガータースネーク

チャネル諸島がある北アメリカ西海岸のすぐ南側にあるバハカリフォルニア半島の南端の岬には、その東側のカリフォルニア湾対岸のメキシコ西海岸に広く分布するガータースネーク（*Thamnophis validus*）が孤立して生息しています（図26）。

生物地理学におけるこのような分断分布の原因を、動物が海を筏による漂流や遊泳による方法で渡ったとする、いわゆる海洋分散説を紹介した本、『サルは大西洋を渡った　奇跡的な航海が生んだ進化史（The Monkey's Voyage）』[7]を著したアラン・デケイロスは、この海を隔てて分布するガータースネーク

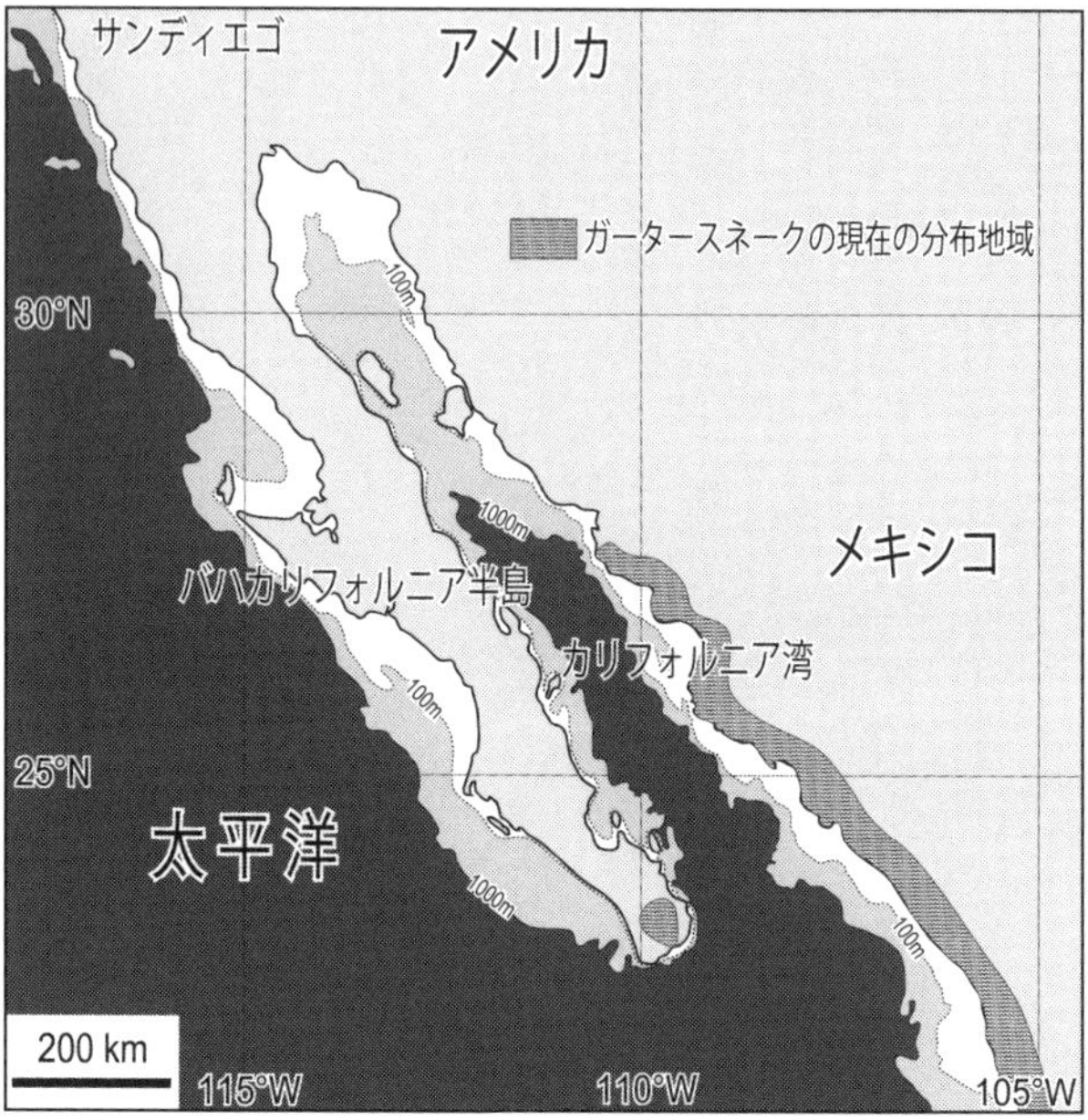
サンディエゴ
アメリカ
ガータースネークの現在の分布地域
30°N
100m
1000m
メキシコ
バハカリフォルニア半島
カリフォルニア湾
25°N
太平洋
200 km
115°W
110°W
105°W

図26　カリフォルニア湾とガータースネークの分布。水深1000m以深を43万年前の海域と仮定すると、現在のそのヘビの分布[7]の北端はそのときの湾奥にあたり、陸上移動の可能性があると思われます。

のミトコンドリアＤＮＡ配列を解析して、半島と本土のこのヘビが五〇万年前以内に分離したことを明らかにしました。[8]

プレート・テクトニクス説による説明では、バハカリフォルニア半島は今から八〇〇万〜四〇〇〇万年前に地殻変動でメキシコ本土から分離したといわれています。そのことから、デケイロスは、このヘビが今から五〇万年前以降に陸上をはって半島の先端に移住したのではなく、海をなんらかの方法で渡って移住したと解釈しました。[8]

カリフォルニア湾は、南東に湾口を開いた北西—南東方向の細長い湾で、その深さは湾口部では水深二五〇〇メートルよりも深い海底ですが、湾中央部から奥の海底は水深一〇〇〇メートルよりも浅い海底になっています。カリフォルニア湾も駿河湾と同じで、地質学的には断層などの構造運動によって後期中新世以降に形成された湾です。カリフォルニア湾が、私の考える駿河湾の形成のように、今から四三万年前からの一〇〇〇メートルにおよぶ海面上昇と湾両側の陸域の大規模隆起によって現在の地形が形成されたとすると、四三万年前のカリフォルニア湾は現在の南半分しかなく（図26）、ガータースネークが本土から南西側の半島に陸の上を移動して分布を広げたことも容易だったと思われます。現在、バハカリフォルニア半島の南端にこのヘビの分布が限られるのは、このヘビに適した環境が移動した後に半島部で範囲が縮小したためと考えられます。

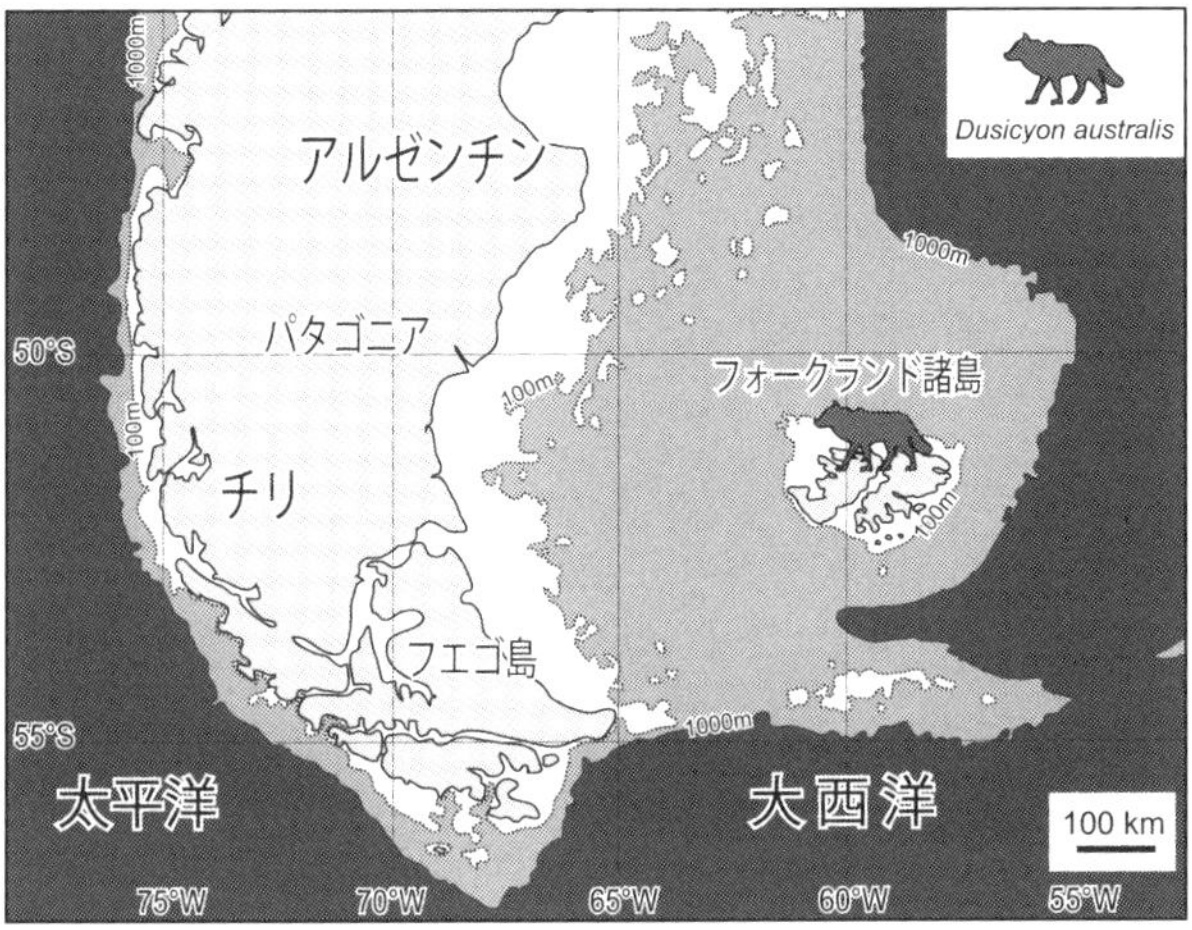
Dusicyon australis
アルゼンチン
パタゴニア
50°S
フォークランド諸島
チリ
フエゴ島
55°S
太平洋
大西洋
100 km
1000m
100m
75°W
70°W
65°W
60°W
55°W

図27　フォークランド諸島とフォークランドオオカミ。水深1000m以深を43万年前の海域と仮定すると、フォークランドオオカミの祖先が渡った陸橋が現れます[3]。

フォークランド諸島のオオカミ

南アメリカ大陸アルゼンチンのパタゴニアから五〇〇キロメートル離れた南西大西洋の海上にフォークランド諸島があります。この諸島は、東フォークランド島と西フォークランド島の二つの大きな島と七七六の小さな島からなります（図27）。

フォークランド諸島は南半球の高緯度にあり、寒冷でほとんどが不毛な地ですが、東フォークランド島の平坦な土地はイギリス人の入植により羊の牧草地になっています。こんな寒冷な絶海の孤島にオオカミがいました。オオカミ以外にもこの島には、飛べないフナガモと淡水魚のガラクシア、さらに固有の昆虫や植物も生息しています。

フォークランド諸島のオオカミは、フォークランドオオカミと呼ばれ、チャールズ・ダーウィンがビーグル号で一八三四年にこの諸島を訪れたときには生存していて、ダーウィンの『ビーグル号航海記』にも記述があります。フォークランド諸島はアザラシなどの海獣とミナミイワトビペンギンの繁殖地になっていて、フォークランドオオカミはその海獣や島に棲むガチョウやペンギンのような鳥を餌にしていました。しかし、入植後は羊や人がオオカミに襲われることがあり、入植した人たちによってフォークランドオオカミは絶滅させられてしまいました。

プレート・テクトニクス説の大陸移動では、フォークランド諸島はジュラ紀にはゴンドワナ大陸（南半球の大陸がひとつながりになった巨大な大陸）の一部でしたが、ゴンドワナ大陸の分裂のときに南アメリカ大陸と分かれ、フォークランド諸島はアフリカ南東部と陸続きであったとされています。しかし、フォークランド諸島の植物相や昆虫相はアフリカ大陸やゴンドワナ大陸由来のものはほとんどなく、南アメリカ大陸のパタゴニア地域のものが最近に移入したと考えられています。[9] また、フォークランド諸島の植物相について、ダーウィンが「パタゴニアとフエゴ（南アメリカ大陸南端のフエゴ諸島）のものが組み合わさっているように見える」と友人のジョセフ・フッカーに宛てた手紙に記しているように、フォークランド諸島の近縁種の多くが南アメリカ大陸と南極圏に近い島々に生息しています。[9]

フォークランドオオカミは、系統学的には南アメリカ大陸の化石種のオオカミと密接な類縁関係にあり、その祖先がフォークランドに渡って固有化したものと思われます。このことは、遺伝子分析からも確かめられていて、現存するオオカミの中でもっとも近縁なものは南アメリカ大陸のタテガミオオカミになり、ミトコンドリアのＤＮＡ配列分析にもとづいたフォークランドオオカミの直近の共通祖先との分岐年代は三三万年前と推定されています。[10] すなわち、フォークランド諸島は、今から三三万年前までは南アメリカ大陸と陸続きで、それ以後に海で隔てられたために、フォークランドオオカミの祖先は、フォークランド諸島にとり残されて固有化したものと考えられます。

フォークランド諸島は、水深一〇〇〇メートルの等深線で区切ると南アメリカ大陸から連続した陸域になります（図27）。すなわち、海面が現在よりも一〇〇〇メートル低かった過去のある時期に、この島は南アメリカ大陸の一部であり、その後の海面上昇によって、今から三三万年前以降に大陸と海で隔てられたために、フォークランドオオカミは島の固有種として海獣を餌にして生き残ったと思われます。

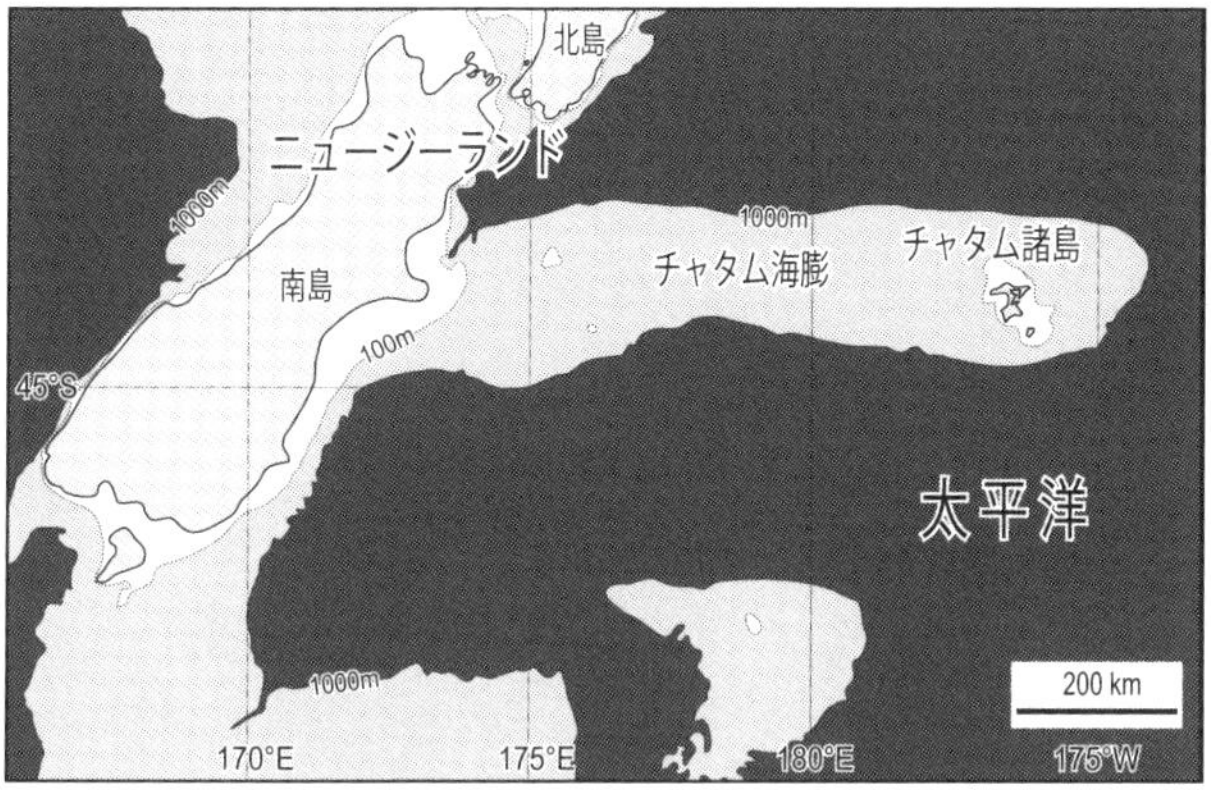
北島
ニュージーランド
1000m
南島
100m
45°S
1000m
チャタム海膨
チャタム諸島
太平洋
1000m
200 km
170°E
175°E
180°E
175°W
図28　ニュージーランド東方のチャタム諸島。水深1000m以深を43万年前の海域と仮定するとチャタム海膨に陸橋が想定されます。

チャタム海膨の沈んだ大陸

ニュージーランドの東六七〇キロメートルにあるチャタム諸島は、ニュージーランドとは水深一〇〇〇メートルの等深線でつながり、水深五〇〇メートルの東西に細長い海台状のチャタム海膨（かいぼう）の東端にあります（図28）。この海膨は、かつてオーストラリア大陸とニュージーランドの間にあったとされる沈んだ大陸「ジーランディア」（142ページ参照）の一部をなしています。

チャタム諸島には、チャタムクイナはじめ多くの鳥類の固有種とキク科の固有の植物が生息します。また、この諸島には、ナンキョクブナ、ナンヨウスギの針葉樹、マキなどの典型的なゴンドワナ大陸の植物相の化石や恐竜の化石が発見される後期白亜紀の地層が分布します。しかし、現在の植物相は、分子系統を推定する研究によって、それらが他の場所に生息していた祖先から最近進化したことが明らかになりました。[11][12]そのことから、それらを明らかにした生物学者たちは、島の固有種が海流や風などにより海を渡った、いわゆる海洋分散によって移動してきたと考えました。

しかし、その諸島の基盤をなすチャタム海膨の頂部の平坦面が水深一〇〇〇メートルより浅く、その等深線の中にニュージーランドも含まれることから、これまでお話ししてきたチャネル諸島やフォークランド諸島と同じように、私はその海膨の頂部が今から約四三万年前まで陸上だったと考えます。すなわち、チャタム諸島の植物と動物は、ニュージーランドからのチャタム陸橋を使って移動したと思われます。

四　陸橋による動物の移動

今から四三万年前の陸橋

これまで、日本列島とその周辺域やワラセア区、地中海、チャネル諸島、フォークランド諸島など水深一〇〇〇メートルの等深線で大陸などの本土と連続する島々に、今から四三万年前以降の中期更新世後期

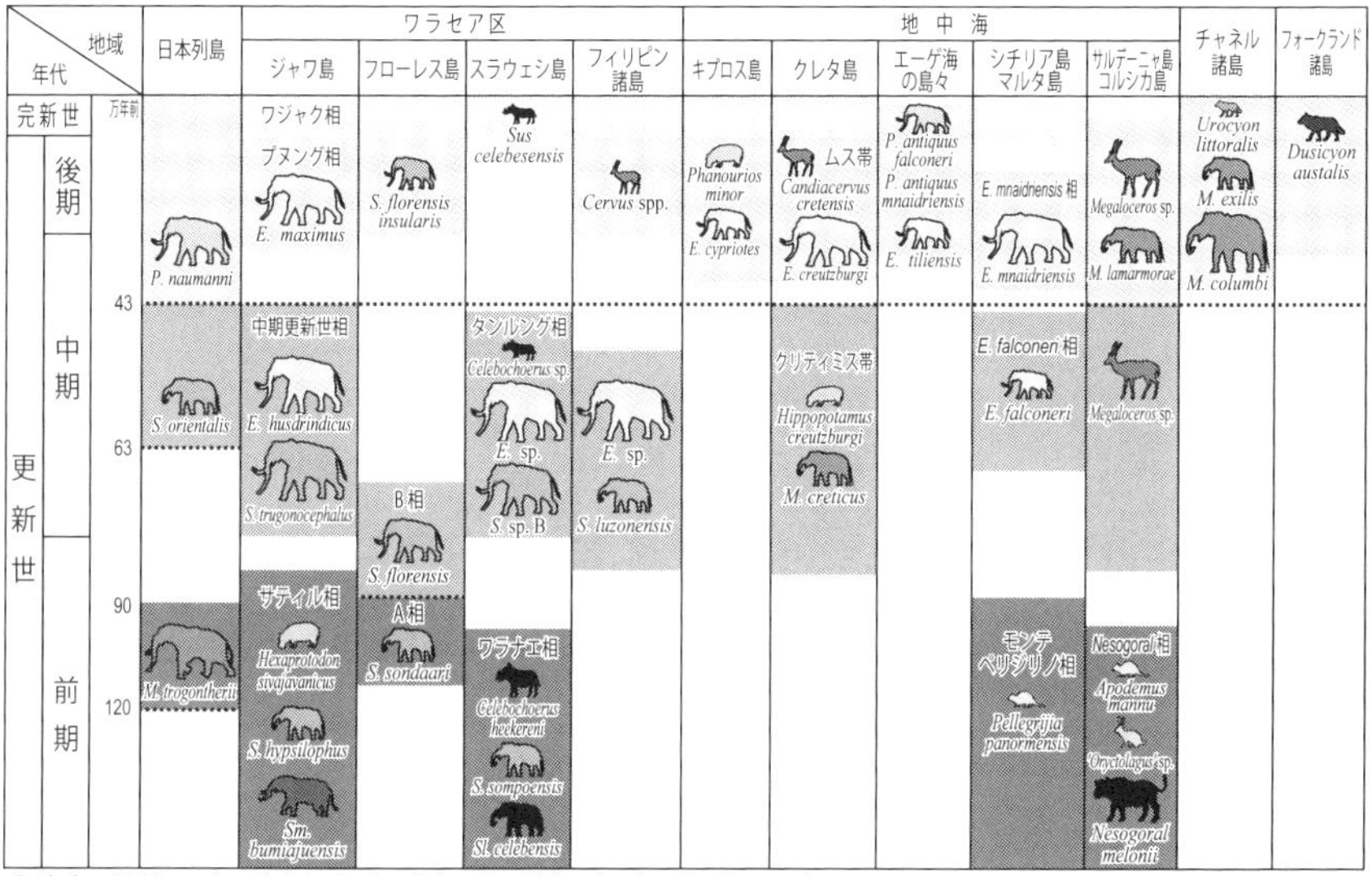
地域
年代
日本列島
ワラセア区
ジャワ島
フローレス島
スラウェシ島
フィリピン諸島
地中海
キプロス島
クレタ島
エーゲ海の島々
シチリア島 マルタ島
サルデーニャ島 コルシカ島
チャネル諸島
フォークランド諸島
完新世
更新世
後期
中期
前期
万年前
43
63
90
120
ワジャク相
プヌング相
E. maximus
P. naumanni
S. florensis insularis
Sus celebesensis
Cervus spp.
Phanourios minor
E. cypriotes
ムス帯
Candiacervus cretensis
E. creutzburgi
P. antiquus falconeri
P. antiquus mnaidriensis
E. tiliensis
E. mnaidriensis 相
E. mnaidriensis
Megaloceros sp.
M. lamarmorae
Urocyon littoralis
M. exilis
M. columbi
Dusicyon austalis
中期更新世相
S. orientalis
E. husdrindicus
S. trigonocephalus
タンルング相
Celebochoerus sp.
E. sp.
S. sp. B
S. luzonensis
クリティミス帯
Hippopotamus creutzburgi
M. creticus
E. falconeri 相
E. falconeri
B相
S. florensis
サティル相
Hexaprotodon sivajavanicus
S. hypsilophus
Sm. bumiajuensis
A相
S. sondaari
M. trogontherii
ワラナエ相
Celebochoerus heekereni
S. sompoensis
Sl. celebensis
モンテ ペッレグリーノ相
Pellegrinia panormensis
Nesogoral 相
Apodemus mannu
Oryctolagus sp.
Nesogoral melonii
E: Elephas, M: Mammuthus, P: Palaeoloxdon, S: Stegodon, Sl: Stegoloxodon, Sm: Sinomastodon

図29　世界の島々と日本列島の動物相の変換時期。多くの島で、最終的に今から43万年前ごろに哺乳動物相の大きな変換があります[3]。

からの固有な動物相があることを述べてきました。そして、それらの動物相の形成と、それ以前の動物相からの変換時期が、どこでもほぼ四三万年前ごろの中期更新世の後期と考えられます（図29）。このことは、中期更新世の後期にはそれらの島々が大陸の一部であり、近接した本土から島へ動物たちが陸橋を使って、陸上のそれらの生息環境である自然の中を移動してきたと考えられます。

　その時期には現在の水深一〇〇〇メートルの等深線の位置に海岸線があったと仮定すると、これまでに述べた島々はすべて近接する大陸の一部になります。すなわち、中期更新世後期（今から約四三万年前）の海面は現在より一〇〇〇メートル低いところに位置していて、その後の海面の上昇によりそれらの島々が大陸とは海で隔てられるようになり、それぞれの島に中期更新世後期以降の固有の動物相が形成されたと考えられます。

島への動物の移動については、現在の多くの生物学者がゾウやシカの遊泳能力、または自然の筏によるスウィープステイク分散[13]によって説明しています。「スウィープステイク」とは、競馬の大穴や宝くじに当たるような「一攫千金」の確率のことで、海を越すことは危険をともない成功の機会はとても少ない確率ですが、うまくいけば大成功をおさめるという意味で使われています。

海洋分散説への反論

これまでに述べた島々に生息する固有種には、ゾウとシカ以外にも草原性のネズミや樹上性のサル、キツネやオオカミなど多くの種類があります。島の固有種になったこのような動物たちの移動は、どこでも大陸から島への一方通行に限られます。また、これまで世界の島々の固有の動物相がいつの時代に現れたかを見てきましたが、その多くの島々でほぼ中期更新世後期以降に新しい動物相が形成されていることがわかりました。このことは、島への動物の移動がいつでも行われたわけではなく、ある限られた時期に新しい動物相への変換があり、そのときに系統の分断または分岐が行われたことを意味します。

すなわち、島の動物相の形成または変換は、偶然に海を越えて動物が移動したものではないと考えられ、陸に棲む動物は同一の生息環境の中を移動するものであり、とくに樹上性の動物はそれ以外の移動は行えません。そのことをよく知っているはずの科学者である生物学者が、なぜ「スウィープステイク」のような「非科学的な偶然」と思える考え方に頼って、陸生動物の島への移動を説明するのでしょうか。

数匹のゾウやシカが遊泳して大陸から相当離れた島に到着できる確率はきわめて少ないですし、万が

一、奇跡的偶然によって島に渡ったとしても、それらがその島で生息して繁栄できる確率はほとんどないと考えられます。また、そのような偶然的な出来事が頻繁に起こり、島と大陸の間で動物の交流ができるのであれば、そもそも島の固有種が形成されないと考えられます。

海洋分散説を唱える生物学者は、島の生物相が不均衡と貧困であることが特徴であり、その特徴から島への渡来については強いフィルター作用があったと考えています。しかし、それは島に渡来できる陸橋が形成されていた期間が短かかったり、その陸橋の自然環境が限られたものであったこと、さらに島に隔離された後にその面積が縮小する間での自然環境の変化に対して適応できた種類が限られたこと、さらにそこで新たなニッチが構成されることにより、その中で限られた固有種が形成されたことが、その主な原因であったと考えられます。

すなわち、陸生動物の大陸から島への移動は、「スウィープステイク」のような稀有な確率で偶然に島に移動できたわけではなく、かつて陸続きであった大陸と島との同一の生息環境の中を移動してきたものと考えます。

大陸島と海洋島

生物地理学では、海上にある島を「大陸島」と「海洋島」とに区分しています。大陸島は例えば瀬戸内海の島々のように陸から近く、最終氷期（ウルム氷期）に大陸とつながっていた、すなわち水深約一〇〇メートルより浅い海峡で隔てられている大陸または陸地の一部だったところです。それに対して、海洋島はハワイ諸島などのように、これまで大陸と一度もつながったことがないと思われる、水深約一〇〇メートルよりも深い海峡で隔てられている島すべてを指します。そして、海洋島には、陸生動物が大陸から過去のいつの時期でも陸上を移動して渡ってこられないと考えることから、動物は泳いだり、漂流したり、筏や氷山に乗ったり、鳥の足や羽根に付着したりして移動、すなわち海洋分散をしたと考えられています。

しかし、これまでみなさんが本書で見てきたように、「海洋島」と思われていた島々の多くが今から四三万年前まで大陸と陸続きだったとしたら、それらの島々を単に大陸から遠く離れているから、また両者の間に深い水深の海底があるからといって、一度も大陸と接続していなかったと安易に決めつけることはできないのではないでしょうか。

大陸や島々の分離については、これまでプレート・テクトニクス説による大陸移動によって説明されていて、その説によって生物学者も海洋島を定義していたのではないかと思われます。ですから、かつて大陸から分離した、さまよえる島以外の島々は、大陸と一度も陸続きになったことがないと考えてしまうのかもしれません。陸上の地質は実際に目で見て調査をすることができますが、海底の地質はその表面でさえ見ることもできず、海底下については音波を使った物理探査で推測はできるものの、深部についてはまだまだ不明なところがあります。海上の火山島の場合、現在の地形を構成する火山は調べることができますが、その下にある土台（基盤）がどのようなものであり、どのようにその島ができてきたかを古い時代まで遡って調べるのはとても難しいことです。

したがって、大陸から深い海底で隔てられている島が、現在絶海の孤島のように見えるからといって、過去に一度も大陸と陸続きになっていなかった「海洋島」であると決めつけるのは、早計だと思います。ですから、現在の生物学者は、地質学者や地球物理学者が説明する島々の形成モデルや大陸移動説などの先入観にとらわれずに、実際の生物自体の系統や生態から、まず生物の分布とそれらの移動を白紙の世界地図にその関連性の線を引いて検討していただきたいと思います。

今から四三万年前以降の海面上昇

中期更新世後期以降に海水準がほぼ一〇〇〇メートル上昇したことは、氷期の数百メートル規模の海面変動では考えられず、一般的には信じがたいことかもしれません。しかし、私が『駿河湾の形成』[14]で述べたように、駿河湾周辺の今から四三万年前以降の地層と地形の形成には、陸域だけでなく海底の隆起と海面の上昇が大きく関わっていたと考えられます。この現象は、駿河湾だけで起こっていたわけではなく、日本列島周辺の大陸斜面も隆起と海面上昇の結果として形成されました。[15]これと同様に、このような地形形成は、日本列島も含めた世界全体で起こった現象で、海面も世界中で同時に上昇しました。

現在までの四三万年間に海面が約一〇〇〇メートル上昇すると、海面の平均上昇量は年間二・三三ミリメートルになります。海面がそのような値で上昇すると、一〇〇〇年で二・三三メートルも上昇することになります。しかし、陸域も同量かそれ以上に上昇しているとすると、海岸近くの隆起する陸上にいる人にとって、海面の上昇を認識することはできないかもしれません。しかし、陸域と海底が隆起し、海面が上昇したとすると、結果として地球の半径（六三七一キロメートル）もわずかですが増加したことになります。

海面の上昇は、大洋底や海嶺、海膨などの海底の隆起または海底での火山活動によって海底が浅くなって、その上の海水を押し上げることにより起こると考えられます。その原因は星野先生が述べられてい

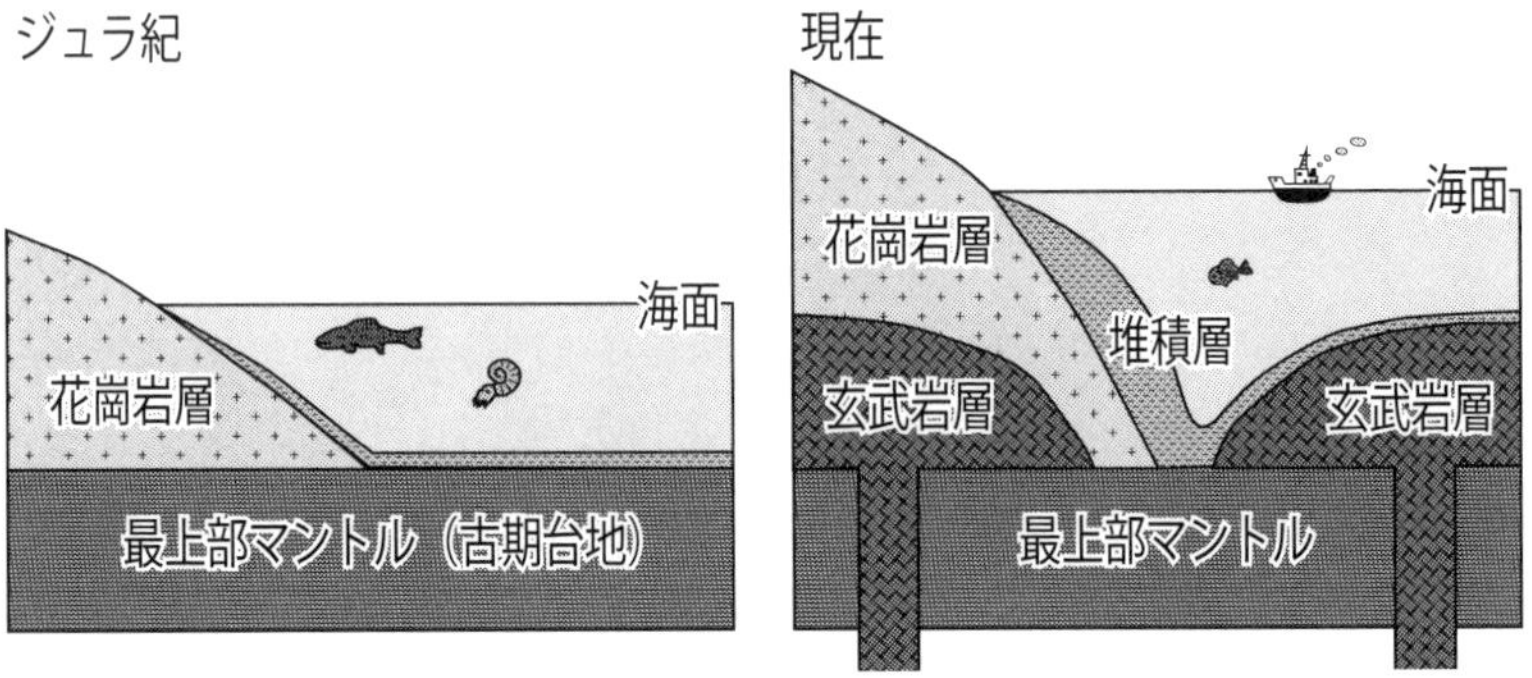

ジュラ紀
海面
花崗岩層
最上部マントル（古期台地）
現在
海面
花崗岩層
堆積層
玄武岩層
玄武岩層
最上部マントル

図30　最上部マントルの下にある上部マントル（アセノスフェア）からの玄武岩マグマの上昇によって、押し上げられた大陸と大洋底の隆起による海水準上昇モデル[17]。

るように[16]、地球の地殻の下にある上部マントルのアセノスフェア（岩流圏）の一部が溶融・膨張して玄武岩マグマが上昇し、それが地殻内へ迸入（へいにゅう）（地層または地殻の境界面の間に平行に侵入すること）、または海底で大規模な洪水玄武岩（水平な溶岩流が厚く積み重なり大規模な台地をつくる玄武岩）の火山活動を引き起こしたことによると考えられます（図30）。このような地殻の隆起は、海底にとどまらず陸域ではより顕著で、海底よりも大きく隆起しているために、陸域は陸地でありつづけたと考えられます。

ある地域での海面は、その地域での地殻隆起量から海面上昇量を引いたものになります。それが正の値であれば、海面に対して隆起となり、負の値になれば沈降（沈水）となります。すなわち、今から四三万年前以降の固有種がいる島々の周辺は、海面が一〇〇〇メートル上昇した期間に島と大陸の間の場所が島や大陸よりも隆起量が少なかったために、海に沈んでしまい、島になってしまったと考えられます。そして、島に残された動植物たちは、その孤立した島に適応しながら進化し、生き残ることができた貴重な遺存生物たちであり、生物の進化と地球の歴史を伝えてくれる重要な存在と考えられます。

コラム2

岩石の名前に慣れてください

岩石は鉱物からなり、その岩石は私たちが生活する大地である地球表層の地殻を構成しています。岩石には、砂や泥が堆積して固まった堆積岩と、マグマが冷えて固まった火成岩、それらが地下の圧力や熱でもともとの鉱物や砕屑粒子が再結晶した変成岩の大きく三つに分けられます。

堆積岩は、隆起した山地が川により侵食されて、流し出された礫や砂、泥などの砕屑物が海や湖に堆積して地層となり、それが固まって岩石となったものです。このような陸域から運ばれた砕屑物以外に、サンゴ礁に棲む生物の石灰の殻からなる石灰岩や海水が干上がってできる岩塩（蒸発岩）などの堆積岩もあります。

火成岩は、地下のマグマ（岩石が溶けたもの）が冷えて固まった岩石をいいます。地下の深いところでマグマがゆっくり固まったものを深成岩、地表近くで岩脈やシート（地層に沿った板状）として貫入・迸入して固まったものを半深成岩、地表に噴出して冷えて固まったものを火山岩といいます。これらの三種類の岩石はマグマの冷え固まり方が異なることから、結晶（鉱物）の晶出(しょうしゅつ)の仕方または発達の度合いがそれぞれ異なり、その結果として岩石を構成する結晶の大きさや配置による組織に差異が認められます。

すなわち、深成岩は結晶がよく発達して、同じような大きさの大きな結晶（斑晶(はんしょう)）によって岩石全体が埋めつくされた組織になります。火山岩では結晶の晶出と発達が悪く、斑晶とそれを埋めている石基(せっき)（微結晶やガラスから構成される部分）によって岩石がつくられています。マグマが急に冷えて

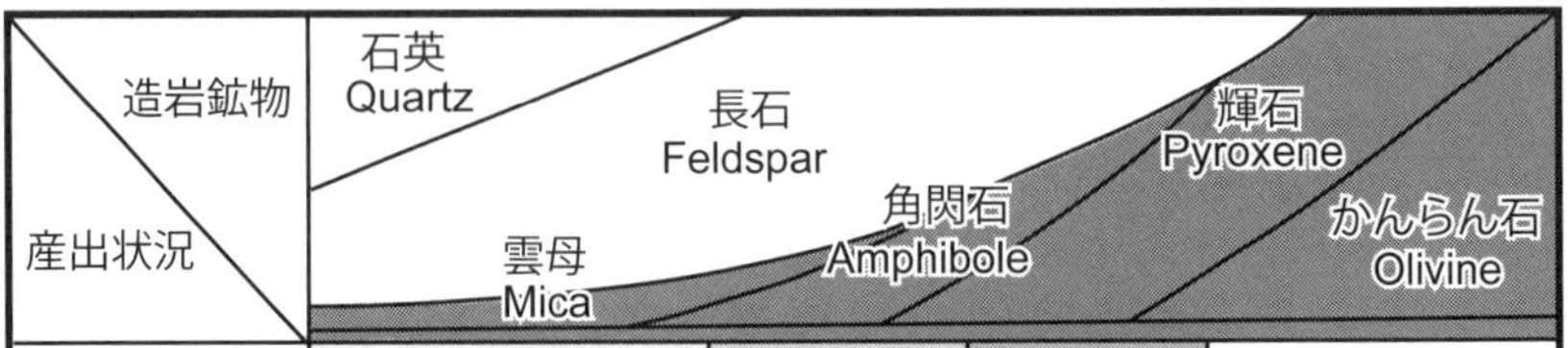

造岩鉱物
産出状況
石英
Quartz
長石
Feldspar
雲母
Mica
角閃石
Amphibole
輝石
Pyroxene
かんらん石
Olivine

火山岩 Volcanic	流紋岩 デイサイト Rhyolite Dacite	安山岩 Andesite	玄武岩 Basalt	
半深成岩 Hypabyssal	花崗はん岩 Granite porphyry	ひん岩 Porphyrite	輝緑岩 Diabase	
深成岩 Plutonic	花崗岩 Granite	閃緑岩 Diorite	はんれい岩 Gabbro	超塩基性岩 Ultra basic rock
珪酸 %	66	52	45	

図31　火成岩の分類。造岩鉱物の網かけ部は鉄やマグネシウムを含む有色鉱物で、それ以外の石英と長石は主にシリカからなる無色鉱物。

固まると、結晶ができずにガラス（非結晶質物質）になります。したがって、火山岩の組織は微結晶やガラスの中に小さな斑晶が浮いているように見えます。

半深成岩は、組織としては深成岩に似ていますが、結晶の大きさが深成岩ほど大きくなく、いわゆる短冊状の結晶によって埋めつくされる組織をしているものや、火山岩の組織の中に大きな斑晶がたくさん入っているものなどがあります。

火成岩の名前については、正確には二酸化ケイ素（SiO_2）の含有率によって区分されています（図31）。しかし、岩石の色や構成鉱物などの特徴から岩石を区別することもできます。例えば、火山岩であれば、色が黒くて重く、かんらん石が見られれば玄武岩、斜長石の斑晶が多く見られて輝石（きせき）と角閃石（かくせんせき）などの有色鉱物があれば安山岩、さらにそれに石英が含まれればデイサイト、これらよりも斜長石や石英が多く色が白く、有色鉱物としては黒雲母があり鉱物による流理構造が見られれば流紋岩と、野外で判断できます。

二酸化ケイ素の含有率が高ければ、岩石は白くまた溶岩（地上に噴出したマグマ）の粘性が高くなります。そのため、流紋岩質の溶岩は、流れにくく鉱物による流理構造が見られます。そして、溶岩内部に揮発性ガス成分を蓄積して爆発的な噴火を起こし、火砕流を発生させて大きな被害をひき起こすことがあります。それに対して、二酸化ケイ素の少ない玄武岩質の溶岩は、岩石が黒く溶岩の粘性が低いために、水のように流れる溶岩を出します。このように火山岩の二酸化ケイ素の含有率などの岩質の性質は、火山の噴火のようすや火山のかたちの違いにも反映します。

深成岩や半深成岩でも、色や構成鉱物は火山岩の場合と同じで、結晶の大きさや組織が違うだけです。この判定方法は、ナトリウムとカリウム成分の少ない低アルカリ岩（いわゆるカルクアルカリ岩）の変質をあまりこうむっていない岩石について、おおまかに岩石の名前を決める目安になります。ナトリウムとカリウム成分の多いアルカリ岩については、流紋岩に対する粗面岩、花崗岩に対する閃長岩など、それぞれの成分と組織によって別の名前がついています。

変成岩には、砂岩や泥岩がマグマの熱変成をうけた硬いホルンフェルスや、石灰岩が熱変成をうけた大理石などの高温低圧型の変成岩類と、高い圧力で変成をうけて結晶化または再結晶して形成された結晶片岩や片麻岩などの低温高圧型の変成岩類があります。なお大きな断層がある構造帯などでは、断層にともない構成鉱物が破壊され変形・変成した圧砕岩という岩石も見られます。

地殻、とくに陸域の地殻表面の地殻については、地表から堆積層や堆積岩の地層の重なりから構成されています。火山の下には、火山の噴火で形成された火山岩（溶岩）や火山砕屑岩（火山岩片や火山灰層からなる岩石）からなる地層があり、その地下にはマグマが冷えた深成岩が形成される場合も

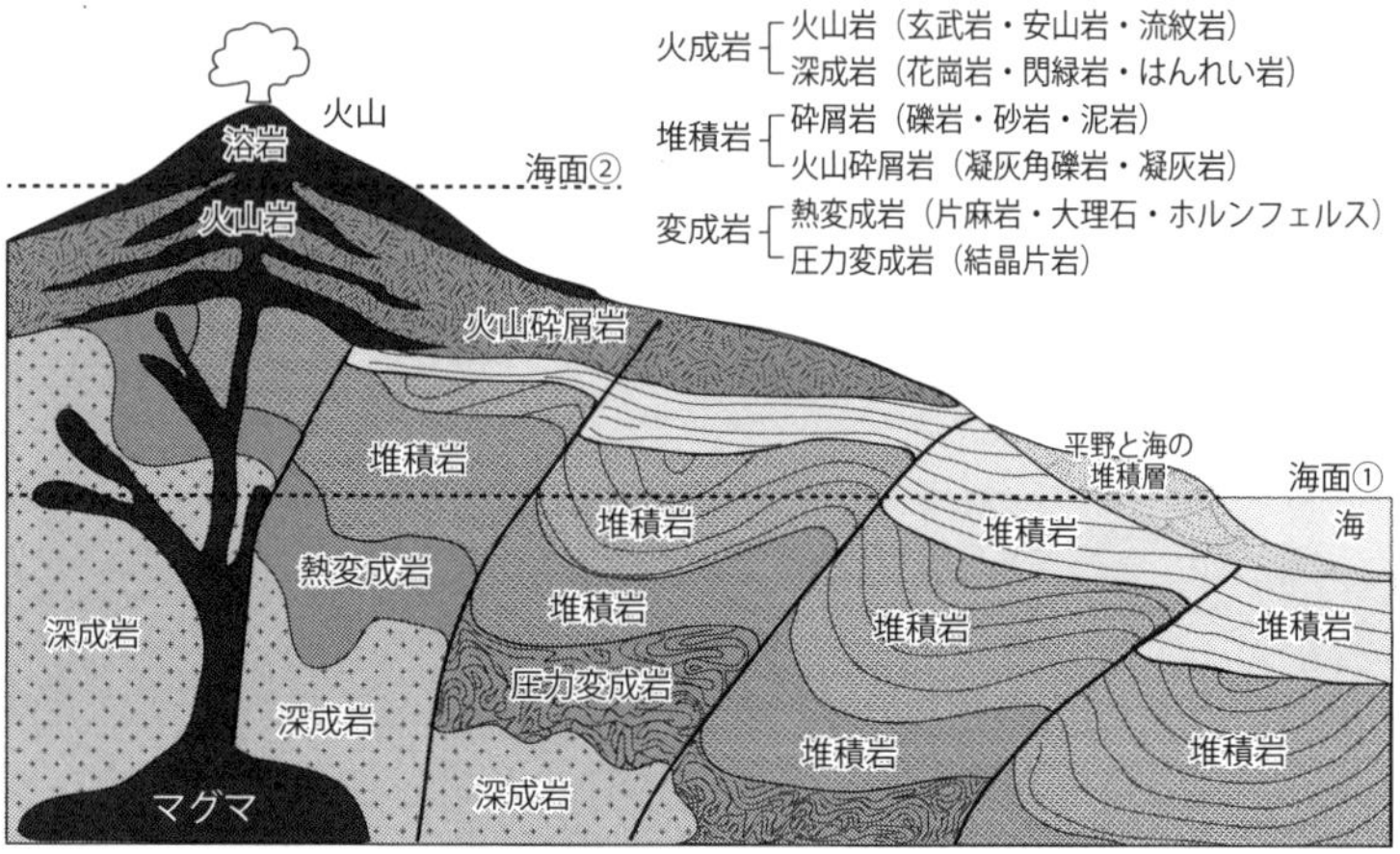
火成岩
火山岩（玄武岩・安山岩・流紋岩）
深成岩（花崗岩・閃緑岩・はんれい岩）
堆積岩
砕屑岩（礫岩・砂岩・泥岩）
火山砕屑岩（凝灰角礫岩・凝灰岩）
変成岩
熱変成岩（片麻岩・大理石・ホルンフェルス）
圧力変成岩（結晶片岩）
火山
溶岩
海面②
火山岩
火山砕屑岩
堆積岩
平野と海の
堆積層
海面①
海
熱変成岩
深成岩
圧力変成岩
マグマ

図32　日本列島のような島弧の地殻表層部の模式的な地質断面（海面①）。海面①のレベルまで浸食されれば、深成岩や変成岩まで露出します。海面②の場合、その島は海面上に出ている部分を見て単に「火山島」と呼ばれますが、地下の地質は不明で古い島弧が隠れている可能性もあります。

あります。マグマの周辺では、マグマの活動が大規模なときには熱や構造圧縮による圧力により熱変成岩や圧力変成岩が形成される場合もあります。

図32（海面①の場合）は、日本列島のような地殻表層部を垂直に切った地質の断面のイメージで、地殻の表層部はおおまかにはこのような構造になっています。地殻表層部は、隆起することにより陸域の表層部が侵食されます。陸域の中心部のように隆起量の大きなところや隆起が長い間継続したところでは、地殻表層の深部までが侵食されて、深成岩や変成岩が地表に露出して広く分布します。

図32では、断層により陸域内部側が外側よりも隆起して、内部側では地殻のより深部が地表に出ていることがわかります。実際に、日本列島の太平洋側から内陸または日本海側に向かう地質の断面も、そのような構造になっています。日本列島

の内陸側には、花崗岩や変成岩が広く分布していて、深成岩や変成岩が地表に露出しています。深成岩や変成岩が地表にあるということは、それらが地下一〇キロメートル、またはそれ以上深いところで形成されたものであることから、その地域はそれらが形成されてから一〇キロメートル以上隆起して、その上を覆っていた地層や岩石が侵食され、地下内部が現在露出していることを意味しています。

また、図32で、海面が火山の高さにあった場合（海面②）、私たちはその火山を単に「海洋島」と定義してよいのでしょうか。ある場所の地殻表層の地質は、過去から現在までの地層や岩体の重なりから構成されています。したがって、その島の歴史を知るためには、現在地表に見られる地質だけでなく、地下に埋もれている地層や岩体を知る必要があります。

第四章
深海に沈んだ大陸

図33　深海掘削計画に使用された深海掘削船グローマー・チャレンジャー号。

海は地球表面の七〇パーセントを占め、大きくは太平洋や大西洋、インド洋などの大洋に分けられています。海の中で私たち人間は生活できませんし、海底を気楽に旅することもできません。海底はどのような地形をしているのでしょうか。海の深さはどのように測るのでしょうか。海底はどのような地層や岩石でできているのでしょうか。それは、どのように調べるのでしょうか。そして、海底に沈んだ大陸の痕跡はあるのでしょうか。

ここでは、海底の地形や地質を調べる方法も含めて、これまで話をしてきた比較的浅い大陸棚や大陸斜面だけでなく、水深が二〇〇〇メートル以上もある深海に沈んだ大陸や島々について、海底の地質調査の資料から探っていきたいと思います。

一　海底の地形と地質を調べる

海底の深さを調べる

海底の深さは、かつては船から綱（ロープ）をつけた錘（おもり）を海に沈めて、錘が海底に着底したときの綱の長さを測ることで調べていました。そのため、海から綱を引き上げるときに両手を横に広げて綱の長さを測ったことから、海の深さの単位は尋（ひろ）またはファゾム（約一・八メートル）が用いられました。今から七〇数年前の第二次世界大戦のときに、アメリカ海軍が音波を海底に向けて発射して、それが海底で反射して戻ってくるまでの時間を測ることで、海底の深さを測る技術を開発しました。音の速さは、水中で秒速約一五〇〇メートルですので、船の底から音を発射して海底で反射した音が一秒で戻ってくれば、往復に一五〇〇メートルかかったことから、海底までの深さはその半分の七五〇メートルになります。

船を走らせながら、連続して音を海底に向けて発射して、その反射音を受信して連続的に記録すると海底の深さの断面（海底地形断面）が描けます。このようにして、海底の深さや地形を測量することを音響測深といい、音波を使う海底調査を総称して音波探査といいます。この音響測深によって、それまで曖昧だった海底の地形が一気に、それも広域に明らかになりました。

その結果、太平洋や大西洋など大洋には広大な深海底（大洋底）があり、それらは水深五〇〇〇～六〇〇〇メートルにおよび、さらに一万メートル以上の深さをもつ海溝（かいこう）も存在することが明らかになりました。また、海底には谷や山、山脈もあり、それに対して大洋底の海盆はどこまでも平らな海底が続いていることなど、さまざまな海底の地形の特徴が明らかになりました。

海底の地形

一般に、海岸から海溝までの海底地形は、陸側から大陸棚、大陸斜面、海溝と区分されています（図34）。大陸斜面にはところどころ平たいところがあり、それは深海平坦面と呼ばれます。深海平坦面は島弧の前面にあることから、前弧海盆とも呼ばれます。その海溝側には外縁隆起帯があり、それは前弧海盆に堆積物をせき止めたダムのような地形の高まりで、海溝や島弧の方向に沿ってのびています。因みに、島弧とその背後の大陸の間の海を縁海（えんかい）と呼びます。

その他の海底の地形として、沖合の陸地から離れた浅瀬や高まりは堆と呼ばれます。海溝から外側の大

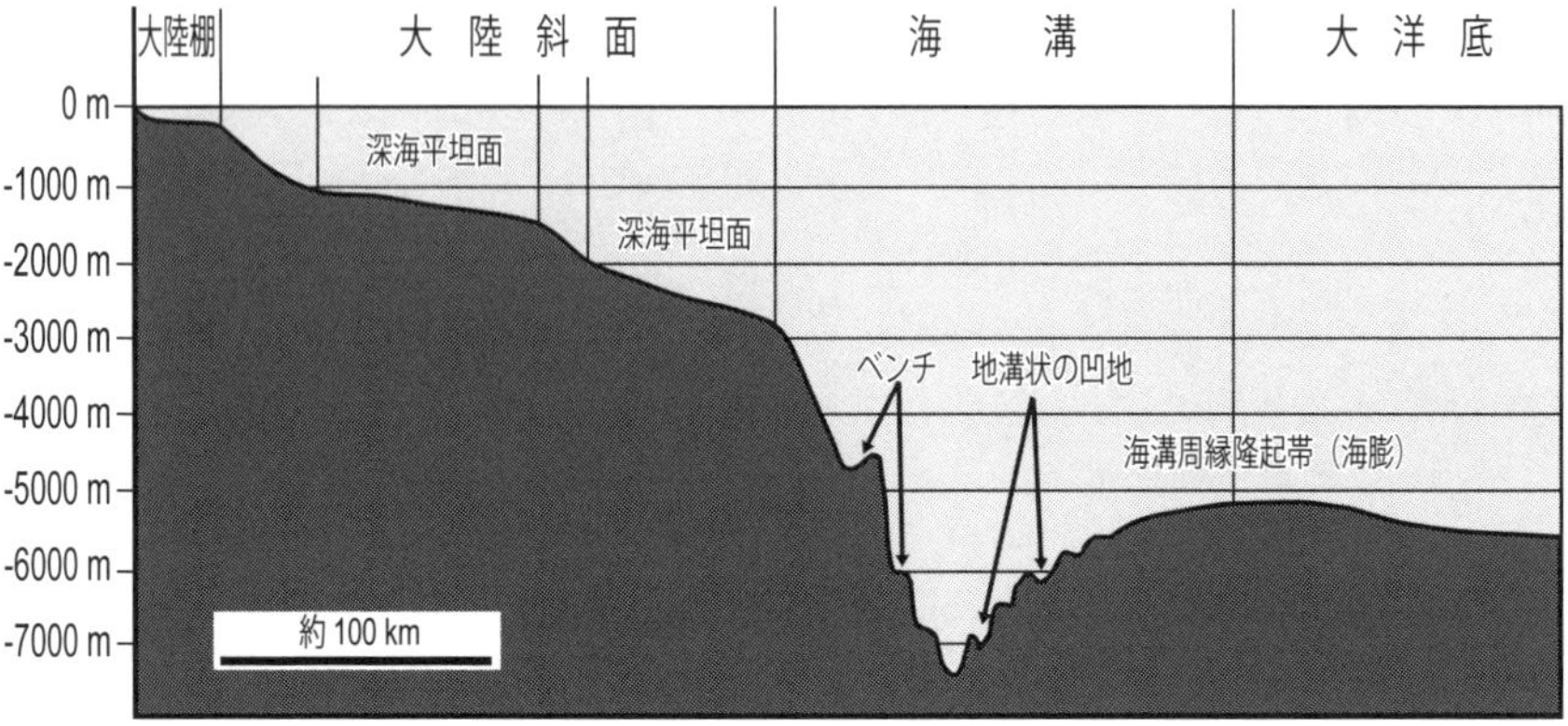
大陸棚
大陸斜面
海溝
大洋底
0 m
-1000 m
-2000 m
-3000 m
-4000 m
-5000 m
-6000 m
-7000 m
深海平坦面
深海平坦面
ベンチ
地溝状の凹地
海溝周縁隆起帯（海膨）
約 100 km

図34　大陸棚から大洋底の海底地形断面[1]。

洋底には、海底からそびえる海山があり、その連なりは海山列と呼ばれ、山頂が平坦な海山は平頂海山、または「ギヨー」と呼ばれます。規模の大きな海底の平らな台地は海台、緩やかな高まりを海膨、山脈のように幅が狭く直線的な隆起帯を海嶺と呼びます。

海底の地質を調べる

海底に何があるかは、どのように調べるのでしょうか。海底の表面を調べるには、船を停めて、鉄のバケツ（ドレッジャー）を海底に下ろして、海底の堆積物や海底に露出する岩石をすくって引っぱり上げて採集（ドレッジ）したり、鉄やアルミのパイプを海底に突き刺して連続した海底堆積物の柱状試料（コア）を採集したりします（図35）。また、「しんかい六五〇〇」のような深海潜水艇や深海カメラを使って、実際に深海底のようすを見て調査したり、深海掘削船「ちきゅう」のように深海底を掘削（ボーリング）して海底の地層や岩石を採集して調べる方法があります。

また、船を走らせながら、音波を使って海底の深さやその下

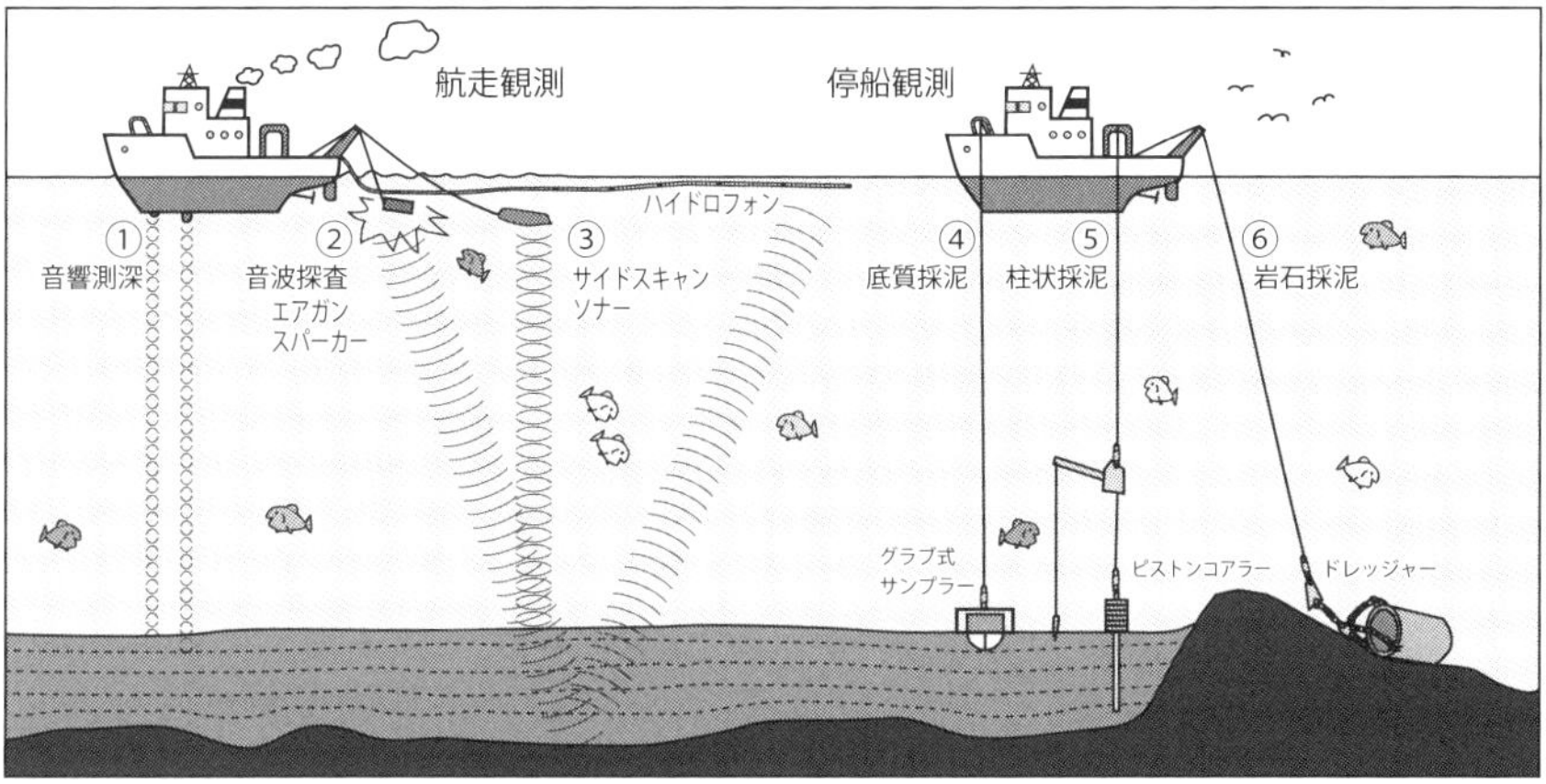
航走観測
停船観測
ハイドロフォン
① 音響測深
② 音波探査
エアガン
スパーカー
③ サイドスキャンソナー
④ 底質採泥
⑤ 柱状採泥
⑥ 岩石採泥
グラブ式サンプラー
ピストンコアラー
ドレッジャー

図35　海洋調査の方法[1]。③のサイドスキャンソナーは、音波をある角度の範囲で海底に向けて発射して、ある幅の海底地形を平面的に測量する方法。

の地層を調べる方法もあります。地形の深さを調べる音響測深と同じ原理で、音は低い周波数のものほど物質の中で減衰が少ないことを利用して、低い周波数の音波を海底に向けて発射して海底の下の地層の密度の違う境界面の重なりなどを調べます。具体的には、圧縮空気（エアガン）や電気スパーク（スパーカー）を利用して低い音波を連続させて海底に発射して、その反射音をハイドロホンで受信して連続した記録をとり、海底下の地層の重なりがわかる地質断面を描かせます。

深海掘削

深海底を掘削して海底の地質を調べることは、一九六八年から深海掘削計画（DSDP：Deep Sea Drilling Project）としてアメリカによって、掘削船「グローマー・チャレンジャー号」（本章扉図33）を使って始められ、一九七六年以降、アメリカ、日本、イギリス、フランス、旧西ドイツ、旧ソビエト連邦の国際協同による国際プロジェクトになりました。

その後、一九八五年から二〇〇二年までは国際深海掘削計画（ODP：Ocean Drilling Program）として世界の海底で掘削が行われ、掘削船としてジョイデス・リゾリューション号が使用され、二〇〇三年から二〇一三年には統合国際深海掘削計画（IODP：Integrated Ocean Drilling Program）、そして二〇一三年から国際深海科学掘削計画（IODP：International Ocean Discovery Program）として現在も継続されています。

国際深海科学掘削計画（ＩＯＤＰ）では、日本（地球深部探査船「ちきゅう」）、アメリカ（「ジョイデス・レゾリューション号」）、ヨーロッパ（特定任務掘削船）がそれぞれ提供する掘削船を用いて世界中の海底を掘削して地質試料（掘削コア）の回収と分析、孔内観測装置の設置によるデータ解析などの研究が行われています。

私は、これら深海掘削の掘削地点の調査報告書を閲覧して、実際に深海に沈んだ陸地またはサンゴ礁のような浅い海の証拠があるかを今まで調べてきました。これまでに、深海掘削計画（ＤＳＤＰ）と国際深海掘削計画（ＯＤＰ）の結果が記載されたイニシャルレポート（掘削中間報告書）を掘削地点（サイト）一から一二七七までの記録をすべて読んで探しました。その結果、深海掘削で浅海または陸上を示す地層や岩石が発見された地点は、大西洋が一〇八地点、インド洋が六二地点、太平洋が八六地点で、合計二五六地点ありました。[2]

二〇一三年から始まった統合国際深海掘削計画（ＩＯＤＰ）以降の報告書については、まだ一部しか読んでいませんが、とりあえずＯＤＰまで結果の中間報告として、世界の海洋のどのようなところで、浅海または陸上を示す地層や岩石が得られているかを、大西洋やインド洋、太平洋など大洋ごとに見ていくことにします。また、深海掘削の地点だけでなく、ワシリエフ[3]や矢野ほか[4][5]、矢野など[6]でレビューされた、海洋島や海洋底で発見されている古い時代の岩石や大陸を示す岩石など、沈んだ大陸の痕跡も紹介します。

なお、深海掘削の掘削サイト（地点）については、文章中では単に「地点」としてサイト番号を示してあります。文献の引用は煩雑になるため示しませんが、深海掘削のサイトのイニシャルレポートは、ＤＳＤＰがhttp://deepseadrilling.org/、ＯＤＰがhttp://www-odp.tamu.edu/publications/のウェブサイトで閲覧できますので、サイト番号の報告を参照してください。

二　大西洋の沈んだ大陸

大西洋は、東側がユーラシア大陸とアフリカ大陸に、西側が南北アメリカ大陸に挟まれた大洋で、東側には地中海、西側にはメキシコ湾という二つの大きな内海または内湾があります。地中海は、ヨーロッパとアフリカ大陸に挟まれた内海で、ジブラルタル海峡で大西洋とつながります。一方、メキシコ湾は北アメリカ大陸の南側にあり、南東側には西インド諸島に囲まれたカリブ海があります。

大西洋の中央には大西洋中央海嶺が南北に連なってあり、大西洋の深海盆を東西に分けています。大西洋の北部は、グリーンランドとアイスランド、そしてその東側にあるフェロー諸島からイギリスにかけて水深一〇〇〇メートルの浅い海底の隆起帯により、北側の北極海と区別されます。また、大西洋の南部は、南アメリカ大陸からフォークランド諸島、その南東側に湾曲して続くスコチア弧から南極半島へと連続する海底の隆起帯があります。大西洋中央海嶺は、その南端で南西インド洋海嶺の西側の延長と連続します。

大西洋の海底地形と、深海掘削で陸上または浅海で形成された岩石が発見された地点を図36に示します。

メキシコ湾

メキシコ湾は、北アメリカ大陸のフロリダ半島とメキシコのユカタン半島の間にある大きな内湾で、中央部には水深約四〇〇〇メートルの平らな海盆が広がります。この湾では海底油田開発がさかんに行われていて、石油を胚胎する重要な要素となっている後期ジュラ紀の岩塩層のドーム構造がよく知られています。この岩塩層は、現在の海面から六〇〇〇メートル、またはそれよりも深いところから上昇していて、海底の浅所に岩塩ドームを形成しています。

岩塩層とは、海水が陸域の浅い海底で蒸発して海底に岩塩が厚く沈殿したもので、それは閉鎖的な内湾または内海の浅海で、乾燥した温暖な気候下で形成されます。メキシコ湾の後期ジュラ紀の岩塩層の存在は、六〇〇〇メートル以上も深いところがかつて浅い海底だったことを示すものです。

メキシコ湾―大バハマ礁地域の基盤は、三畳紀より古い岩石からなり、大陸地殻が後期三畳紀からジュラ紀の初期にブロック状に高まった地塁（ちるい）と、それにより低くなった地溝（ちこう）を形成し、その構造を継続しながらジュラ紀以降に深い海底に沈降したとされ、後期ジュラ紀の岩塩層が海面下約一〇キロメートルに存在するとされています。[7] これについて、シェリダンほか[8]は、地震探査のデータから後期ジュラ紀の岩塩層

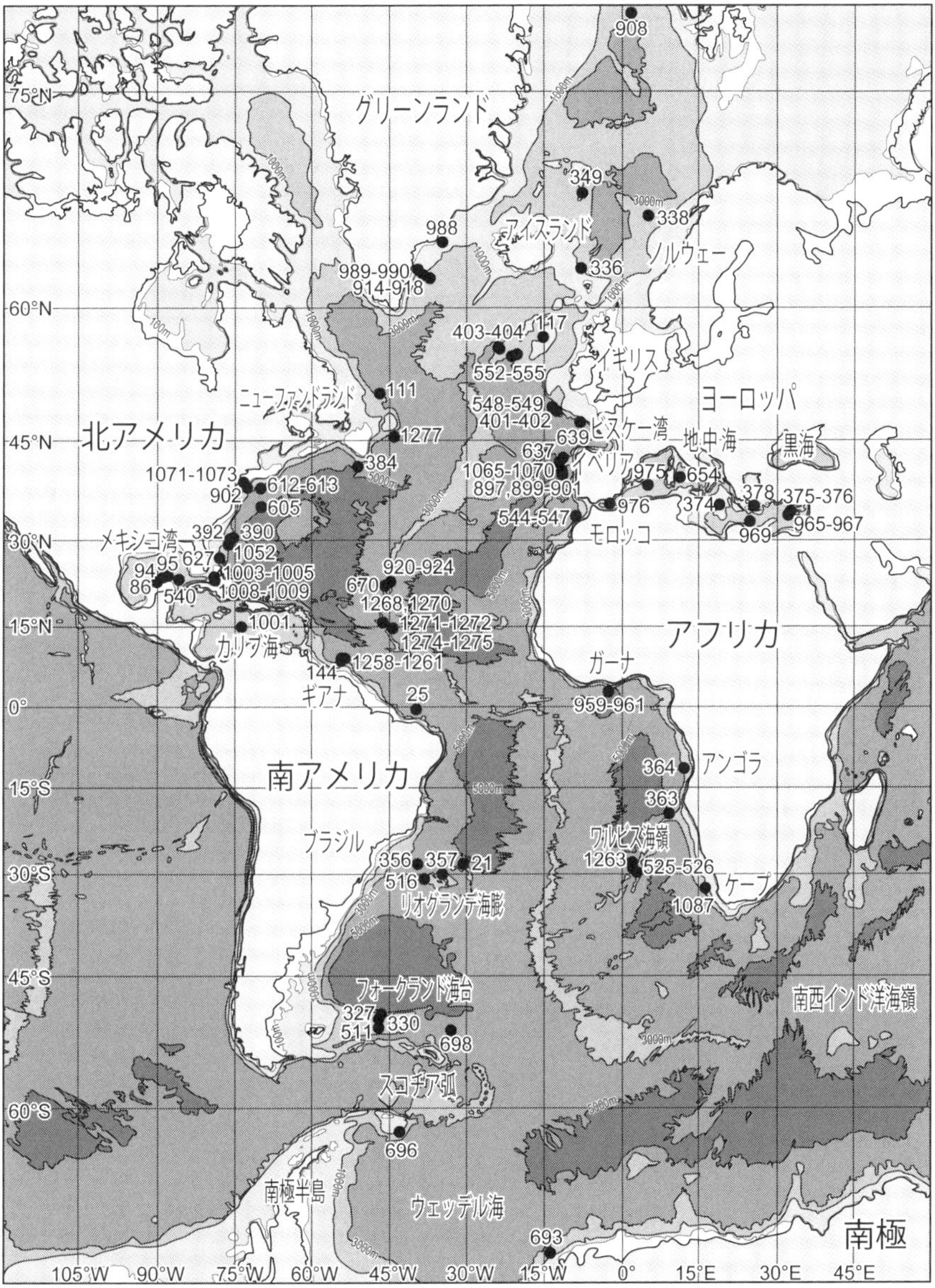
908
75°N
グリーンランド
349
338
988
アイスランド
ノルウェー
989-990
914-918
336
60°N
403-404
117
552-555
イギリス
111
ニューファンドランド
548-549
401-402
ヨーロッパ
北アメリカ
1277
45°N
639
ビスケー湾
地中海
黒海
637
384
1065-1070
イベリア
1071-1073
975
654
902
612-613
897,899-901
378
375-376
605
976
374
544-547
969
965-967
モロッコ
392
390
メキシコ湾
30°N
1052
627
95
1003-1005
94
86
540
1008-1009
920-924
670
1268,1270
1271-1272
15°N
1001
1274-1275
アフリカ
カリブ海
ガーナ
144
1258-1261
ギアナ
0°
25
959-961
364
アンゴラ
15°S
南アメリカ
363
ブラジル
ワルビス海嶺
356
357
21
1263
525-526
30°S
516
ケープ
1087
リオグランデ海膨
45°S
フォークランド海台
南西インド洋海嶺
327
330
511
698
スコチア弧
60°S
696
南極半島
ウェッデル海
693
南極
105°W
90°W
75°W
60°W
45°W
30°W
15°W
0°
15°E
30°E
45°E

図36　大西洋の海底と、●は浅海または陸上を示す岩石が深海掘削で発見された地点[2]。

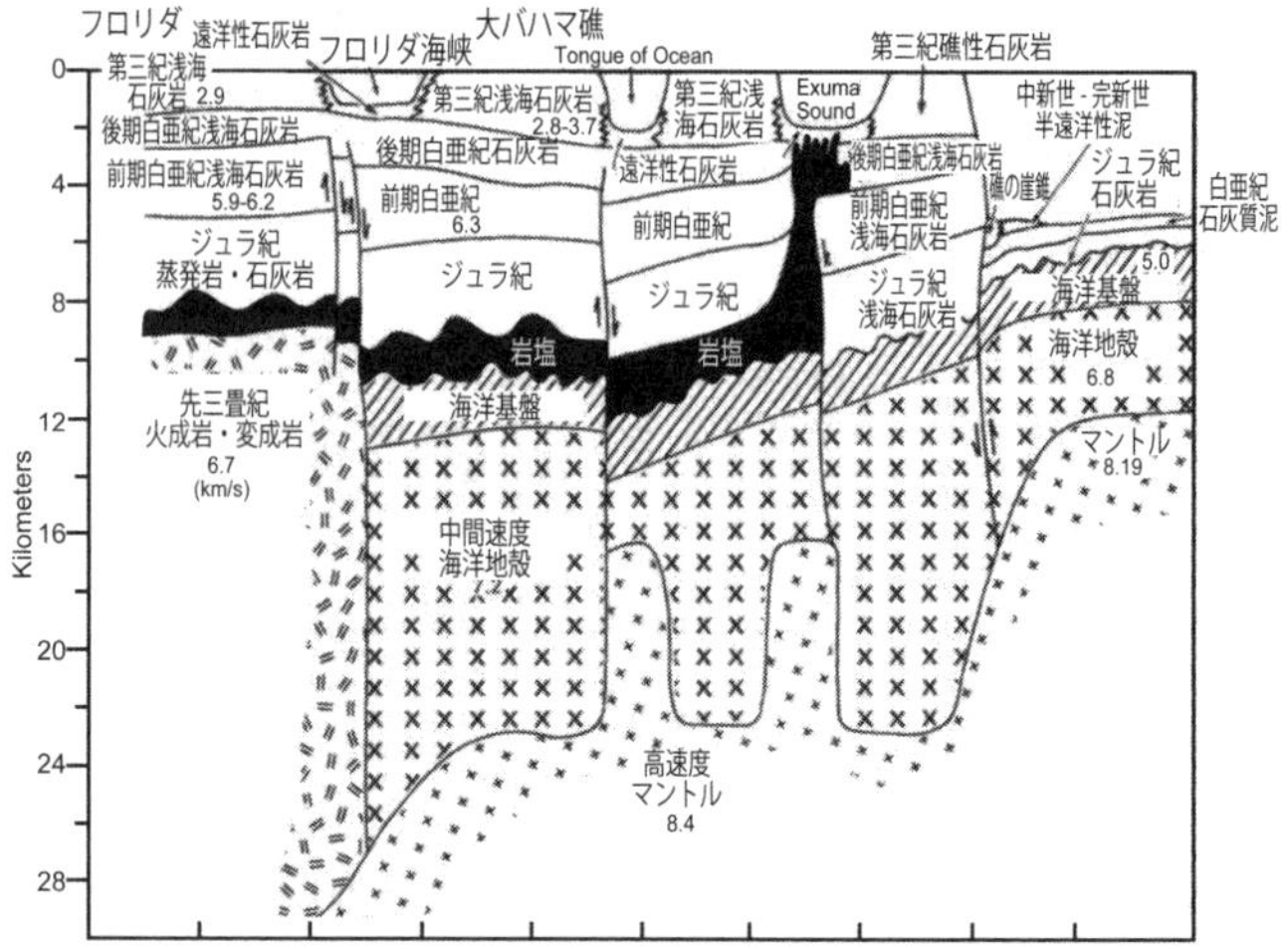

フロリダ
遠洋性石灰岩
フロリダ海峡
大バハマ礁
Tongue of Ocean
第三紀礁性石灰岩
第三紀浅海石灰岩 2.9
第三紀浅海石灰岩 2.8-3.7
第三紀浅海石灰岩
Exuma Sound
中新世 - 完新世 半遠洋性泥
後期白亜紀浅海石灰岩
後期白亜紀石灰岩
遠洋性石灰岩
前期白亜紀浅海石灰岩 5.9-6.2
前期白亜紀 6.3
前期白亜紀
前期白亜紀浅海石灰岩
礁の崖錐
ジュラ紀石灰岩
白亜紀石灰質泥
ジュラ紀蒸発岩・石灰岩
ジュラ紀
ジュラ紀浅海石灰岩
5.0
海洋基盤
岩塩
海洋地殻 6.8
先三畳紀火成岩・変成岩 6.7 (km/s)
マントル 8.19
中間速度海洋地殻
高速度マントル 8.4
Kilometers
0
4
8
12
16
20
24
28

図37　バハマ地域の地下基盤断面で後期ジュラ紀の岩塩層（黒色の部分）が地下12 kmの深さにあります[8]。数字は地震波速度（km/s)。

の基底が地下約一二キロメートルに存在すると推定しました（図37）。

メキシコ湾のユカタン半島北東側のカンペチェ堆の深海掘削の地点86と94、95では、海面下二〇七一～二四二八メートルに前期白亜紀アルビアン期（今から約一億年前）の浅海性石灰岩が広く分布します（白亜紀以降の地質年代の詳細を図38と表紙カバー折り返し（後袖）に示します）。フロリダ海峡西部の地点540では、同じく前期白亜紀のアルビアン期～後期白亜紀のセノマニアン期の石灰岩が海面下三三五七メートルにあり、その上位の地層との間に不整合面が広範囲に認められます。大バハマ礁のアンドロス島とニュープロビデンス島の掘削結果から、大バハマ礁は白亜紀から現在までの礁が成長したものであり、その礁の基底は海面下三〇〇〇メートルより深いところにある前期白亜紀のサンゴ礁の石灰岩であることがわかっています[9]（図39）。

すなわち、メキシコ湾―大バハマ礁地域は、ジュラ紀以降に大きく沈水した地域で、前期白亜紀のとくにアルビアン期には大規模にサンゴ礁が発達し、その後に隆起した地域に海面上昇により後期白亜紀以降

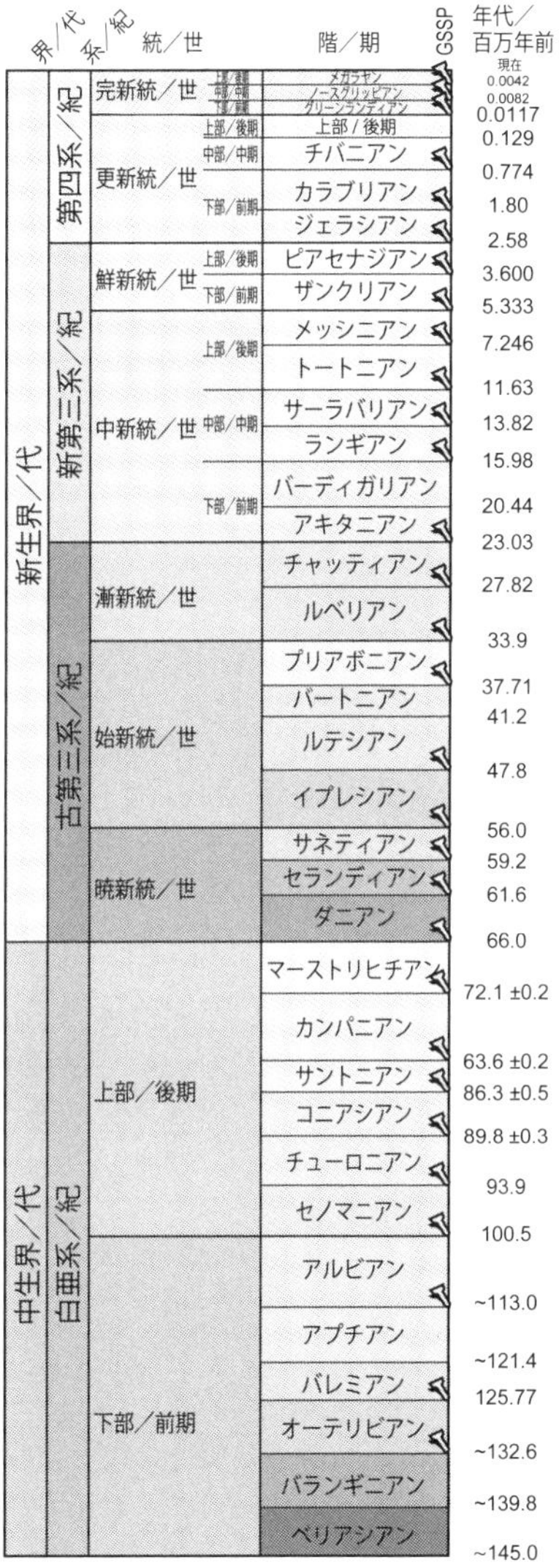
界／代
系／紀
統／世
階／期
GSSP
年代／百万年前
現在
新生界／代
第四系／紀
完新統／世
メガラヤン
0.0042
ノースグリッピアン
0.0082
グリーンランディアン
0.0117
更新統／世
上部／後期
上部／後期
0.129
中部／中期
チバニアン
0.774
下部／前期
カラブリアン
1.80
ジェラシアン
2.58
新第三系／紀
鮮新統／世
上部／後期
ピアセナジアン
3.600
下部／前期
ザンクリアン
5.333
中新統／世
上部／後期
メッシニアン
7.246
トートニアン
11.63
中部／中期
サーラバリアン
13.82
ランギアン
15.98
下部／前期
バーディガリアン
20.44
アキタニアン
23.03
古第三系／紀
漸新統／世
チャッティアン
27.82
ルベリアン
33.9
始新統／世
プリアボニアン
37.71
バートニアン
41.2
ルテシアン
47.8
イプレシアン
56.0
暁新統／世
サネティアン
59.2
セランディアン
61.6
ダニアン
66.0
中生界／代
白亜系／紀
上部／後期
マーストリヒチアン
72.1 ±0.2
カンパニアン
63.6 ±0.2
サントニアン
86.3 ±0.5
コニアシアン
89.8 ±0.3
チューロニアン
93.9
セノマニアン
100.5
下部／前期
アルビアン
~113.0
アプチアン
~121.4
バレミアン
125.77
オーテリビアン
~132.6
バランギニアン
~139.8
ベリアシアン
~145.0
図38　白亜紀から第四紀までの地質年代とその年代値の詳細[10]。この年代値は2023年9月のもので、変更がある場合もあります。年代の右のスパイクマークは正式登録された地質系統境界であることを示します。

のサンゴ礁が発達して現在の半島や島々が形成され、それ以外の隆起量の少なかった地域は沈水してメキシコ湾やフロリダ海峡などの深い海底となったと考えられます。

北アメリカ大陸東岸沖

北アメリカ東岸沖の大陸斜面は「コンチネンタルライズ」と呼ばれ、大洋底との間に広がる緩い勾配のすそ野状の斜面が広がります。ここでは、J・アノマリー海嶺の地点384で海面下四一二一メートル以下に前期白亜紀の後期バレミアン期〜アプチアン期の浅海で堆積したサンゴ礁石灰岩があり、ブラックノーズ北縁での地点390の海面下二八一七メートルにバレミアン期の浅海性石灰岩が、ニューファンドランド沖に広がる大陸棚（グランドバンク）の東側にあるフレミッシュキャップという海底の隆起部（海

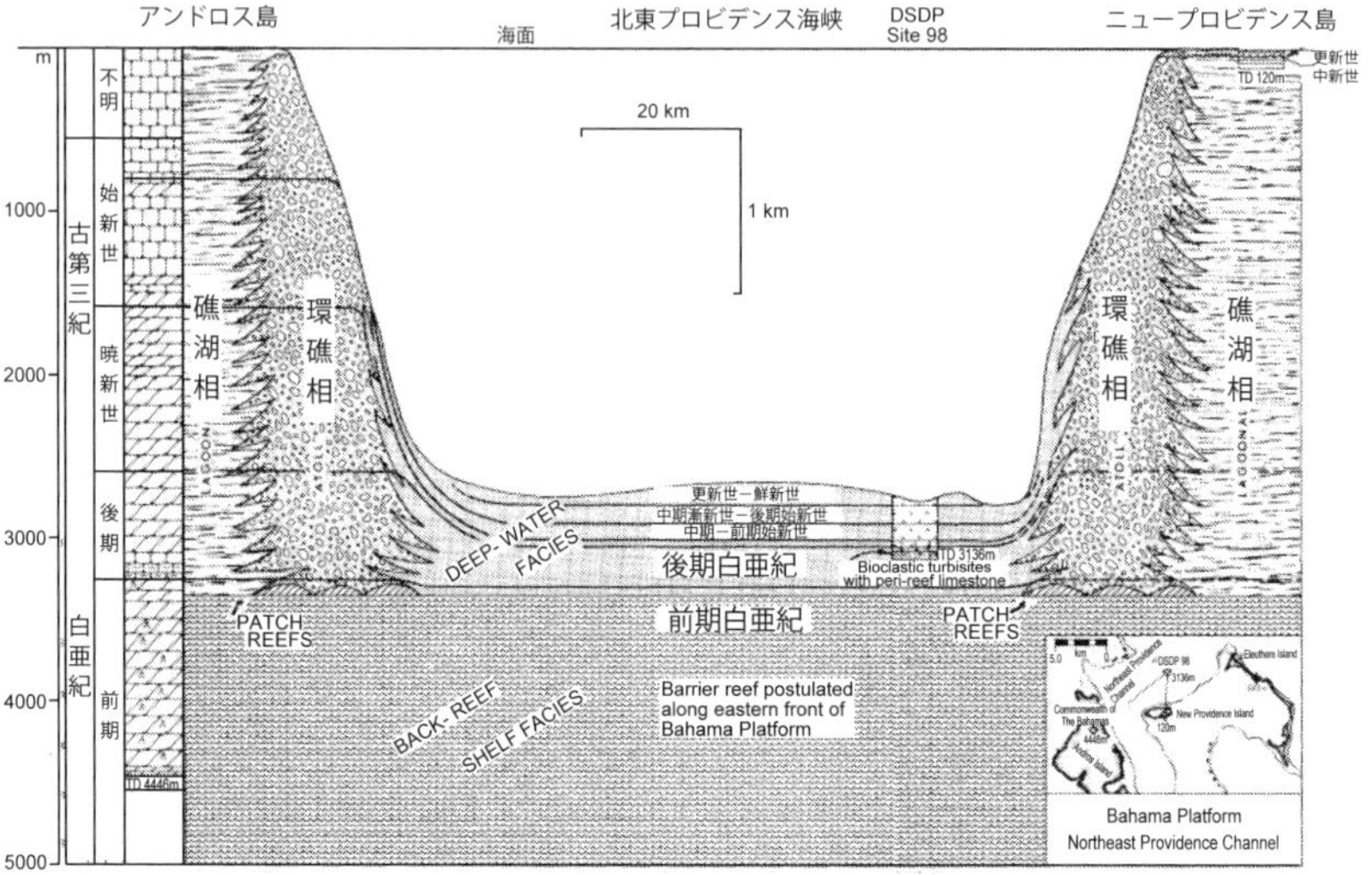

アンドロス島
海面
北東プロビデンス海峡
DSDP
Site 98
ニュープロビデンス島
更新世
中新世
TD 120m
20 km
1 km
不明
始新世
古第三紀
暁新世
後期
白亜紀
前期
礁湖相
環礁相
更新世－鮮新世
中期漸新世－後期始新世
中期－前期始新世
DEEP- WATER FACIES
後期白亜紀
TD 3136m
Bioclastic turbisites with peri-reef limestone
PATCH REEFS
前期白亜紀
Barrier reef postulated along eastern front of Bahama Platform
BACK- REEF
SHELF FACIES
TD 4446m
Bahama Platform
Northeast Providence Channel
1000
2000
3000
4000
5000
m

図39　バハマ地域のアンドロス島とニュープロビデンス島の間にある北東プロビンス海峡の地質断面[9]。基底には前期白亜紀のサンゴ礁石灰岩が厚くあり、後期白亜紀から両側の島に分かれて環礁のサンゴ礁石灰岩が現在まで立ち上がっていて、海峡部は沈水して深い海底となっています。

丘）では五億九二〇〇万年の花崗岩が採集されていて、その北側のオーファン海丘の地点111では海面下一九八六メートルに前期白亜紀末アルビアン期〜後期白亜紀初めのセノマニアン期の石灰砂岩と貝殻石灰岩が発見されています。[11]

コンチネンタルライズには、陸からの砂や泥などの厚い堆積層があり、その上部の地点60では海面下二三五九メートルに後期中新世の地層が侵食された不整合面があり、この不整合面はこの地域に発達する音波または地震探査によって知られている上下の地層の密度が異なった顕著な震探反射面に相当します。また、ニュージャージー沿岸の上部大陸斜面では、掘削地点902の他に地点903、904、906でも中期中新世と後期更新世の地層との間に不整合が認められ、それらは反射法による地震探査解析でも重要な境界面とされています。すなわち、コンチネンタルライズでは、今から六〇〇万年前の後期中新世以降に何度かそこに広い陸域が発達したことになります。

このように、北アメリカ東岸沖の大陸斜面は、前期白亜紀にはその南のメキシコ湾―大バハマ礁地域と同じように浅い海に大規模なサンゴ礁が発達し、その後にそれは沈水しましたが、後期中新世には広い陸域となり、最終的に後期更新世に沈水したと考えられます。また、北部のニューファンドランドは、後期暁新世には沿岸のような浅い海の環境で、前期始新世から徐々に海底が深くなっていったと考えられます。

グリーンランド縁辺東部

グリーンランド縁辺東部の地点９１４～９１７と地点９８８～９９０、それと東南部の地点９１８では、第四紀の泥層の下の海面下二七二六～三〇二六メートルに前期始新世後期～後期始新世の陸上風化をうけた玄武岩溶岩または浅海から上部斜面の海底に堆積した火山砕屑性砂岩と砂質泥岩があります。また、海面下二九七六メートルには中期始新世と後期漸新世の地層との間に不整合があります。このことから、グリーンランド縁辺東部は、新生代初めの暁新世には陸上での玄武岩の火山活動があり、その後に侵食されて前期始新世に東側に傾斜し海側が相対的に沈降して、中期始新世にそこが水深七五～六〇〇メートルの海底になったと考えられています[12]。

なお、グリーンランドの大陸棚東部の地点９１４では、第四紀の砂質泥の下の海面下六一七～七二〇メートルの間に水深一〇〇～二五〇メートルの海底で堆積した後期始新世～前期漸新世の砂岩または砂質

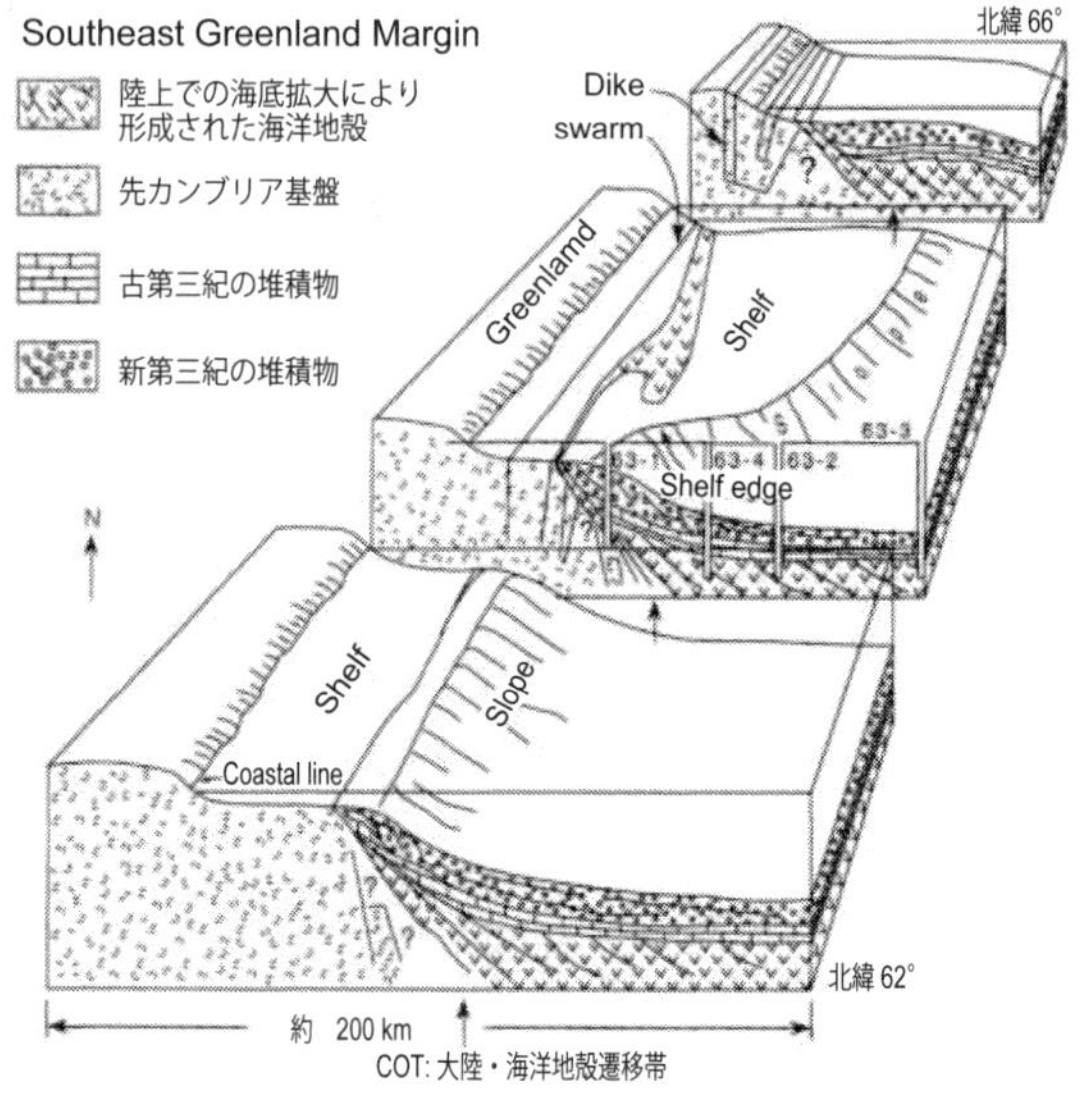
Southeast Greenland Margin
陸上での海底拡大により
形成された海洋地殻
先カンブリア基盤
古第三紀の堆積物
新第三紀の堆積物
北緯 66°
Dike
swarm
Greenland
Shelf
63-1
63-4
63-2
63-3
Shelf edge
N
Shelf
Slope
Coastal line
北緯 62°
約 200 km
COT: 大陸・海洋地殻遷移帯

図40　グリーンランド縁辺南東部の地質断面[13]。大陸縁辺の地層はそのまま海底に連続していて、斜面の縁辺で大陸地殻と海洋地殻が区別されています。

泥岩が発見されています。グリーンランド縁辺南東部の地質断面（図40）を見ると、始新世の玄武岩層も含めた大陸縁辺の地層と大陸基盤はそのまま海底に連続していて、斜面の縁辺で大陸地殻と海洋地殻が区別されています。

北部大西洋（アイスランディア）

北部大西洋にあるアイスランドーノルウェー大陸縁辺では、フェロー海嶺の地点336とヴォーリング海台の断崖の地点338で、それぞれ海面下一三一五メートルと一七〇〇メートルに前期または中期始新世の陸上噴火した玄武岩溶岩があり、後期始新世以降に連続的に沈水していることが明らかになりました。アイスランドの北東のヤンマイエン海嶺の地点349では、海底下一〇四七メートルに後期始新世の陸源性砂岩と含礫泥岩があり、その上を漸新世~中期中新世の堆積物が不整合で覆っています。また、ヤンマイエン海嶺には、東へ傾斜した中生代と古生代の地層の下に結晶質大陸基盤が存在します[14]。アイスランドの南東のロッコール海台西麓での地点117では、海面下一三四一メートルに浅海または沿岸に近い環

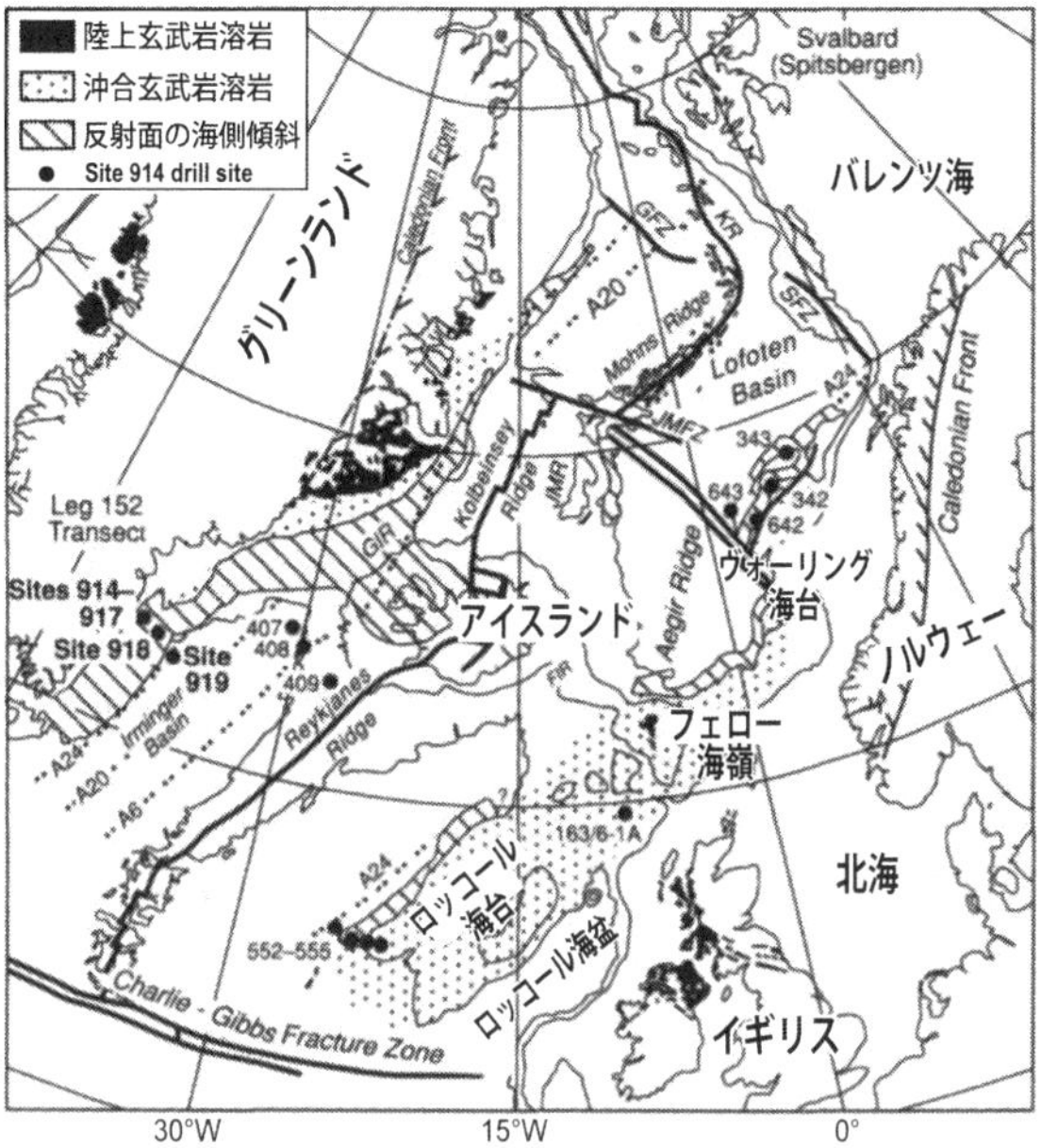
陸上玄武岩溶岩
沖合玄武岩溶岩
反射面の海側傾斜
Site 914 drill site
Svalbard (Spitsbergen)
バレンツ海
グリーンランド
Lofoten Basin
Mohns Ridge
Caledonian Front
Leg 152 Transect
Sites 914–917
Site 918
Site 919
Kolbeinsey Ridge
Aegir Ridge
ヴォーリング海台
アイスランド
ノルウェー
Irminger Basin
Reykjanes Ridge
フェロー海嶺
北海
ロッコール海台
ロッコール海盆
イギリス
Charlie - Gibbs Fracture Zone
70°N
60°N
50°N
30°W
15°W
0°
図41　北西大西洋の海側に傾斜する地層と古第三紀の玄武岩の分布[13]。JMR：ヤンマイエン海嶺。

境で堆積した後期暁新世の玄武岩質砂岩があり、前期始新世には約六〇〇メートルまで徐々に海底が深くなりました。

グリーンランドから北海に至る北大西洋の大陸縁辺には、グリーンランド東岸と同じ玄武岩と海側に傾斜した地層の分布があり（図41）、この火山活動とその後の傾動（地殻が傾斜する運動）という沈降を含む変動が、グリーンランド東岸だけでなく北部大西洋全体に起こった大規模な構造運動だったと考えられています[13]。

ロシアの構造地質学者ベロウソフとミラノフスキー[15]は、大西洋中央海嶺上にあるアイスランドの地殻が厚さ五〇キロメートル（現在の見解では約三五キロメートル）もあることから、そこには大陸地殻があることを指摘しています。ボット[16]はグリーンランドとその東側のシェットランド諸島を結ぶ海底山脈のうち、フェロー海嶺は大陸地殻をもつと述べています。

また、北西ヨーロッパ沖の大西洋の堆積盆地の下にも大陸地殻が広く沈水していて、堆積盆地の基盤岩には結晶質の大陸基盤が推定され、その上面深度はヴォーリング盆地で七〜一三キロメートル、モレ盆地とロッコール盆地で七〜八キロメートルと見積もられています。[14][17]この盆地を埋積している層厚が七〜一三キロメートルある地層は、主にジュラ紀〜中新世にかけて堆積し、その上に中新世末期からの深海化と陸側の隆起によって陸からの砂泥からなる海底扇状地堆積物が覆っています。[18]なお、ロッコール盆地北東部の掘削では、暁新世の玄武岩によって不整合に覆われた花崗岩質岩石が発見されています。[19]

これらのことから、アイスランドも含めて北大西洋の隆起帯と北西ヨーロッパ沖堆積盆地は、同じ地層や岩石の組み合わせから構成されていると考えられ、その基盤には大陸地殻が存在すると思われます。フォルガーほか[20]は北大西洋の地殻構造を解析し、グリーンランドからアイスランド、フェロー海嶺に至る海域全体の地殻が大陸地殻からなると考え、その北大西洋を東西に横断している沈んだ大陸を「アイスランディア」と呼びました。また、グリーンランド縁辺南東部の地質断面図（図40）で海洋地殻とされているものが、もし陸域からそのまま深海底に連続する大陸地殻であるとすると、北部大西洋で海洋地殻とされてきたものは、すべて玄武岩に覆われた大陸地殻であると思われます。

イギリスとイベリア半島縁辺

イギリスの南西にあるゴーバンスパーの地点548と549では、海面下一七九一メートルと海面下三四九七メートルに中期デボン紀〜石炭紀の地層からなるバリスカン（またはヘルシニアン）造山帯（後期古生代の石炭紀を中心に起こった地層が変形・変成をうけた地帯）を構成するデボン紀のアルコース砂岩（石英と長石からなる砂岩）があります（図42）。このことは、この地点の位置まで東側のヨーロッパの大陸を構成しているバリスカン造山帯の基盤岩が分布することになります。

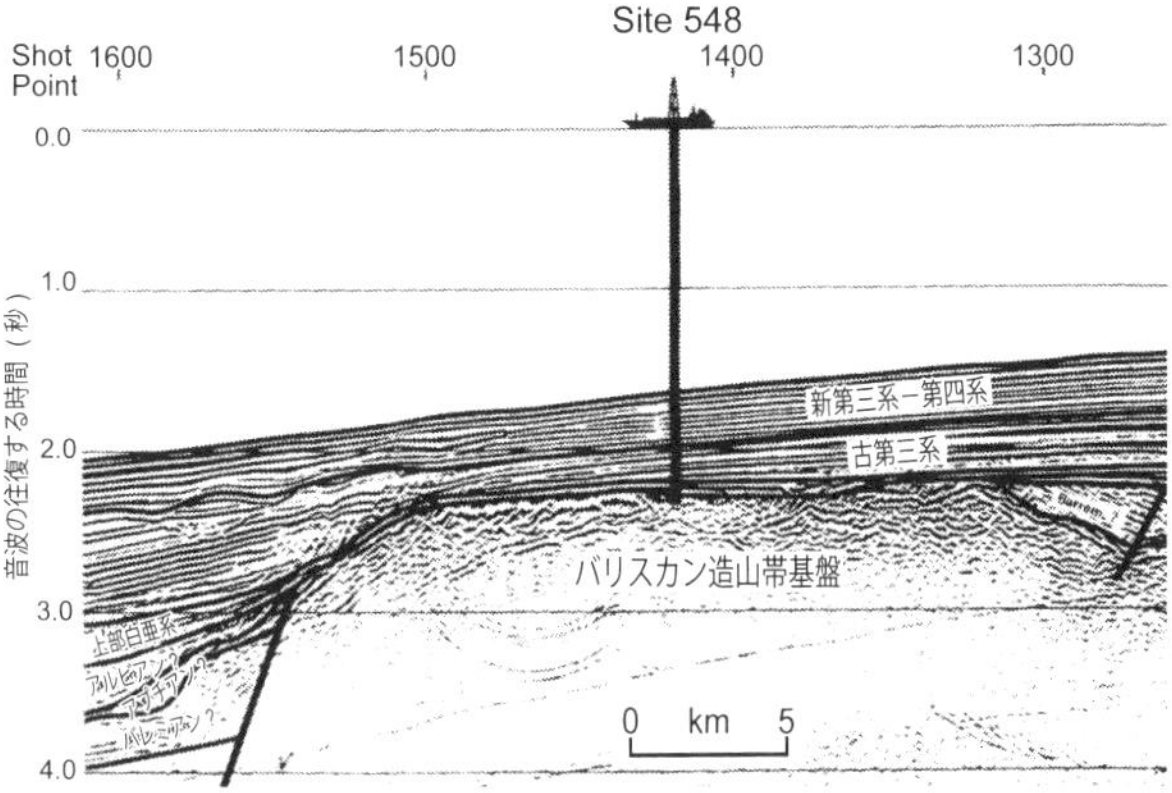
Site 548
Shot Point
1600
1500
1400
1300
0.0
1.0
2.0
3.0
4.0
音波の往復する時間（秒）
新第三系ー第四系
古第三系
バリスカン造山帯基盤
上部白亜系
0 km 5

図42　北西大西洋のゴーバンスパーの地点548のバリスカン造山帯からなる基盤岩の音波探査記録[21]。

イベリア半島の北側にあるビスケー湾での地点４０１では、海面下二八〇三メートルにジュラ紀チトニアン期のサンゴ礁石灰岩が発見されています。また、イベリア半島北西端のガリシア堆縁辺の地点６３９では海面下四九四九メートルにチトニアン期の浅海石灰岩があり、その基盤は流紋岩質の火山岩または火山砕屑岩からなります。その沖のガリシア堆南西部の地点１０６５と１０６９では、海面下五〇七八メートルと五九四二メートルに中期〜後期ジュラ紀に内側陸棚で堆積した粘土岩と石灰岩礫からなる礫岩層があり、地点１０６８と１０７０では海面下五七〇〇〜六〇〇〇メートルに蛇紋岩（じゃもんがん）または蛇紋岩化した斜長石カンラン岩があります。

西イベリア半島縁辺はバリスカン造山帯からなる基盤ブロックから構成されており、バリスカン基盤の北北西ー南南東の基盤構造を反映して中生代〜新生代には堆積盆地が発達したことが明らかになっています（図43）。このことから、西イベリア半島縁辺からビスケー湾縁辺で海面下五七〇〇〜六〇〇〇メートルにある蛇紋岩または蛇紋岩化した斜長石カンラン岩は、バリスカン造山帯に属する岩石と考えられています。また、その南側のモロッコ西部のマザガン断崖の地点５４４〜５４７では、海面下三七〇〇〜四九〇〇メートルにジュラ紀の浅海石灰岩があり、その下には三畳紀〜ジュラ紀の沖積扇状地の堆積物や岩塩層と、花崗

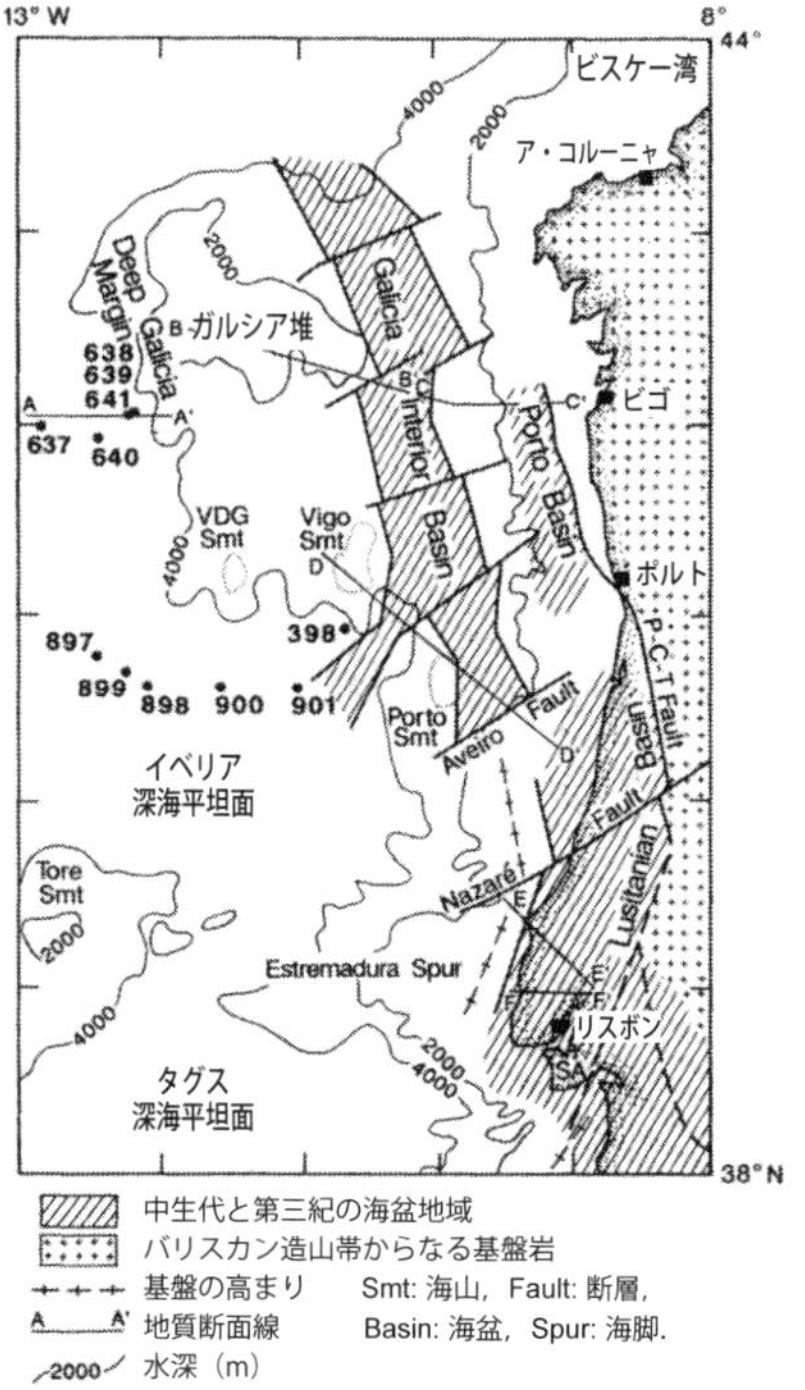
13° W
8°
44°
38° N
ビスケー湾
ア・コルーニャ
ビゴ
ポルト
リスボン
ガルシア堆
Deep Galicia Margin
Galicia Interior Basin
Porto Basin
Porto Smt
Aveiro Fault
P-C-T Fault
Nazaré Fault
Lusitanian Basin
VDG Smt
Vigo Smt
Tore Smt
Estremadura Spur
イベリア
深海平坦面
タグス
深海平坦面
637
638
639
640
641
897
898
899
900
901
398
2000
4000
中生代と第三紀の海盆地域
バリスカン造山帯からなる基盤岩
基盤の高まり
地質断面線
水深（m）
Smt: 海山，Fault: 断層，
Basin: 海盆，Spur: 海脚．

図43　西イベリア半島縁辺のバリスカン造山帯の基盤と中生代以降の海盆の分布[22]。・に番号は深海掘削地点。

片麻岩からなる基盤があります。

なお、ビスケー湾北部の大陸縁辺の地点40では、海面下二五三〇メートルに前期白亜紀のアプチアン期〜アルビアン期の浅海性石灰岩があります。西イベリア半島縁辺からビスケー湾縁辺では、深海掘削で得られた堆積物から後期白亜紀以降に遠洋性の環境となり、暁新世にさらに深くなりましたが、後期始新世〜前期漸新世にそれまで四〇〇〇メートル以深の海底だったところが四〇〇〇メートルより浅い海底になったと考えられています。

アフリカ大陸西岸沖

アフリカ大陸、モロッコ西岸のマザガン断崖の地点５４５では、海面下三六九〇メートルに後期ジュラ紀〜前期白亜紀の浅海で形成された石灰岩があります。その南のアンゴラ縁辺の地点３６４では、前期白亜紀のアプチアン期の蒸発岩層の直上に、後期アプチアン期〜前期アルビアン期の苦灰岩質（マグネシウムに富む）石灰岩と腐泥質泥岩が、海面下二八〇〇〜三二〇〇メートルに発見されています。この腐泥質泥岩は閉鎖的な海域の海底で堆積したものです。

ガーナの大陸縁辺、コートジボワール―ガーナ縁辺海嶺北部の地点959の海面下三一七二メートルには、後期アルビアン期の浅海性砂岩があります。また、その南の大陸縁辺から南西にのびるワルビス海嶺の地点363の海面下二九四三メートルに前期アプチアン期の浅海性石灰岩があり、地点525の海面下三〇五三メートルに後期白亜紀のカンパニアン期の陸上で風化した玄武岩溶岩があります。

ワルビス海嶺の地点526では、海面下一二八七メートルに後期暁新世～中期始新世の浅海性石灰岩があり、海面下二七六七メートルに前期漸新世と中新世の地層の間に不整合があります。

南アメリカ大陸東岸沖

南アメリカ大陸東岸のギアナ沖にある、デメララ海膨の地点144と1258～1261では、海面下二五〇〇～三〇〇〇メートルに浅海で堆積した前期白亜紀の前期～中期アルビアン期の石英砂岩と泥岩があり、その上位を不整合に覆って閉鎖的な海底環境で堆積した後期白亜紀のセノマニアン期～チューロニアン期の黒色泥岩があります。また、デメララ海膨では、暁新世と始新世の境界で顕著で急速な地球温暖化（極域で五～七度の上昇）と海洋微生物の大量絶滅が起こったとされ、それは海水の温度上昇と海面上昇が原因で海底が深海になったためと解釈されています。

ブラジル縁辺でも、アフリカ大陸西岸と同じように水深四〇〇〇メートルの海底に前期白亜紀アプチアン期の蒸発岩が分布し、リオグランデ海膨の地点21では海面下二三〇五メートルに大陸棚で堆積した白亜紀末期のマーストリヒチアン期の浅海性石灰岩と、海面下二五七六メートルに後期白亜紀コニアシアン期の淘汰の良い浅海性の石灰砂岩が分布します。

リオグランデ海膨では、深海掘削によってジュラ紀以前の堆積物は発見されていませんが、「しんかい六五〇〇」の潜航により花崗岩の露岩が発見され[23]、その後にブラジルの研究者たちにより二二億～五億四〇〇〇年前の深成岩と変成岩類がドレッジされました。[24]このことから、リオグランデ海膨は原生累代の花崗岩や変成岩類からなることが明らかになり、今では「沈んだ大陸」と呼ばれています。

なお、リオグランデ海膨の地点357では、海面下二四四四メートルに中期始新世の火山角礫と浅海化石片などが発見されています。これらのことから、リオグランデ海膨は新生代の暁新世に沈降して、始新世に火成活動をともないドーム状に隆起して、海膨頂部が陸上侵食されて平坦化され、その後にまた沈水したと考えられています。

アルゼンチンの東南の沖にあるフォークランド海台では、地点330の海面下約三一〇〇メートルに片麻状ペグマタイト（巨斑晶花崗岩）からなる原生累代の基盤岩の上に不整合で、ジュラ紀のオックスフォーディアン期の河川堆積物があり、その上にオックスフォーディアン期と前期白亜紀のアプチアン期の腐泥質岩層が海面下三〇六一メートルまであります。また、地点698では海面下約二三〇〇メートルには後期白亜紀のカンパニアン期の砂質泥層の下に陸上噴出した玄武岩溶岩があります。フォークランド海台では古第三紀の浅海性の堆積物は得られていませんが、地点702の掘削結果により中期始新世からこの地域は寒冷化したことがわかっています。このことから、中期始新世以降に南極を取り巻いて流れる南極環流が形成され始めたことが推定されています。

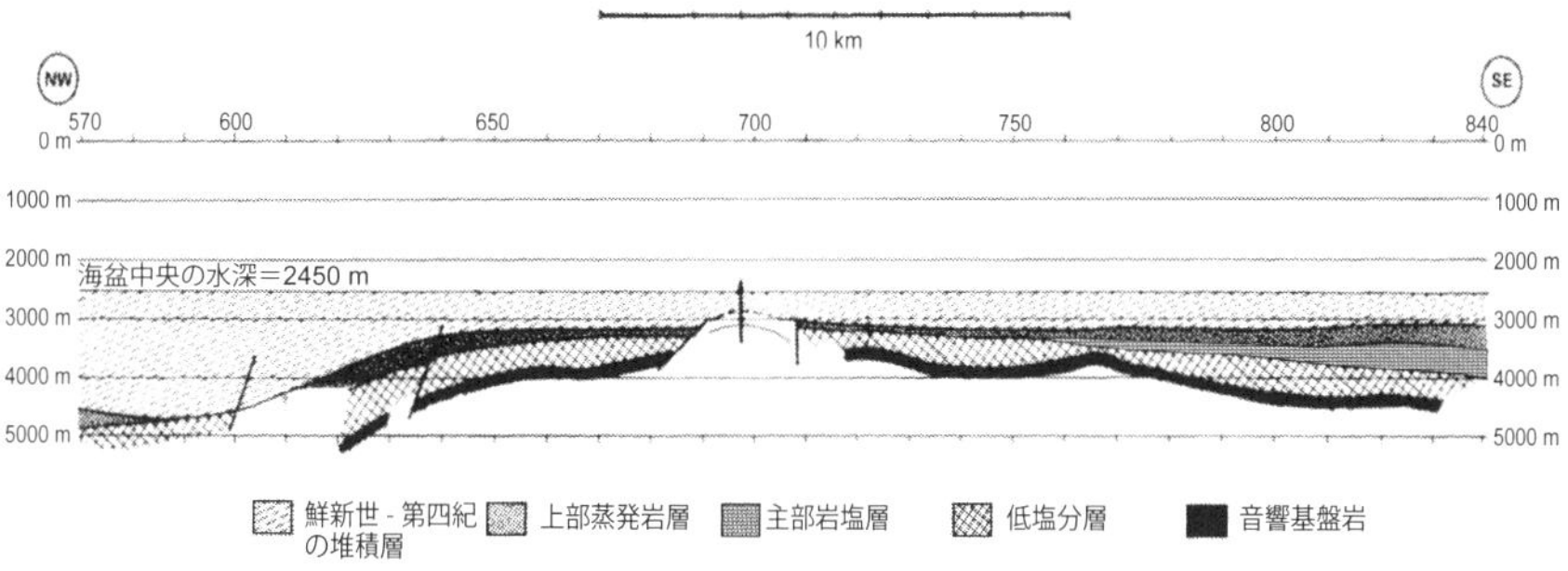
10 km
NW
SE
570
600
650
700
750
800
840
0 m
1000 m
2000 m
3000 m
4000 m
5000 m
海盆中央の水深＝2450 m
鮮新世 - 第四紀の堆積層
上部蒸発岩層
主部岩塩層
低塩分層
音響基盤岩

図44　地中海バレアレス海盆の上下2層の岩塩層。岩塩層主部は下部に属します[25]。

地中海

地中海キプロス島の南のエラトステネス海山の地点９６７では、海面下二九七九メートルに後期白亜紀の浅海性石灰岩があります。地中海の深海掘削で注目されるのは、今から六〇〇万年前の中新世末期のメッシニアン期に地中海の深海盆が干上がり、盆地の底に岩塩層が沈殿したこと（メッシニアン期塩分危機）が明らかになっています。それらは、キプロス島の西のフローレンス海膨の地点３７５と３７６や北クレタ海盆の地点９６９、ティレニア海の地点９７５、西地中海のバレアレス諸島縁辺南部の地点９７５から、メッシニアン期の石膏とマール岩（泥と石灰などの炭酸塩が混じった岩）からなる岩塩層が海面下二一〇〇～三〇〇〇メートルで発見されています（図44）。また、メッシーナ深海平原の地点３７４では、海面下なんと四四六九メートルにメッシニアン期の石膏と苦灰岩（マグネシウムに富む石灰岩）層があり、海面下四五二四メートルから下ではそれが硬石膏と岩塩からなっています。

地中海の岩塩層を調査した深海掘削の研究者たちは、メッシニアン期塩分危機以前に今日の地中海盆地のほとんどがすでに存在し、それらは水深が一〇〇〇～一五〇〇メートル以上の深さの海盆であったと考えられると述べています。そして、メッシニアン期には、盆地の一部または全部が複数回乾燥化して、東部および西部の地中海盆地は内海の海水により浸水され、後期メッシニアン期にはバレアレス海盆とティレニア海盆に大西洋からの海水が流入したと考えられています。しかし、その環境は完全に開いた海洋性ではなく、鮮新世の初めになって地中海のすべての海盆が深くなって大西洋の海水が浸入し、さらに鮮新世から第四紀にかけての沈降によって地中海の海盆はさらに深くなったと述べています。[25]

ナイルデルタの海底の詳細な音波探査によると、現在の水深二五〇〇メートルまでの海域にメッシニアン期塩分危機のときの陸上侵食の痕跡が見られ、それは現在の水深二五〇〇〜三〇〇〇メートルまでの海底がメッシニアン期に広く陸上だったことを表しているものとされています。[26] これらのことから、地中海は今から六〇〇万年前には現在の水深三〇〇〇メートルまでの海底が陸上であり、その後に海に沈んだと考えられます。

大西洋中央海嶺の古い岩石と大陸系の岩石

プレート・テクトニクス説によれば、大西洋中央海嶺のような海嶺はプレートが誕生して拡大する軸になるところで、地球内部から生まれ出たばかりのマグマ起源の玄武岩溶岩があるとされています。ですから、古生代や中生代、新生代でも最近できたものではない岩石や、大陸の特徴をもつ岩石があるはずがないと考えられています。しかし、そこには、あってはならない古い時代の岩石や大陸に特徴的な岩石がいくつも知られています。なお、大西洋中央海嶺には、その南北にのびる方向に直交する東西にのびる大規模な断裂帯が多数あり、それらは中央海嶺を横方向にずらしています。

北緯四五度付近の大西洋中央海嶺中軸谷の西方六〇キロメートルにあるボールド海山は、海底に露出する貫入岩体などの露岩から構成されていて、そこから砂岩や石灰岩、片麻岩、花崗岩、花崗閃緑岩、角閃岩などが採集され、[27] 片麻岩と花崗岩はそれぞれ一五億五〇〇〇万年前と一六億九〇〇〇万年前、はんれい岩は七億八五〇〇万年前という原生累代の岩石になります。[28]

北緯二五～三一度の中央海嶺から南東側にのびるアゾレス海嶺上には、アゾレス諸島があり、その諸島付近から採集された玄武岩は、中央海嶺で採集されるものと異なり、太古累代または原生累代の大陸性マントル物質が混入しているといわれています。[29] アゾレス海嶺から東側のジブラルタル海峡へのびるアゾレスージブラルタル海嶺の北斜面では、石英砂岩や石灰岩、古生代オルドビス紀の三葉虫化石を含む泥岩が採集されています。[30][31]

北緯三〇度付近の中央海嶺中軸部にあるアトランティス断裂帯付近で、前期中新世の軟泥[32]とジュラ紀に変質作用をうけた変質玄武岩[33]が採集されています。その南の北緯二六度の中央海嶺中軸谷では水深三九三〇メートルの海底から、玄武岩、はんれい岩、花崗片麻岩が採集され、その花崗片麻岩の年代は一六億年前の原生累代のものでした。[34]

北緯二三・六度のケイン断裂帯の中央海嶺軸部西方での断裂谷南斜面におけるノーチラス号の潜水調査で、かんらん岩や蛇紋岩が広く露出していて、そこに大量のはんれい岩が貫入しているのが観察されました。[35] ここでの深海掘削の地点922と923で採集されたかんらん岩の年代がそれぞれ三億三〇〇〇万年前と一六億年前でした。[36]

北緯一一度付近のヴィマ断裂帯の南側にあるヴィマ横断海嶺は、玄武岩～超塩基性岩の岩体で構成さ

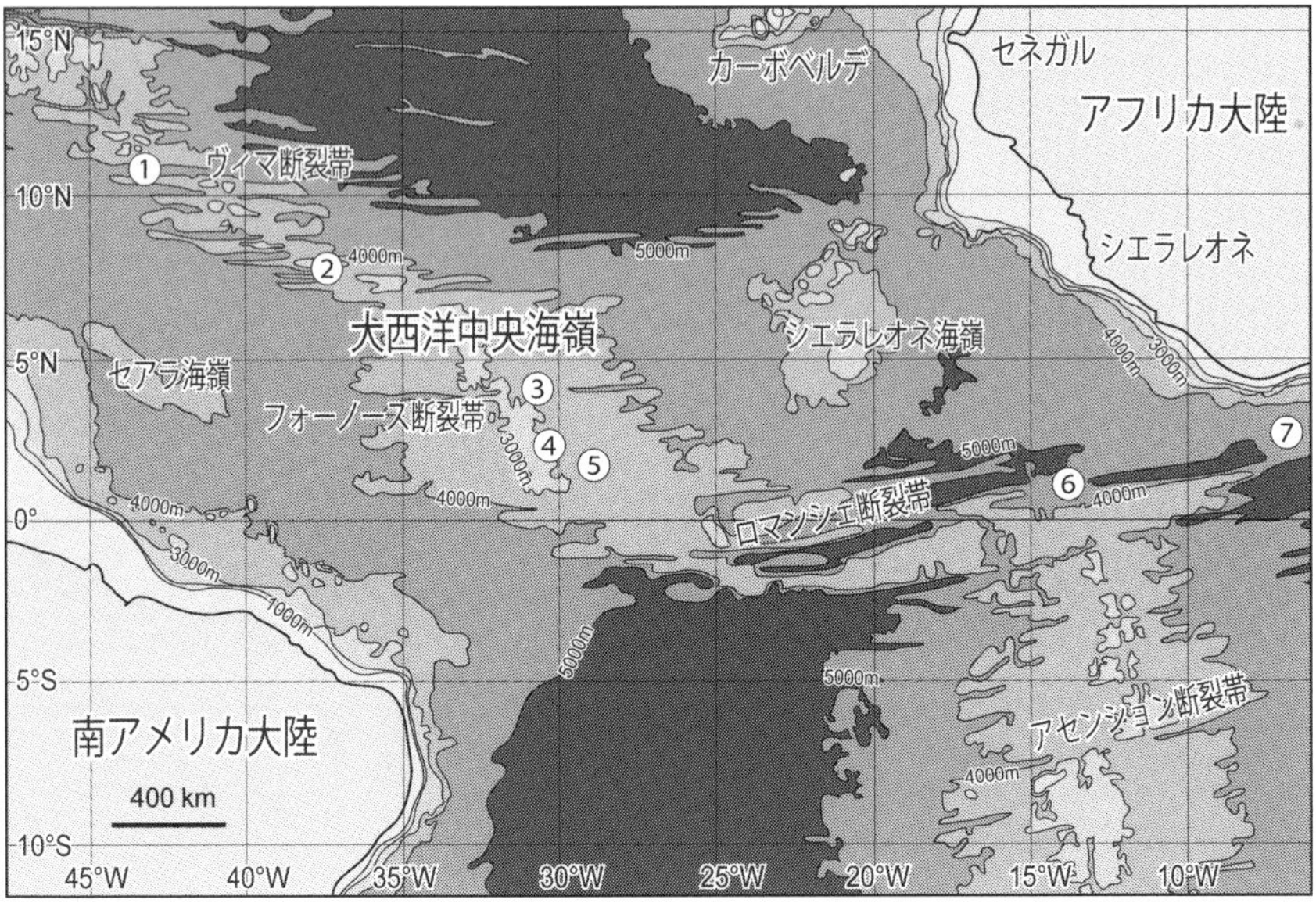
15°N
カーボベルデ
セネガル
アフリカ大陸
①
ヴィマ断裂帯
10°N
②
4000m
5000m
シエラレオネ
大西洋中央海嶺
シエラレオネ海嶺
4000m
3000m
5°N
セアラ海嶺
③
フォーノース断裂帯
④
⑤
3000m
5000m
⑦
⑥
4000m
4000m
4000m
0°
ロマンシェ断裂帯
3000m
1000m
5000m
5000m
5°S
アセンション断裂帯
南アメリカ大陸
4000m
400 km
10°S
45°W
40°W
35°W
30°W
25°W
20°W
15°W
10°W

図45　赤道大西洋中央海嶺の海底地形と大陸系岩石などの採集地点（①～⑦文献[4]を修正）。

れています。この横断海嶺を南北に横切って行われたドレッジ調査（図45－①）で、海嶺上部がさまざまな年代の地層に覆われていることがわかりました。[37] それによると、この海嶺は鉛直方向に隆起した後に、中生代のある時期に頂上にサンゴ礁ができ、その後近接する花崗岩からなる陸地から砂などの砕屑物の供給をうけ、古第三紀と中新世後半に深海～サンゴ礁の環境になり、その後に陸上風化をうけて後期鮮新世以降に急速に沈水したと考えられています。

赤道付近とそれ以南の大西洋中央海嶺

北緯八度付近を通るドルドラムス断裂帯（図45－②）では、大陸地域の最上部マントルを構成するとされるスピネル・レルゾライトという岩石と、花崗岩や花崗閃緑岩、鉄はんれい岩など大陸地殻を構成する岩石が採集され、鉄はんれい岩の年代には三〇億年前と一五億～一七億年前の二つのグループがあることがわかりました。[38]北緯四度に沿うフォーノース断裂帯またはストラコフ断裂帯（図45－③）では、中央海嶺に典型的なソーレアイト質玄武岩（アルカリ成分が少なくカルシウムと鉄に富む玄武岩）、典型でないアルカリ玄武岩や粗面安山岩、花崗閃緑岩や片麻岩、結晶片岩など大陸性の岩石がドレッジされました。[39]

フォーノース断裂帯とセントポール断裂帯の中間の北緯二度の中央海嶺中軸谷（図45－④）のドレッジで、ソーレアイト質玄武岩、はんれい岩などとともに、チャート（硬く緻密な珪質泥岩）、石灰泥岩、石灰角礫岩などが採集され、堆積岩に含まれる微化石からチャートは前期白亜紀、石灰泥岩は白亜紀～暁新世、石灰角礫岩は始新世のものであることがわかりました。[39]

大西洋中央海嶺の赤道のすぐ北にセントピーターポール岩という小さな岩礁（図45－⑤）があります。その岩礁には、ビーグル号の航海の途中、一八三一年にダーウィンが上陸し、それが火山島ではないことを発見しました。この岩礁は、セントポール断裂帯に沿う北側の隆起帯の頂部が海面上に現れたもので、かんらん岩や角閃岩などの超塩基性岩（深成岩）でできていて、その岩石は一億五五〇〇万年前に変成作用をうけています。[40]

赤道にほぼ沿うロマンシェ断裂帯（図45－⑥）は、赤道大西洋における最大の断裂帯で、中央海嶺の東西方向のずれが九〇〇キロメートルで、横断谷の最大水深は七〇〇〇メートルに達します。その西半分は鉛直隆起した地殻―マントル岩体で構成され、頂部は中新世の浅海石灰岩に覆われ、[41]東半分には層厚が四キロメートル以上ある堆積岩層が二〇〇キロメートルにわたって分布します。この堆積岩層は、不整合面と考えられる明瞭な音波探査の反射面で上部と中部・下部の二つに分けられ、上部は産出した微化石から中期暁新世～後期始新世を示し、シルト層を構成する粗粒で角ばった石英粒子は近接した花崗岩質大陸の存在を示すとされています。また、中部は白亜紀初期の遠洋性石灰岩層からなり、下部は陸源堆積岩層と考えられています。[42]

ロマンシェ断裂帯東部のより東側には音響基盤が海底に露出する隆起帯（図45－⑦）があり、ここでのドレッジとノーチラス号の潜水調査で緑色片岩化した堆積岩が多量に採集されました。[43]

南緯八度の付近の中央海嶺中軸部のすぐ西側にあるアセンション島は約一〇〇万年前のアルカリ玄武岩～粗面岩からなりますが、その火山岩には花崗岩と閃長岩の岩片が含まれます。[44] 南緯一五度付近の中央海嶺の東側、アフリカ大陸から一八四〇キロメートル離れてセントヘレナ島があります。この島は、ナポレオンが一八一五年に流刑になり、その五年後に死去したイギリス領の島で、中新世の一五〇〇万～七〇〇万年前に活動したアルカリ玄武岩質～粗面岩質の火山岩からなり、その火山岩にはモンゾニ岩（アルカリ長石と斜長石を主成分とする深成岩）や閃長岩が火山岩の中に岩片として含まれます。[45]

大西洋中央海嶺南端部のブーベ三重点に近い中軸部で、マグネシウムとニッケルを多く含む安山岩組成の火山ガラスがドレッジされ、主要元素、微量元素および同位体組成によりマグマの起源が太古累代～前期原生累代のガーネット（ざくろ石）を含むグラニュライト（白榴岩（はくりゅうがん）：黒雲母や普通角閃石など含水鉱物を含まない高温条件下でできた変成岩）であると考えられました。[46]

大西洋に沈んだ大陸

メキシコ湾—大バハマ礁地域の基盤を構成する三畳紀よりも古い大陸地殻は、後期三畳紀から初期ジュラ紀にブロック状に高まった地塁と、それにより低くなった地溝を形成しました。ここでは後期ジュラ紀の岩塩層が海面下約一〇～一二キロメートルにあると推定されていて、ジュラ紀末期の海面の位置がそこにあり、ジュラ紀以降に海面が上昇したために沈水したと思われます。前期白亜紀のとくにアルビアン期に、その地域には大規模にサンゴ礁が発達し、その後に隆起したところにサンゴ礁がさらに発達して現在の半島や島々が形成され、隆起量の少なかったところは沈水してメキシコ湾やフロリダ海峡などの深い海底となりました。

アメリカ東岸沖の大陸斜面は、その南のメキシコ湾―大バハマ礁地域と同様に前期白亜紀にサンゴ礁が発達し、沖合の緩やかな傾斜をもつコンチネンタルライズは後期中新世には広い陸地で、後期更新世に沈水しました。しかし、その北部は前期始新世からすでに海底であり、その後に徐々に深くなりました。

その東側のグリーンランド縁辺東部からアイスランドー―ノルウェー大陸縁辺を含む北部大西洋地域は、大陸基盤の上にジュラ紀と白亜紀の堆積層があり、隆起部では暁新世に地塊化して陸側が隆起して陸上が平坦化され、その後に北部大西洋のほぼ全域で玄武岩の火山活動があり、その後に陸域が侵食されて前期始新世に陸地の海側が傾斜して海底になり、徐々に海底は深くなっていきました。また、沈水した海盆ではジュラ紀以降の地層が堆積しつづけて、厚さが七～一三キロメートルになり、メキシコ湾地域を含む北アメリカ大陸西岸と同じように大陸基盤が一〇キロメートル以上も沈降したとされています。

すなわち、北部大西洋の基盤構造は、北大西洋を東西に横断している「アイスランディア」と呼ばれる大陸地殻からなり、ほぼその全域が暁新世または前期始新世まで広く陸域だった可能性があります。そして、その陸地はローラシア大陸（中生代から新生代初めに北大西洋にあった大陸）の北アメリカ大陸とユーラシア大陸をつなぐ陸橋の部分だったと考えられます。北部大西洋地域は、プレート・テクトニクス説ではアイスランドを海底拡大の中軸として、そこから東西両側に海底が開いて大西洋ができたところとされています。しかし、アイスランドも含めて北大西洋の隆起帯の基盤は、ロッコール盆地の花崗岩質岩石や、イギリスの西のゴーバンスパーの中期デボン紀～石炭紀のバリスカン造山帯の岩石のような大陸地殻で構成されている可能性があります。

イギリスの西側からスペイン西岸、さらにアフリカ大陸西岸の大陸縁辺深海底には、バリスカン造山帯の岩石からなる基盤岩やジュラ紀以前の地層、花崗岩など深成岩が分布していて、それらはそこが東側から連続する大陸だったことを示しています。そして、ビスケー湾の南側では、大陸縁辺は前期白亜紀にサンゴ礁や岩塩層、閉鎖環境で堆積した泥層が堆積する浅い海になり、後期白亜紀以降に遠洋性の環境となり、暁新世にはさらに深くなったと考えられています。また、アフリカ大陸沖のワルビス海嶺では暁新世～中期始新世の間にサンゴ礁があり、前期漸新世と中新世の間に陸上侵食があり、そこが陸域だったと考えられます。

南アメリカ大陸の大西洋岸は、前期白亜紀にはアフリカ大陸の大陸縁辺と同じように浅い海底であり、後期白亜紀以降に遠洋性環境となりました。また、ブラジル沖のリオグランデ海膨とアルゼンチン沖のフォークランド海台は、原生累代の基盤岩や花崗岩、変成岩からなり、これらの隆起帯は古第三紀の初めに陸地であり、侵食されていたと考えられています。とくに、リオグランデ海膨は暁新世に沈水し、始新世に火成活動にともない隆起して、頂部が陸上侵食により平坦化されて、その後にまた沈水しました。フォークランド海台の南側の海域は、中期始新世ごろから急激に寒冷化しました。

地中海、とくに東地中海はジュラ紀初期から沈降したと考えられ、その膨大な堆積層の厚さは一六キロメートルにもおよぶとされています。[47] 地中海の深海掘削で注目されるのは、六〇〇万年前の中新世末期のメッシニアン期に地中海の現在の深海盆が干上がり、盆地の底に岩塩層が沈殿したことで、鮮新世の初めになって地中海のすべての海盆が深くなり、鮮新世から第四紀にかけてさらに深くなりました。メッシニアン期の地中海は、現在の水深三〇〇〇メートルまでの海底が陸上であったと考えられます。

大西洋中央海嶺には古期岩類と大陸性の岩石が多く見られ、大西洋中央海嶺の土台（基盤）はもともと大陸だった可能性があります。また、ヴィマ横断海嶺や赤道付近の海嶺上には中生代と新生代のある時期に広い陸地が存在した可能性があります。

三　インド洋の沈んだ大陸

インド洋は、西側をアフリカ大陸東岸に、北側をユーラシア大陸のアラビア半島やインド半島の南岸からインドネシアの島々、東側をオーストラリア大陸西岸と南岸、南側を南極大陸に囲まれた大洋です。インド洋の海底には、中央に南北方向に高まる中央インド洋海嶺があり、その南端から南西方向に南西インド洋海嶺と南東方向に南東インド洋海嶺の二つの海嶺が枝分かれしています。そのため、インド洋の海底は、それらの海嶺を境界線として大きく西インド洋、東インド洋、南インド洋の三つの海底に分けることができます。

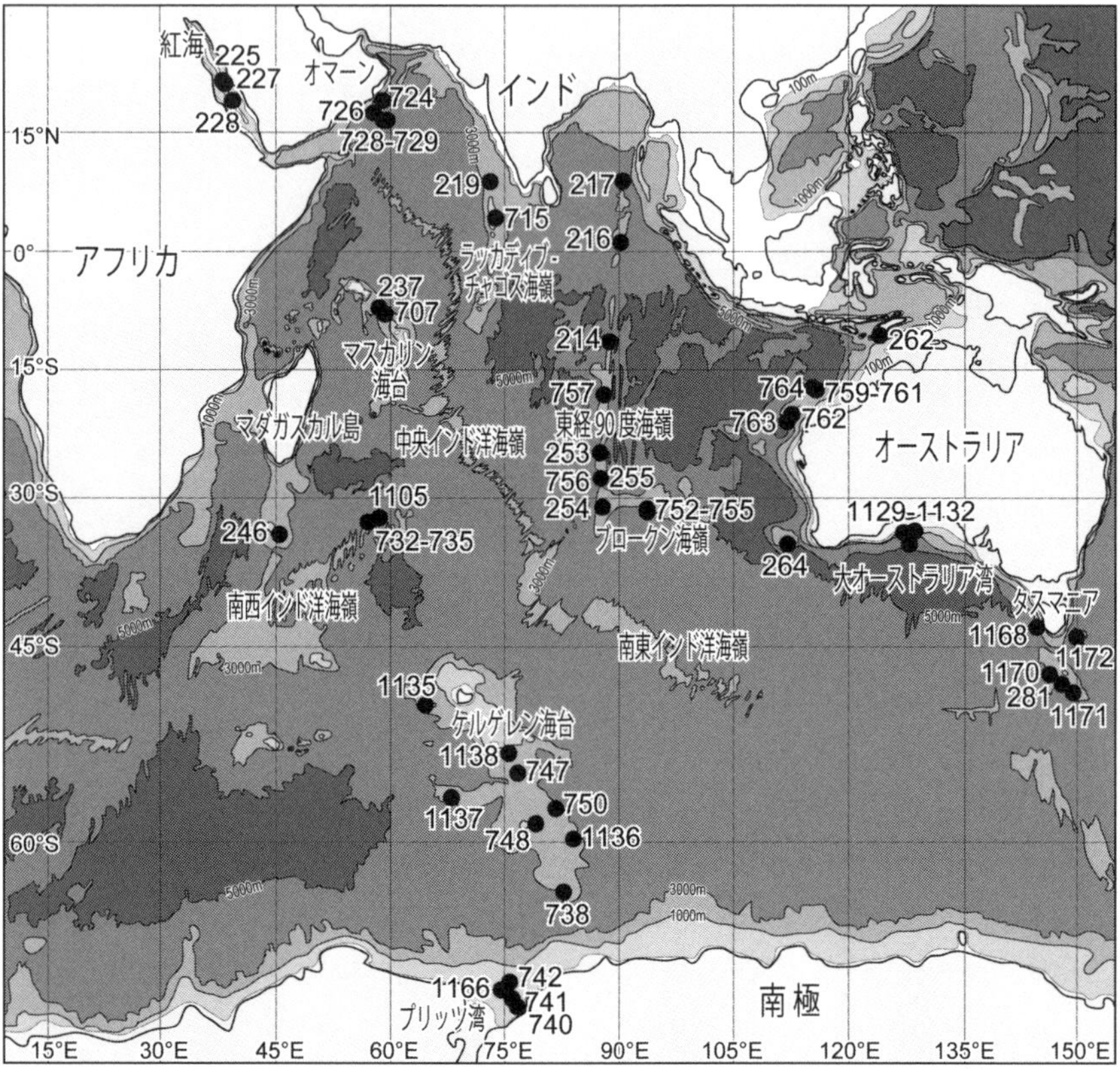

紅海
225
227
228
オマーン
724
726
728-729
インド
15°N
219
217
715
216
0°
アフリカ
ラッカディブ・
チャゴス海嶺
237
707
214
262
マスカリン
海台
15°S
757
764
759-761
763
762
東経90度海嶺
マダガスカル島
中央インド洋海嶺
オーストラリア
253
756
255
254
752-755
30°S
1105
1129-1132
246
732-735
ブロークン海嶺
264
大オーストラリア湾
南西インド洋海嶺
タスマニア
1168
1172
45°S
南東インド洋海嶺
1170
281
1171
1135
ケルゲレン海台
1138
747
750
1137
748
1136
60°S
738
742
1166
741
プリッツ湾
740
南極
15°E
30°E
45°E
60°E
75°E
90°E
105°E
120°E
135°E
150°E
100m
1000m
3000m
5000m

図46　インド洋の海底と、●は浅海または陸上を示す岩石が深海掘削で発見された地点[2]。

西インド洋には、アフリカ大陸東岸沖にマダガスカル島があり、その東側にはセイシェル島やモーリシャス島などが上にのるマスカリン海台があります。南インド洋には、南極大陸の北側に大規模なケルゲレン海台があります。東インド洋には、インドの西側にラッカディブ—モルディブ—チャゴス海嶺と、その東側には東経九〇度海嶺がどちらも南北にのびてあり、東経九〇度海嶺の南端には東にのびるブロークン海嶺があります。

インド洋の海底地形と、深海掘削で陸上または浅い海で形成された岩石が発見された掘削地点を図46に示します。

紅海とオマーン大陸縁辺

紅海は、アフリカ大陸東北部とアラビア半島に挟まれた湾で、長さ二二五〇キロメートルで幅が最大三五五キロメートル、もっとも深い海底の水深が二二一一メートルあります。海水は流入河川がないことと強い蒸発作用から、塩分濃度が高いという特徴があります。

深海掘削では、紅海北部のアトラスII深淵の地点225と227、228から、海面下一四〇〇〜二〇〇〇メートルで後期中新世の蒸発岩が発見され、その上面が紅海の震探反射面Sに対応します。紅海の後期中新世の蒸発岩は、地中海のメッシニアン期蒸発岩とほぼ同じで、おそらくそれと連続したものだと考えられます。すなわち、紅海は地中海と同じように今から五〇〇万年前から海に沈んだところになります。

オマーン大陸縁辺の地点724と726、728、729では、海面下四七一〜一四三一メートルに大型有孔虫（海に棲む石灰質殻をもつ微小な単細胞原生生物）化石のヌンムリテス（貨幣石）を含む始新世のサンゴ礁石灰岩があり、海面下八五〇〜一六〇〇メートルに前期鮮新世の粘土質シルトに浅海性底生有孔虫化石が含まれ、三〇〇万年前の後期鮮新世からその地域が海に沈んだと考えられます。

コモロ諸島とモザンビーク海峡

アフリカ大陸とマダガスカル島の間のモザンビーク海峡の北側にあるコモロ諸島は、西北西―東南東に

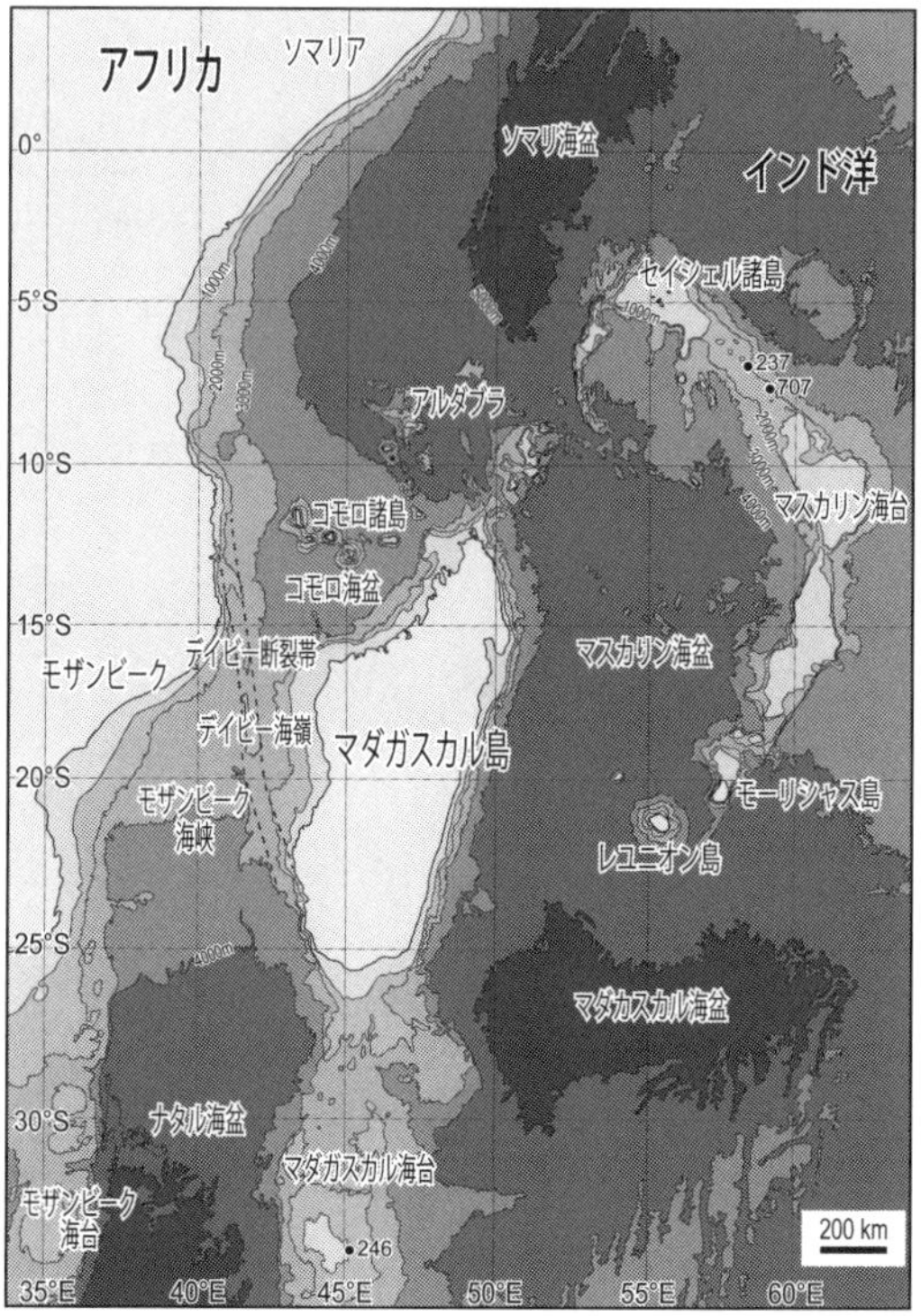

アフリカ
ソマリア
ソマリ海盆
インド洋
0°
5°S
10°S
15°S
20°S
25°S
30°S
セイシェル諸島
237
707
アルダブラ
コモロ諸島
コモロ海盆
マスカリン海台
デイビー断裂帯
モザンビーク
マスカリン海盆
デイビー海嶺
マダガスカル島
モーリシャス島
モザンビーク海峡
レユニオン島
マダガスカル海盆
ナタル海盆
マダガスカル海台
モザンビーク海台
246
200 km
35°E
40°E
45°E
50°E
55°E
60°E

図47　マダガスカル島周辺の海底。破線はデイビー断裂帯。・に番号は深海掘削の地点。

のびる全長三〇〇キロメートルの火山列島で、中新世～第四紀のアルカリ玄武岩類からなります。この諸島の二つの島で多量のオーソコーツアイト（石英の砂粒子だけからなる砂岩）や花崗岩、モンゾニ岩、片麻岩などの岩片が火山岩の中に含まれています。[48]

幅が四〇〇～九〇〇キロメートルあるモザンビーク海峡のほぼ中央部に、北北西―南南東方向に斜めに横切る幅五〇キロメートルのデイビー海嶺（図47）があります。この海嶺は、これに沿ってあるデイビー断裂帯による構造運動をうけて、西側に傾く傾動地塊になっています。この海嶺北部では、片麻岩やアルコース砂岩、泥質片岩がドレッジで採集されています。[49] また、このデイビー海嶺の頂部は、中期始新世から中新世初期にかけて陸上侵食をうけていて、その期間にこの海嶺が陸橋の役割を果たした可能性があります。[50] なお、デイビー海嶺とマダガスカル島の間のジャンデノーバ島では花崗岩が露出しています。[48]

モザンビーク海台とアグラス海台

モザンビーク海峡の西側のアフリカ大陸の南側には、水深が一五〇〇～三〇〇〇メートルの隆起帯があり、これはモザンビーク海台と呼ばれます。この海台の中央部の急崖からはモザンビークやマダガスカル島に特徴的に分布する一〇億年前の片麻岩と、ガーネットやケイ線石を含む結晶片岩、花崗岩などがドレッジで採集されています。[51]モザンビーク海台は、前期白亜紀に陸上または浅海で噴火した玄武岩類に覆われて、海面上昇にともない貧酸素環境で泥層が堆積した後に、後期白亜紀に海底が深くなったとされています。[52]

南アフリカ大陸南端の南西にあるアグラス海台は、水深二五〇〇～三〇〇〇メートルの平らな頂部をもつ隆起地塊で、地殻の厚さも平均二〇キロメートルと厚く、大陸性の地殻とされています。[53]海台の縁辺部のドレッジで結晶片岩や片麻岩、グラニュライト、砂岩、流紋岩、チャート、玄武岩などが採集され、片麻岩の年代は一〇億七四〇〇万年前と四億七八〇〇万年前とされています。[54]音波探査で海台の頂部に見られる陸上で侵食された平坦面は、後期ジュラ紀に形成され、前期白亜紀にあった玄武岩の火山活動後に沈水したと考えられています。

マスカリン海台とマダガスカル海台

マダガスカル島の北東には、狭長で弯曲したマスカリン海台があります（図47）。その北端にあるセイシェル諸島がのるセイシェル堆は大陸型地殻構造をもち、モホ面深度（地殻の厚さ）が三三キロメートルに達します。[55]セイシェル諸島はサンゴ礁の一〇〇あまりの島々からなり、そのうち二五の島に花崗岩類

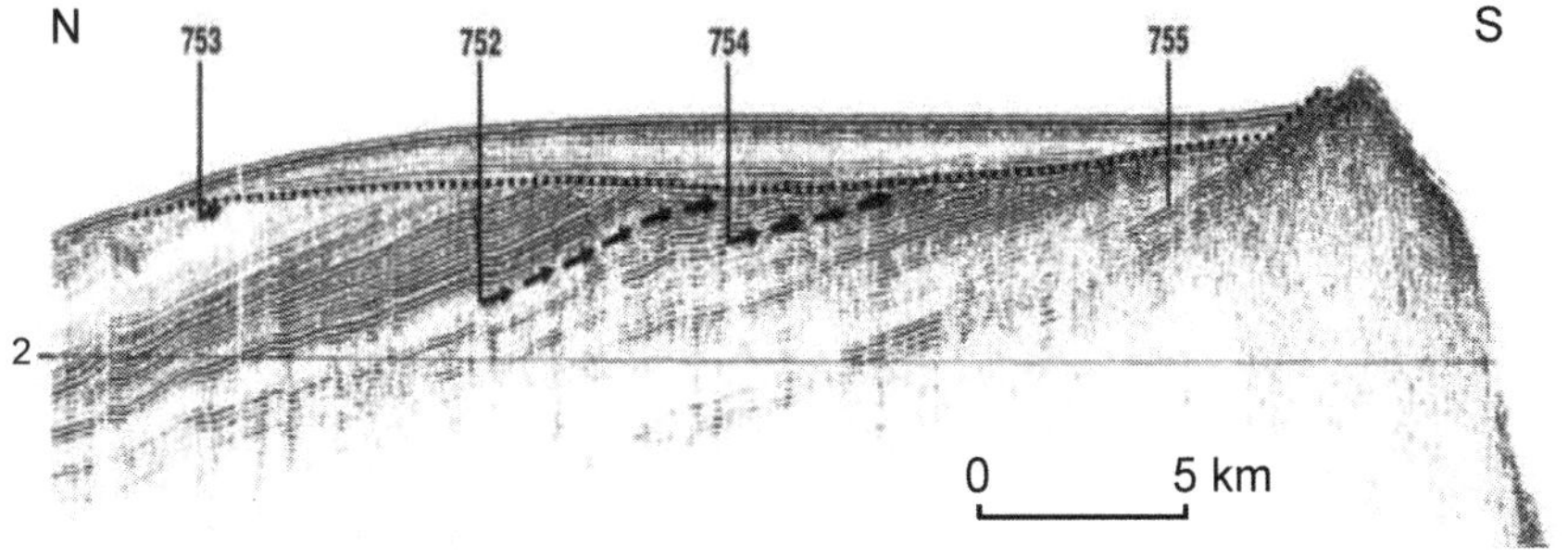
N
753
752
754
755
S
2
0
5 km

図48　ブロークン海嶺頂部の南北の音波探査断面[59]。点線が中期始新世の石灰質軟泥と後期白亜紀のチョークとの水平な波食不整合面で、番号と垂直線は深海掘削地点。

が露出しています。[56] それらの花崗岩類の年代は約七億五〇〇〇万年前（原生累代）とされ、白亜紀と暁新世の境界付近（七二〇〇万～六二〇〇万年前）に粗粒玄武岩～はんれい岩の岩脈の活動があったとされ、それらの同位体データは大陸性地殻物質の顕著な混入があったとされています。[57]

マスカリン海台の地点237と707、およびマダガスカル海台の地点246では、海面下一一五五～二三七七メートルに浅海で堆積した前期暁新世～中期始新世の浅海性石灰質泥岩とサンゴ礁石灰岩があります。マスカリン海台には、セイシェル諸島のように花崗岩が露出している島もあることから、最近ではマイクロコンチネント（微小大陸）の一つとされ、沈んだ大陸「モーリシア」と呼ばれています。[58]

モルディブ海嶺と東経九〇度海嶺

東インド洋のラッカディブ—モルディブ—チャゴス海嶺のモルディブ海嶺の地点715では、海面下二三七七メートルに前期始新世のサンゴ礁石灰岩があり、その下一〇七メートルに陸上噴出したかんらん石玄武岩溶岩があります。その北側の地点219では、後期暁新世の石灰岩や砂岩があり、始新世から沈水が始まりました。

東経九〇度海嶺の東部側面の地点217では、海面下三六二〇メートルに後期白亜紀の後期カンパニアン期の貝化石を含む浅海性の石灰岩があり、海面下二七〇四メートルに後期マーストリヒチアン期の浅海性のチョークがあります。また、東経九〇度海嶺頂部の地点214とその南端にあるブロークン海嶺頂部の地点253では、海面下一五〇〇～二七〇〇メートルに後期暁新世の陸上火山の溶岩があります。

ブロークン海嶺頂部の地点752～755では、海面下約一二〇〇メートルに後期白亜紀のチョークと中期～後期始新世の石灰質軟泥との間にほぼ水平な波食不整合面があり（図48）、ブロークン海嶺頂部が前期始新世まで陸上で波食されていて、中期始新世から沈水して遠洋の環境になったと考えられます。なお、ブロークン海嶺南斜面の東端部でドレッジされた玄武岩の同位体と微量元素の特徴から大陸性物質が混入していることが示されています。[60]

ケルゲレン海台

ケルゲレン海台は、南インド洋のほぼ中央に北西―南東方向にのびる巨大な海台で、平滑な海台頂面は北西部で一〇〇〇メートルより浅く、南東方へ水深二〇〇〇メートルまで深くなります。ケルゲレン海台の北東部にあるケルゲレン諸島は、四五〇〇万年前の始新世から現在まで玄武岩質火山活動が継続している島々からなります。ケルゲレン諸島の火山岩を貫くアルカリ玄武岩の岩脈にはかんらん岩の岩片が含まれ、その年代が一三億六〇〇〇万～五億八〇〇〇万年前（原生累代）であり、またその同位体組成の特徴などから、この諸島の下には古期大陸性の基盤岩が伏在していると考えられています。[61] なお、ケルゲレン海台の中央北側のハード島の粗面岩の同位体の特徴からも大陸性物質が含まれていることが推定されています。

ケルゲレン海台南部の深海掘削地点748では、海面下一六七九メートルに白亜紀の後期アルビアン期～チューロニアン期のサンゴ礁性石灰岩があり、その下位に陸上噴出した玄武岩溶岩があります。また、ケルゲレン海台北部の地点1139では、海面下一八〇〇～二七〇〇メートルに始新世かそれより古い陸上、または浅海で噴火した玄武岩溶岩と流紋岩の火山岩の堆積層があります。ケルゲレン海台の中部から西側にのびるエラン堆の地点1137では、海面下一二〇四メートルに後期白亜紀（カンパニアン期）の浅海性石灰岩があり、その下位には陸上噴出した玄武岩溶岩があります。この玄武岩層には河川で堆積した礫岩層が挟まれていて、その礫にはアルカリ玄武岩や粗面岩、花崗岩、片麻岩などがあり、片麻岩の年代は二四億五七〇〇万～五億三三〇〇万年前の範囲を示すとされています。[62] また、ケルゲレン海台の中央部の北東縁辺の断層崖の急斜面からは、そこに露出する片麻岩または花崗岩がドレッジで採集され、その年代の範囲は一〇億～五億年前とされています。[63][64]

これらのことから、最近ではケルゲレン海台全体がマイクロコンチネントとされ、白亜紀から新生代の始新世ごろまで、その頂部が広く陸上だったと考えられています。

オーストラリア大陸西岸

オーストラリア大陸西岸沖のウォンバット海台南東麓の地点760では、海面下二〇五四～二七四八メートルに後期三畳紀の沼地からラグーンを含むサンゴ礁複合体があり、その上に白亜紀の浅海での海進期堆積相があり、古第三紀から沈水しました（図49）。また、ウォンバット海台の地点761の海面下二

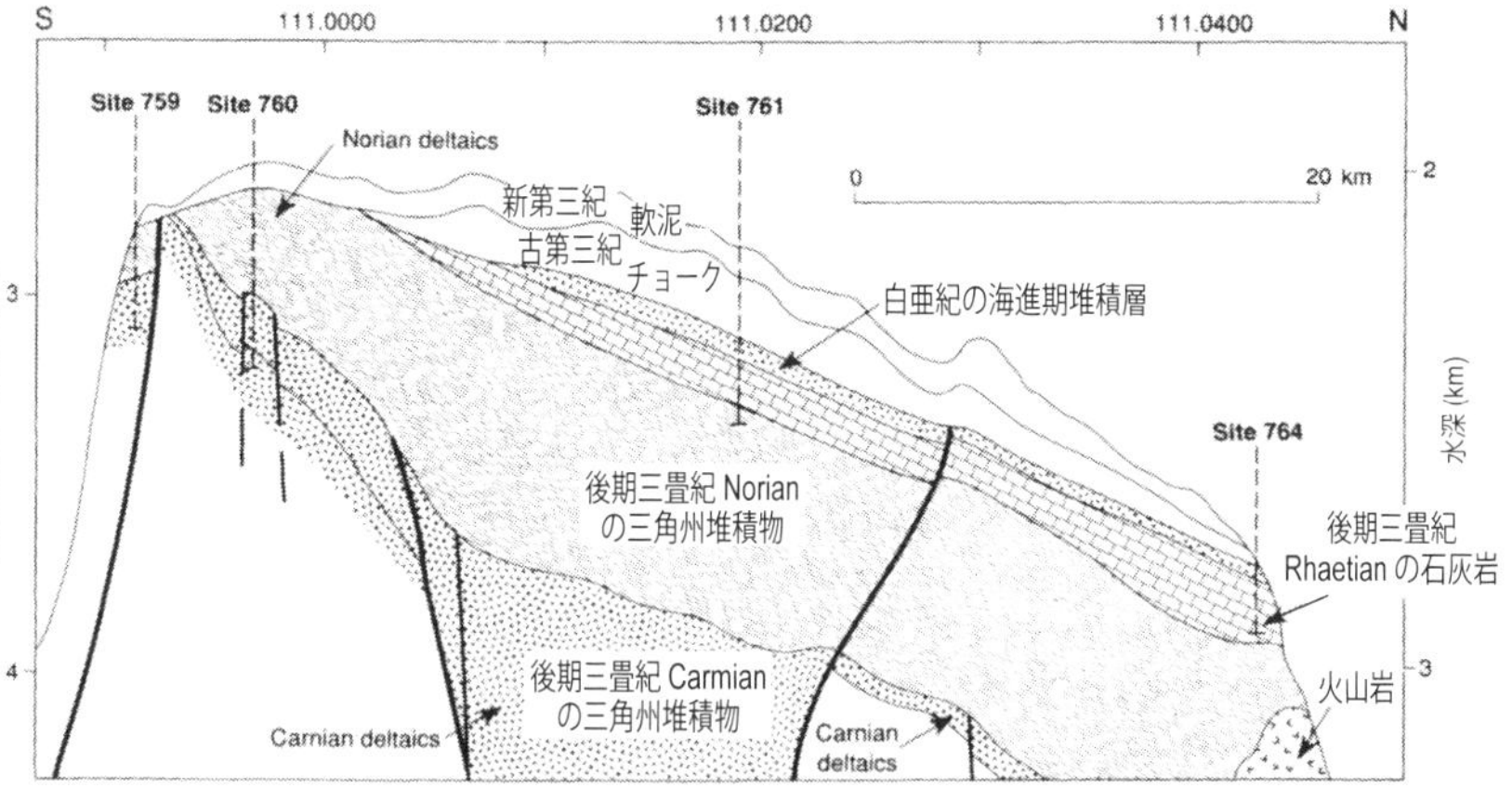
S
111.0000
111.0200
111.0400
N
Site 759
Site 760
Site 761
Site 764
Norian deltaics
0
20 km
新第三紀
軟泥
古第三紀
チョーク
白亜紀の海進期堆積層
音波の往復する時間（秒）
水深 (km)
後期三畳紀 Norian
の三角州堆積物
後期三畳紀
Rhaetian の石灰岩
火山岩
後期三畳紀 Carmian
の三角州堆積物
Carnian deltaics
Carnian
deltaics

図49　オーストラリア大陸西岸のウォンバット海台の南北方向の地質断面[65]。三畳紀の基盤の上を白亜紀の海進層が覆い、古第三紀以降に深海化しました。番号と垂直点線は深海掘削地点と掘削深度を示します。左縦のスケールは音波の往復時間（秒）を示し、4秒では水深約3000mになります。

二〇八メートルには前期白亜紀のベリアシアン期～前期バランギニアン期の水深二〇〇～五〇〇メートルに堆積した粘土岩があり、[65] エックスマウス海台の中央部の地点７６２と７６３では海面下一九三八～二二〇九メートルに前期バランギニアン期～バレミアン期に外側陸棚に堆積したシルト岩があります。

また、オーストラリア南西端のナチュラリスト海台の南西端の急崖でのドレッジで片麻岩やはんれい岩、閃緑岩、玄武岩などが多量に採集され、それらの岩石の年代が一二億三〇〇〇万～一一億九〇〇〇万年前を示しました。[66][67] 深海掘削の地点２６４では、後期白亜紀のセノマニアン期よりも古い時代に噴出した火山岩の礫岩の上に、セノマニアン期～サントニアン期のチョークが不整合で重なっています。すなわち、オーストラリア大陸西岸地域は、後期三畳紀に陸域または浅海で、前期白亜紀まで浅海が継続していて、後期白亜紀または古第三紀に深海化したと考えられます。

また、オーストラリア大陸北西縁のティモールトラフの地点262では、海面下二七二五メートルに鮮新世の非常に浅い海底で堆積した貝殻石灰質砂岩があり、その上に後期鮮新世および第四紀の浅海性の有孔虫泥岩と軟泥が重なります。すなわち、この地域は今から四〇〇万年前ごろの前期鮮新世まで浅い海で、その後から徐々に深くなっていったと思われます。

オーストラリア大陸南岸とタスマニア海膨

オーストラリア大陸の南岸には大オーストラリア湾があります。そこで行われた深海掘削の地点1130と1132では、海面下七三六〜八五八メートルから中期〜後期始新世の浅海性石灰岩または石灰質砂岩が発見されています。大オーストラリア湾西部の地点1129と1131、1132では、海面下二〇二〜八六五メートルに更新世の褐虫藻のマウンド群による冷水域のサンゴ礁（コケムシ―藻類相）堆積物が広範囲に発達しています。また、海面下七五九〜八六五メートルには鮮新世と中新世の地層の間に大きな時間の不連続（時間間隙）、または不整合があります。すなわち、大オーストラリア湾西部の大陸斜面は鮮新世以前には陸域で、更新世以後は約一〇〇〇メートルの海面上昇にともなって冷水域のコケムシ礁が発達したと考えられます。

オーストラリア南東部のタスマン海膨南部の地点281では、海面下一七五一メートルに石英黒雲母片岩からなる基盤岩があり、それらは東オーストラリアのバリスカン造山帯の南方延長と考えられていて、[68]タスマン海膨南部がかつての大陸だったと考えられます。

タスマニア島の西側の地点1168と南タスマン海膨西側の地点1770では、海面下二四九一〜三三二五メートルに後期始新世の浅海から汽水の低酸素環境に堆積した泥質粘土岩があります。この始新世堆積物は、その北西や南の地点２８０と２８２の堆積物と同じように、東部オーストラリア大陸から南極大陸縁辺に広く分布し、後期始新世の貧酸素環境で堆積したものです。これらの大陸縁辺は、後期始新世まで閉鎖的な海域だったと考えられ、今から三〇〇〇万年前の漸新世から二〇〇〇万年前の中新世にかけて、徐々に水深二〇〇〜一〇〇〇メートル以上の酸素の豊富な外洋の環境に変化したと考えられます。

南極大陸縁辺

南極大陸東部のプリッツ湾の地点７４０では、海面下八六四メートルにペルム紀と思われる河川性の赤色砂岩層があります。プリッツ湾の地点７４１では海面下五七五メートルに前期白亜紀アルビアン期の河川または海岸平野で堆積した炭化した植物片や礫層を挟む砂岩があり、地点７４２の海面下七五一メートルに潟湖環境下で堆積した後期白亜紀のチューロニアン期の炭質粘土があります。また、地点７４２の海面下七二〇メートル以下には、前期始新世〜漸新世の非海成の粘土岩と砂岩が、地点１１６６の海面下六三一メートルには始新世の扇状地で堆積した粗粒砂岩があり、今から三〇〇〇万年前の漸新世までプリッツ湾は陸域だったと考えられます。

西南極大陸のウェッデル海の地点６９３（図36）では、海面下二七六八メートルに水深五〇〇メートル付近で堆積した前期白亜紀の中期アルビアン期の粘土質泥岩があります。なお、南極海のスコチア弧南西端の地点６９６（図36）では、海面下一二五六メートルに前期暁新世〜始新世の内側陸棚環境で堆積した砂質泥岩があります。

これら南極大陸縁辺の掘削地点の多くでは、古第三紀の漸新世まで陸域または閉鎖的な浅海であり、その後の新第三紀の中新世以降に深海化または開けた海になったと考えられます。

インド洋に沈んだ大陸

インド洋で発見された沈んだ大陸の証拠は、オーストラリア大陸西岸の大陸縁辺が三畳紀～前期白亜紀まで広域に陸域または浅海であり、その後に海底に深く沈んだことがあげられます。また、オーストラリア大陸南西部からタスマン海膨南部にかけての隆起部は、東オーストラリアのバリスカン造山帯の南方延長にあたり、後期始新世にはその地域を含むオーストラリア東部から南極大陸縁辺にかけての広い地域が貧酸素環境の閉鎖的な浅海となり、それが漸新世の過渡期を経て中新世からは水深二〇〇～一〇〇〇メートル以上の酸素の豊富な外洋の環境に変化しました。このオーストラリア大陸東部から南極大陸縁辺にかけての閉鎖的な海域の存在は、その時期に南極大陸とオーストラリア大陸をつなぐ半島または隆起帯の存在を暗示しています。

また、南極大陸のインド洋南部にあたるプリッツ湾では、古生代のペルム紀から新生代の漸新世まで陸域の環境があり、大西洋南部にあたるウェッデル海では前期白亜紀の粘土質泥岩があり、南極半島北端では前期暁新世～始新世に内側陸棚環境だったことが知られています。すなわち、南極大陸縁辺では漸新世まで陸域または閉鎖的な浅海で、新第三紀の中新世以降に深海化または公海化したと思われます。

インド洋ではそれ以外に、いくつかの大陸基盤をもつと考えられる海台があります。一つは、花崗岩が露出しているセイシェル諸島を含むマスカリン海台で、これらは陸上噴出の火山岩の存在から前期始新世以前に陸上（モーリシア）だったと考えられています。また、東経九〇度海嶺やラッカディブ－モルディブーチャゴス海嶺、ブロークン海嶺、ケルゲレン海台などの海嶺や海台の頂部は、始新世ごろまで陸上だったと考えられます。その中でもとくにケルゲレン海台は、広大なマイクロコンチネントとして存在していました。

四　太平洋の沈んだ大陸

太平洋は、ユーラシア大陸と南北アメリカ大陸、オーストラリア大陸、南極大陸に囲まれた世界最大の海洋で、その面積は世界の海の総面積の四六パーセントを占めます。そしてそれは、地球表面のおよそ三分の一にあたり、地球のすべての陸地の面積を足したよりも広いものになります。

太平洋の東側の縁は直線的な大陸縁辺からなりますが、それに対して西側の縁は、大陸の前面にある日本列島のような島弧とその背後にある日本海のような縁海からなり、複雑な地形をしています。

太平洋の海底には、南東部に北東―南西方向に高まりが連なる東太平洋海膨があり、これを境にその東の海盆を南東太平洋海盆、その西側の海盆を南西太平洋海盆と呼びます。太平洋の東半分の海底は比較的変化の少ない平坦な大洋底が広がっていますが、西側の海底は起伏が多く変化に富んだ地形をしています。

北西太平洋にはシャツキー海膨やヘス海膨、南西太平洋にはオントジュワ海台、マニヒキ海台などの大規模な海膨や海台があり、火山列島やサンゴ礁の島をともなう直線的、または弧状の海嶺や隆起帯が数多くあります。その代表的なものとして、北太平洋の中央部にあるハワイ列島とその北側に連なる天皇海山

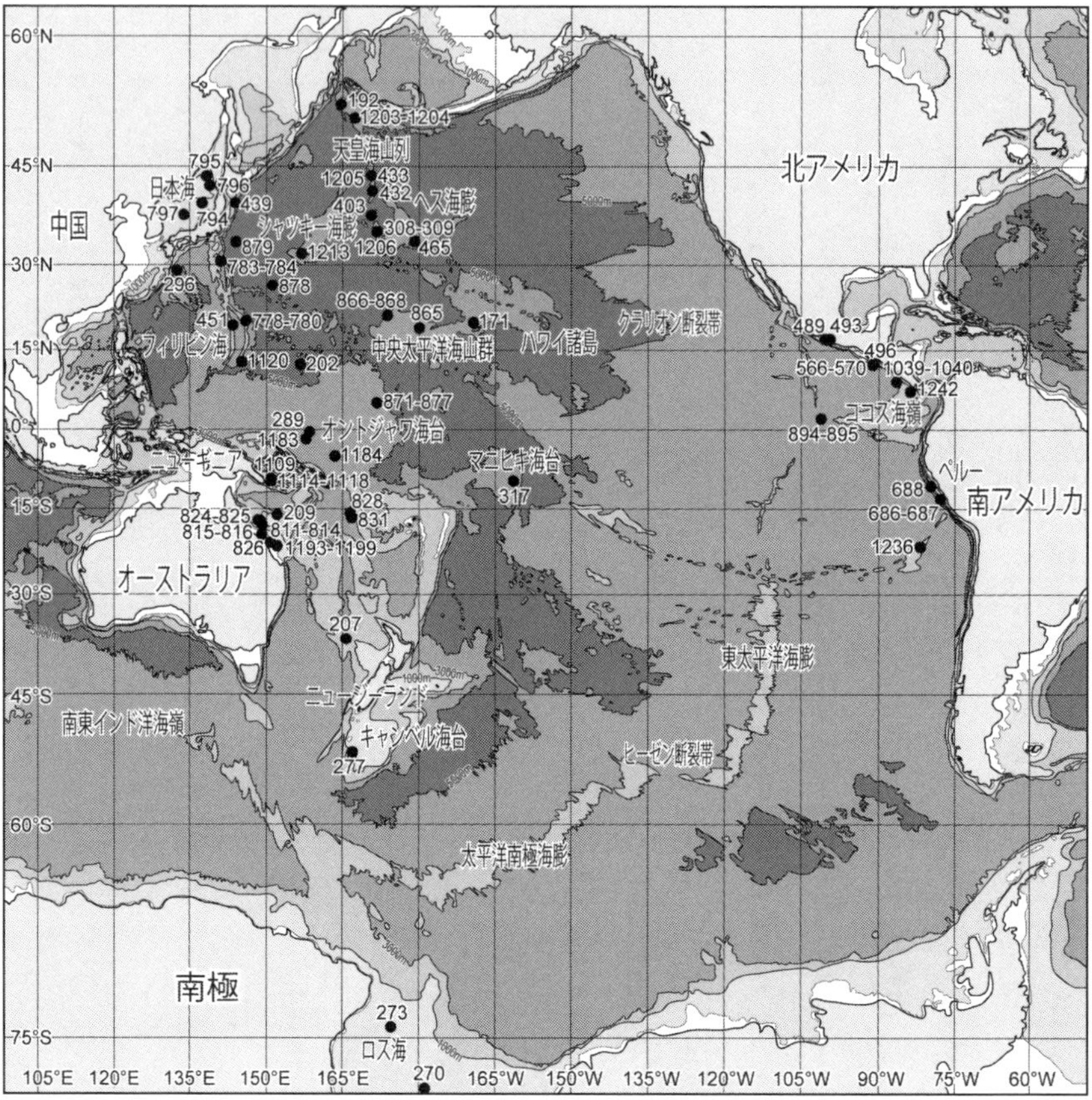
60°N
45°N
30°N
15°N
0°
15°S
30°S
45°S
60°S
75°S
105°E
120°E
135°E
150°E
165°E
165°W
150°W
135°W
120°W
105°W
90°W
75°W
60°W
192
1203-1204
天皇海山列
北アメリカ
795
796
日本海
797
794
中国
439
1205
433
432
ヘス海膨
403
シャツキー海膨
308-309
879
1213
1206
465
783-784
296
878
866-868
865
171
451
778-780
クラリオン断裂帯
489
493
フィリピン海
中央太平洋海山群
ハワイ諸島
1120
202
496
566-570
1039-1040
1242
871-877
289
オントンジャワ海台
ココス海嶺
894-895
1183
1184
ニューギニア
1109
1114-1118
マニヒキ海台
317
ペルー
688
南アメリカ
828
209
831
824-825
811-814
815-816
686-687
826
1193-1199
1236
オーストラリア
207
東太平洋海膨
ニュージーランド
南東インド洋海嶺
キャンベル海台
ヒーゼン断裂帯
277
太平洋南極海膨
南極
273
ロス海
270

図50　太平洋の海底と、●は浅海または陸上を示す岩石が深海掘削で発見された地点[2]。

列や、北西部にある伊豆―小笠原海嶺とその南側にのびるマリアナ海嶺などがあります。また、西部赤道海域付近には、多数の火山島とサンゴ礁があり、海面下にも中部太平洋海山群のように多数のギヨー（平頂海山）を含む海山が密集する海底もあります。

太平洋の海底地形と、深海掘削で陸上または浅い海で形成された岩石が発見された掘削地点を図50に示します。

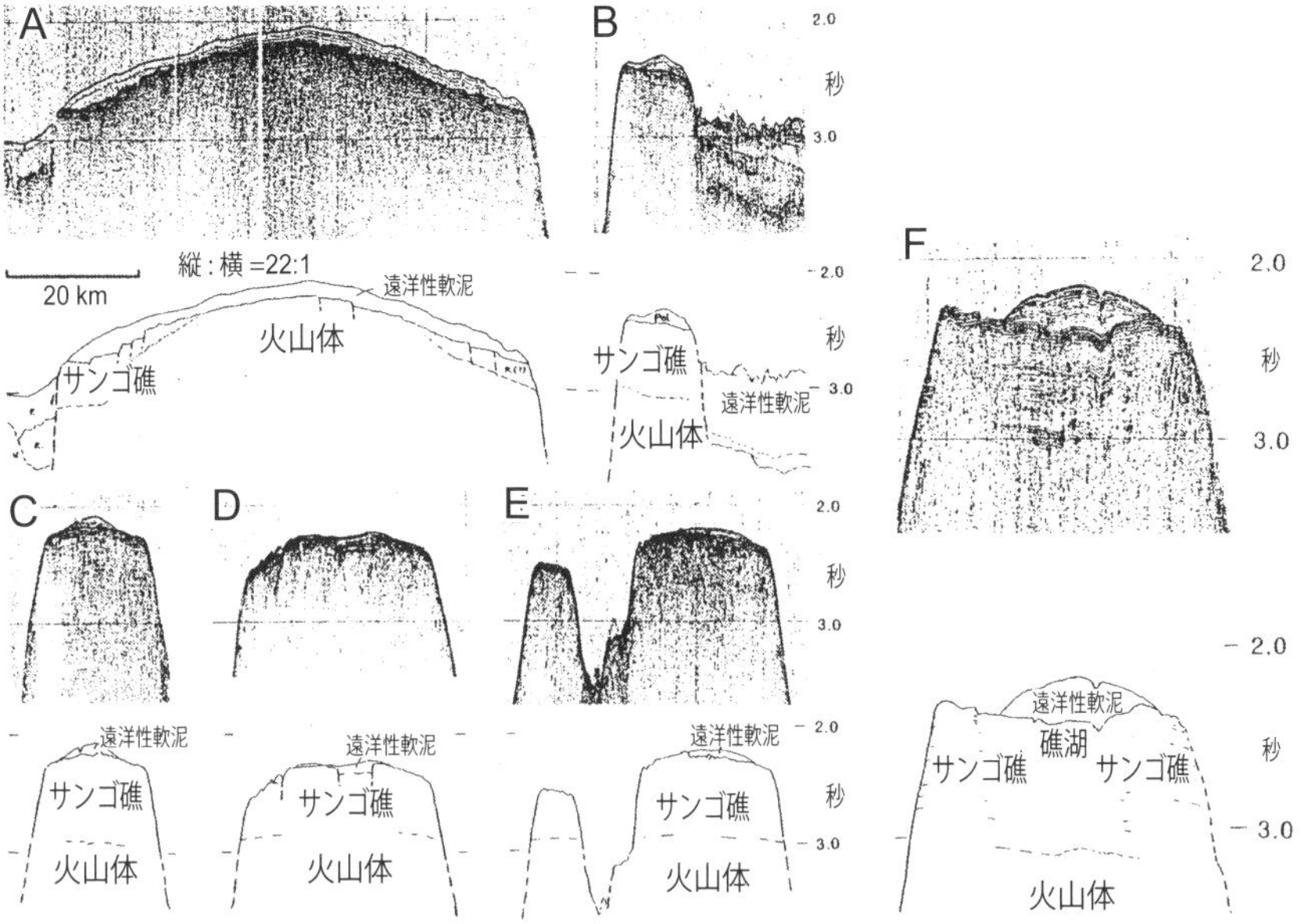
A
B
C
D
E
F
2.0
秒
3.0
縦：横 =22:1
20 km
遠洋性軟泥
火山体
サンゴ礁
礁湖

図51　太平洋中央海山群のギヨーの震探断面[69]。ギヨーのサンゴ礁石灰岩の厚さはどれも約1000mあります。A：ホライズンギヨー、B：レナードギヨー、C：シェパードギヨー、D：ジャクリーンギヨー、E：ステッドソンギヨー、F：アリソンギヨー

中部太平洋海山群

太平洋のギヨーの多くは、その平坦な山頂部に前期白亜紀のアプチアン期〜アルビアン期の浅海性のサンゴ礁石灰岩があります。中部太平洋海山群のギヨーのいくつかでは、震探断面によりサンゴ礁の厚さが最大で一〇〇〇メートル以上あることが明らかになっていて[69]（図51）、深海掘削で確かめられたサンゴ礁石灰岩の厚さの最大値は、地点866のリゾリューションギヨーで一一八三メートルあります。マーシャル諸島のウォデジェバトギヨー（地点873〜877）では、その山頂に後期カンパニアン期〜マーストリヒチアン期のサンゴ礁石灰岩があり、日本海溝の南端にある第一鹿島海山からはアプチアン期〜セノマニアン期のサンゴ礁石灰岩が水深約四〇〇〇

メートルの山頂で発見され[70][71]、日本海溝の北端にあるエリモ海山の水深約四〇〇〇メートルの山頂でも白亜紀または後期白亜紀の礁性石灰岩が発見されています。[72]

中部太平洋海山群のヘスギヨーとケープジョンソンギヨーでは、アプチアン期〜セノマニアン期のサンゴ礁石灰岩が[73]、中部太平洋海山群と日本海山群からは、ウィンテラーギヨーとセイコギヨー（拓洋第二海山）、イサコフギヨー、シェパードギヨー、メナードギヨー、ジャクリーンギヨー、マカロフギヨー、トーマスワシントンギヨー、エイコギヨーなどから主にアプチアン期〜アルビアン期のサンゴ礁石灰岩が発見されています。[74]

ギヨーでのアプチアン期〜アルビアン期または白亜紀のサンゴ礁石灰岩は、それ以外に小笠原海台の矢部ギヨー[75]とブロークントップギヨー[76]、小笠原海台の南東側のシュンセツ海山[77]、中部太平洋海山群のダーウィンギヨー[78]からも発見されています。

このように、多くのギヨーの平坦な山頂部は、前期白亜紀のアプチアン期〜アルビアン期のサンゴ礁からなり、その厚さは最大で約一一〇〇メートルあります。そして、それらのギヨーではサンゴ礁石灰岩の上に、後期白亜紀のセノマニアン期〜チューロニアン期の遠洋性の堆積物が重なることから、それらすべてがその時期にほぼ同時に沈水したものと思われます。

そのことは、それらのギヨーが個々に沈降したのではなく、ある時期にサンゴ礁が上方に成長するよりも早い速度で急激な海面上昇が起こり、沈水したものと思われます。また、それぞれのギヨーの頂上の水深が四〇〇〇〜一〇〇〇メートルとばらばらな値を示すことは、白亜紀のサンゴ礁が沈水した後に大洋底とそれぞれのギヨーの土台（基盤）が個々に隆起した結果と考えられます[79]（図52）。

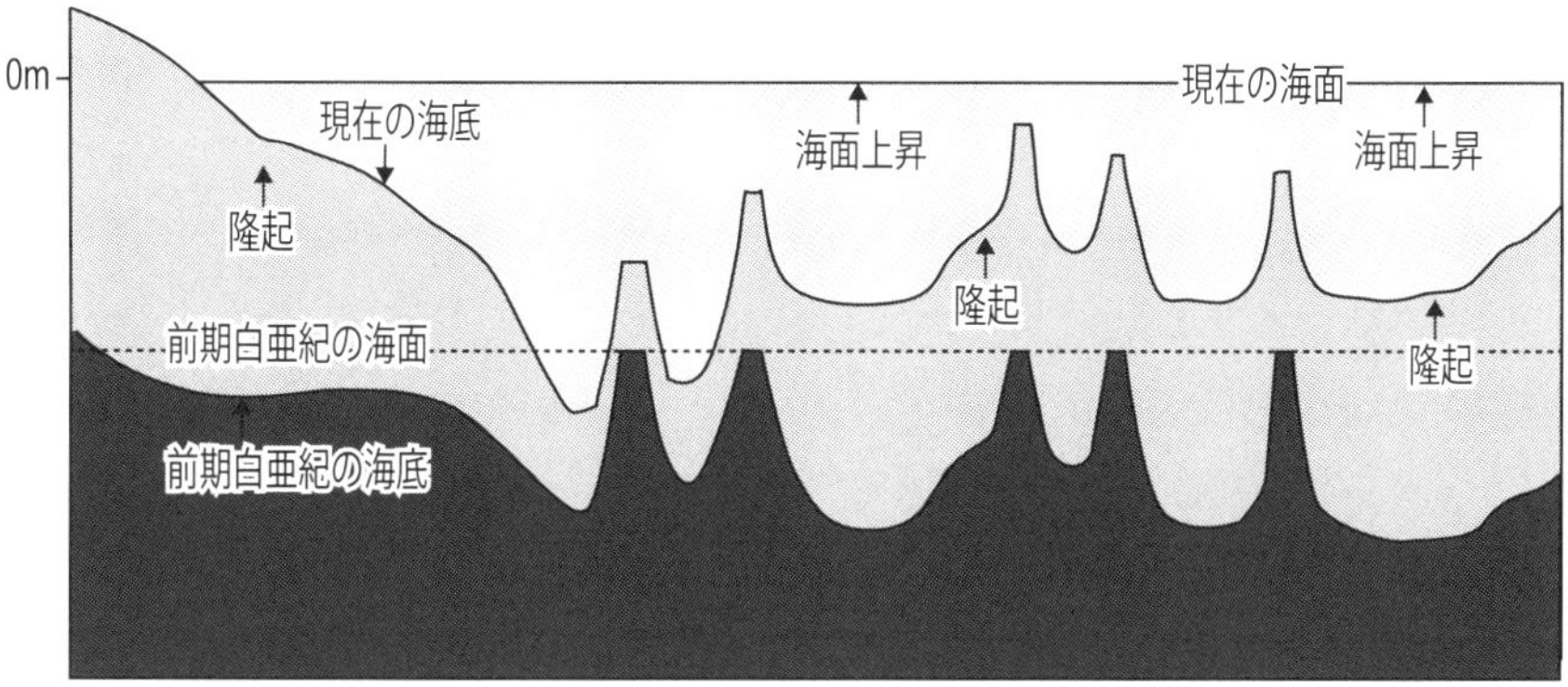
0m
現在の海面
現在の海底
海面上昇
海面上昇
隆起
隆起
隆起
前期白亜紀の海面
前期白亜紀の海底

図52　前期白亜紀末期と現在のギヨーの地形断面[79]。太平洋の海底が隆起したために、前期白亜紀末期に同じ海面のサンゴ礁だったギヨーの山頂が、現在はさまざまな深さになっています。

古第三紀のサンゴ礁を頂上にもつギヨーは、マーシャル諸島のリマロックギヨー（地点８７１）で海面下約一四〇〇メートルに後期暁新世〜中期始新世のサンゴ礁石灰岩があり、その下位に陸上噴出または陸上風化した玄武岩溶岩があります。リマロックギヨーの浅海性のサンゴ礁石灰岩の厚さは三一八メートルです。

大規模海膨

日本列島の東側の北太平洋の大洋底にあるシャツキー海膨では、その中のオリ山塊頂部で行われた統合国際深海掘削計画（ＩＯＤＰ）の掘削地点Ｕ１３４９で、海底下三三〇〇メートルに白亜紀のアルビアン期よりも古い浅海の石灰岩が発見され、その下から陸上風化した玄武岩溶岩と火砕岩が回収されました。

太平洋の中央にあるマニヒキ海台の地点３１７では、海面下三五二三メートルから比較的浅海で噴出した玄武岩が発見されました。その西側にあるオントンジャワ海台の北部の地点２８９と主稜の地点１１８３では白亜紀のアプチアン期またはアルビアン期より古い玄武岩溶岩があり、その上の海面下二八九四メートルにアプチアン期〜アルビアン期の浅海の陸棚で堆積した石灰岩があります。

これらの大規模海膨は、ギヨーと同じように前期白亜紀のアプチアン期～アルビアン期、またはそれより古い玄武岩質火山活動により形成され、その海膨または海膨上の島々の上にアプチアン期～アルビアン期にサンゴ礁が形成され、それらが後期白亜紀以降に沈水したと考えられます。また、オントンジャワ海台の東支稜北部の海嶺の地点１１８４では、中期始新世に浅海で火山活動があり、マニヒキ、ダンガー、スバロウなどの海台の縁にある島々が隆起して、その後の海面上昇に合わせて環礁が形成されたと考えられています。また、オントンジャワ海台東支稜の北部海嶺の地点１１８４では、海面下一八六三メートル以下に浅海で堆積した中期始新世の火山礫凝灰岩があります。

天皇海山列

天皇海山列は、千島海溝の北端から南に連続する海山の連なりで、そのほとんどの海山の掘削（地点１９２、２０２、３０８～３０９、４３０Ａ、４３３、１２０３～１２０６）で、海面下一三〇〇～二〇〇〇メートルに後期暁新世～前期始新世のサンゴ礁石灰岩が発見されています。その厚さは、光孝海山（地点１２０６）で下位の陸上噴出玄武岩溶岩までは二六八メートルで、前期始新世にサンゴ礁が発達後に、一度沈水したものの後期漸新世にまた浅くなり火山活動があった可能性があります。明治海山（地点１９２）では海面下四〇五八メートルに後期白亜紀の後期マーストリヒチアン期より古い浅海か陸上で噴出したアルカリ玄武岩と粗面玄武岩の溶岩があり、デトロイト海山（地点１２０３）では海面下三〇六一メートルに、後期白亜紀のカンパニアン期の浅海、または陸上で噴火した玄武岩溶岩と火砕岩があります。推古（すいこ）海山（地点４３３）は中期暁新世に堡礁だったと考えられています。

天皇海山列のほとんどの海山は、暁新世またはそれ以前に火山島として形成されて、後期暁新世〜前期始新世にサンゴ礁となり、それらのほとんどが中期始新世に沈水しました。しかし、火山活動が継続した光孝海山は前期漸新世まで礁性環境があったと思われます。

天皇海山列のほとんどの海山は、その沈水の時期が中期始新世で一致していることから、沈水の原因は白亜紀のギヨーと同じく中期始新世に起こった急激な海面上昇と考えられます。このことは、太平洋プレートの北上にしたがって天皇海山列の火山島が現在のハワイ島の位置にあったホットスポット（大洋底の中に発生したマグマ噴出点）により形成されてサンゴ礁になり、それらがプレートの移動と沈降に合わせて順次北上して沈降したというプレート・テクトニクス説のストーリーでは説明できません。

天皇海山列のサンゴ礁はコケムシと石灰藻を主体とするもので、それらは熱帯〜亜熱帯のサンゴ礁を形成するサンゴ—藻類相ではなく、現在では二三度より高緯度に分布するコケムシ—藻類相です。[80][81]そのことから、シュランガー[82]は、天皇海山列の海山群がハワイ島のホットスポットと太平洋プレートの北上により形成されたとしたら、現在のハワイ島のホットスポットの緯度が七度以上北になくてはならないとして、天皇海山列がホットスポットにより形成されたことに疑問を呈しました。

マーシャル諸島の環礁

太平洋のマーシャル諸島のビキニ環礁とエニウェトク環礁では、太平洋戦争後にアメリカ軍により地下水爆実験が行われました。このときにビキニ環礁では地下約八〇〇メートル、エニウェトク環礁では地下

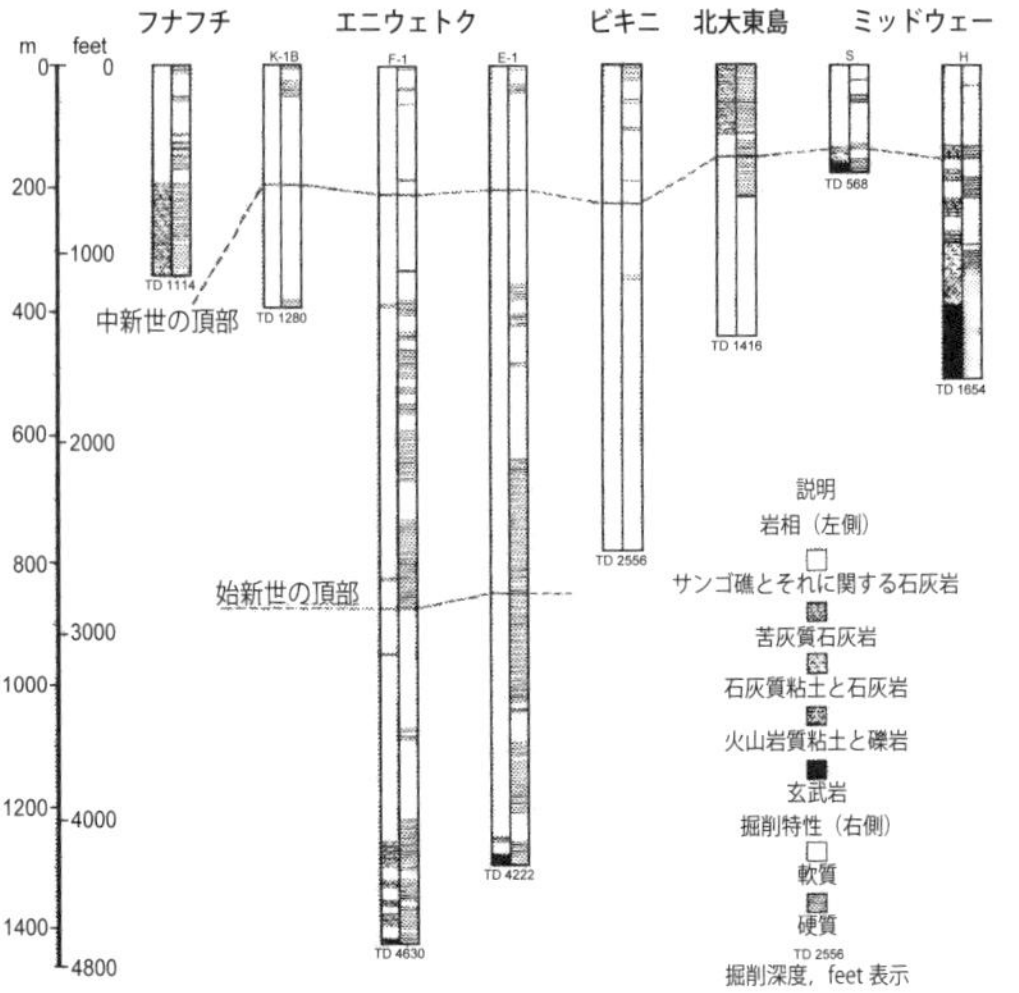

フナフチ
エニウェトク
ビキニ
北大東島
ミッドウェー
m
feet
K-1B
F-1
E-1
S
H
TD 1114
TD 1280
TD 4630
TD 4222
TD 2556
TD 1416
TD 568
TD 1654
中新世の頂部
始新世の頂部
説明
岩相（左側）
サンゴ礁とそれに関する石灰岩
苦灰質石灰岩
石灰質粘土と石灰岩
火山岩質粘土と礫岩
玄武岩
掘削特性（右側）
軟質
硬質
TD 2556
掘削深度，feet 表示

図53　太平洋中の5つの環礁での深層掘削の結果[83]。

約一四〇〇メートルの掘削が行われました。エニウェトク環礁での掘削では、海面下一三八〇メートルまで始新世～中新世のサンゴ礁石灰岩があり、その下から玄武岩溶岩が回収されています（図53）。そこでは、中新世のサンゴ礁石灰岩の厚さが六三〇メートルで、始新世のサンゴ礁石灰岩の厚さが五四〇メートルでした。[84] また、中新世の石灰岩の下部から始新世の石灰岩の上部にかけては、方解石が淡水で溶けて再結晶をしていることから、始新世のときの環礁の頂部が海面上で陸上侵食をうけていたことが推定されています。この陸上侵食量は除き、エニウェトク環礁が隆起も沈降もしていなかったとすると、中新世と始新世の海面上昇量は、それぞれが六三〇メートルと五四〇メートル、またはそれ以上と推定できます。

オーストラリア大陸の東方縁辺

オーストラリア大陸東方縁辺のグレートバリアーリーフの東にある、クイーンズランド海台東北縁の地点209と西縁の地点811では、海面下一七〇三～一三四五メートルに中期始新世と中期始新世～後期漸新世の浅海で堆積した石灰岩があり、西縁ではその下に年代のわからない堆積物または火山岩類があります。また、クイーンズランド海台西縁から南縁の地点812～814では、海面下六〇三～七三四メートルに中期または中期～後期中新世の浅海で堆積した石灰岩があり、鮮新世から水深が二〇〇～一〇〇〇メートルの環境へと徐々に深くなったとされています。また、西斜面の地点824には海面下一二四四メートルに中期～後期中新世のサンゴ礁石灰岩があり、その下位の海面下一四〇三メートルまで後期漸新世～中新世のサンゴ礁石灰岩があります。

また、クイーンズランド海台とその南のマリオン海台の地点824、825、826、1193と、マリオンプラットフォームの地点1194と1195、1196、1199では、海面下三〇四～九五〇メートルに前期～後期中新世のサンゴ礁石灰岩があり、その上位に鮮新世の半遠洋性の堆積物があります。この中新世のサンゴ礁は、中新世末期に陸上に露出していて、その間にカルスト地形が発達しています。すなわち、マリオンプラットフォームでは、後期中新世に海面上昇によりサンゴ礁が成長して、そして成長の最後の段階で海底が隆起して礁が露出し土壌形成が起こり、その後の鮮新世に起こった海面上昇により水深が二〇〇～一〇〇〇メートルの比較的深い海底の環境になったと考えられています。

オーストラリア大陸の東部北側のバヌアツ島弧のダントルカストー海嶺北部の地点828では、海面下三一八二メートルに中期始新世の遠洋で堆積したチョークの下に土壌層をもつ角礫化した玄武岩と粗粒玄武岩があります。また、ブーゲンビルギヨーの地点831には海面下一七九四～一四九六メートルまで後期漸新世～前期中新世のサンゴ礁石灰岩があります。

パプアニューギニア東部のウッドラーク海膨の地点1109と1118では、海面下二八八三～三一六〇メートルに礁湖の堆積物があり、その上位に前期～中期鮮新世に水深一五〇メートル以下の浅海で堆積した砂岩と石灰岩、または前期鮮新世か中新世末期の礁性石灰岩があり、後期鮮新世以降の堆積物は水深二〇〇～一〇〇〇メートルに堆積した砂岩やシルト岩からなります。また、地点1115では、海面下一六六二メートルに後期中新世の内側陸棚で堆積したシルト岩があり、前期鮮新世には深海化しました。すなわち、ウッドラーク海膨は中新世末期には浅海であり、今から五〇〇万年前の鮮新世初期以降に約三〇〇〇メートル沈水したことになります。

ニュージーランド周辺（ジーランディア）

ニュージーランド周辺の海域には、ロード・ハウ海膨、チャレンジャー海台、キャンベル海台、ノーフォーク海嶺、チャタム海膨、ケン海台などの海底の高まりまたは隆起帯があります。これらの海底の高まりは水深一〇〇〇～三〇〇〇メートルにあり、それらの頂上にはニュージーランドも含めていくつかの島々があります。

この海底からは、花崗岩や流紋岩、砂岩や結晶片岩など大陸があることを示す岩石がドレッジによって採集されていて、地震探査によっても約二〇キロメートルの厚さの大陸地殻があると推定されています。このニュージーランド周辺の海底の高まりを含む地域は、最近では海に沈んだ大陸だとして「ジーランディア」と呼ばれています（図54）。

ジーランディアは、その九割以上が海面下にあり、オーストラリア大陸の四割ほどの面積があります。ジーランディアの上での深海掘削では、南ロード・ハウ海膨の地点207で海面下一七四六メートルに白亜紀末期のマーストリヒチアン期のグロコナイト（海緑石）砂岩があり、その下に陸上で噴出した流紋岩

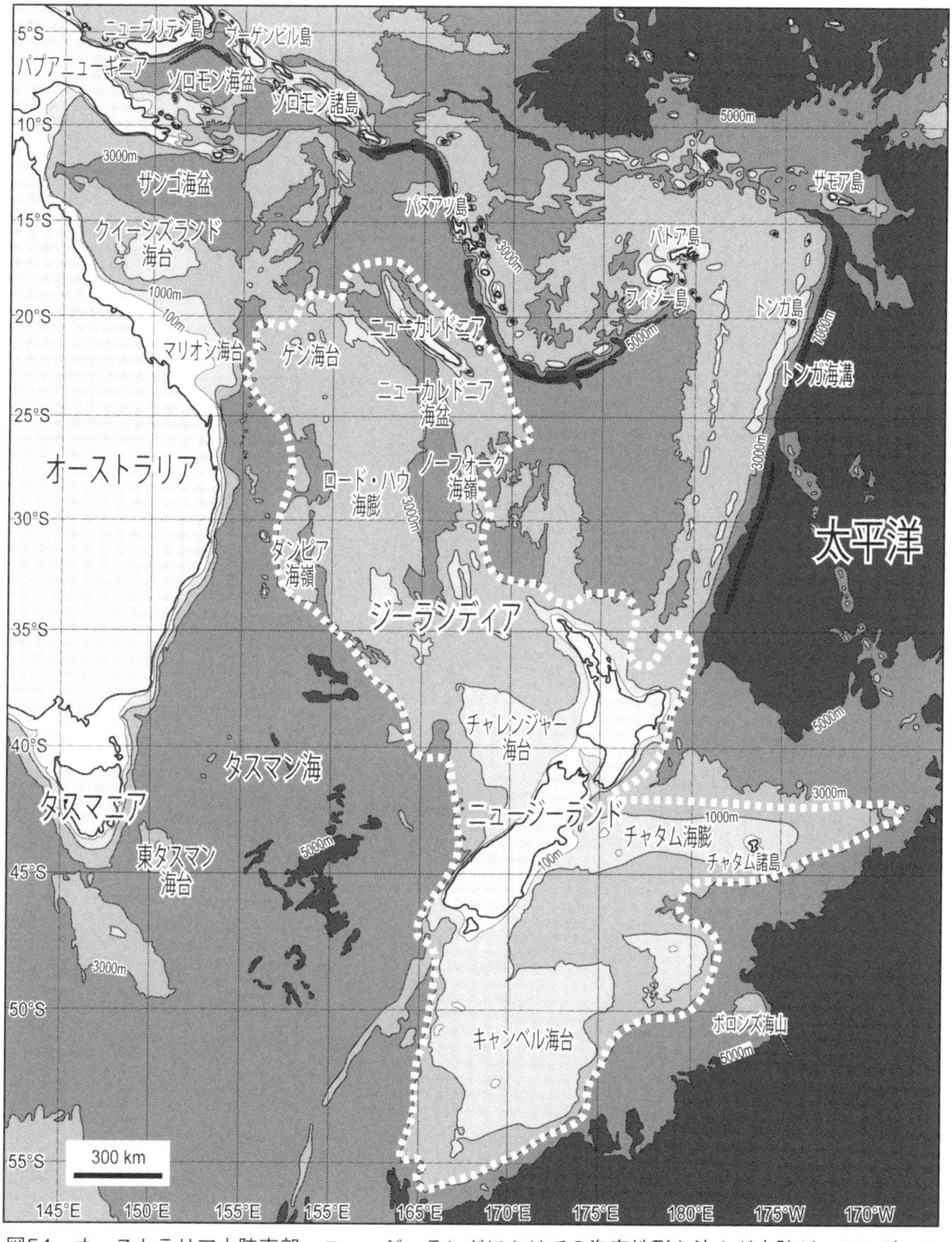
ニューブリテン島
ブーゲンビル島
パプアニューギニア
ソロモン海盆
ソロモン諸島
サンゴ海盆
クイーンズランド
海台
マリオン海台
バヌアツ島
パトア島
フィジー島
ザモア島
トンガ島
トンガ海溝
ニューカレドニア
ケン海台
ニューカレドニア
海盆
ノーフォーク
海嶺
ロード・ハウ
海膨
ダンピア
海嶺
オーストラリア
太平洋
ジーランディア
チャレンジャー
海台
タスマン海
タスマニア
ニュージーランド
チャタム海膨
チャタム諸島
東タスマン
海台
キャンベル海台
ボロンズ海山
300 km
5000m
3000m
1000m
100m
7000m
5°S
10°S
15°S
20°S
25°S
30°S
35°S
40°S
45°S
50°S
55°S
145°E
150°E
155°E
165°E
170°E
175°E
180°E
175°W
170°W

図54　オーストラリア大陸東部—ニュージーランドにかけての海底地形と沈んだ大陸ジーランディアの範囲（太い白破線内）。

溶岩が発見されています。また、ニュージーランド南西のキャンベル海台南部の地点277では、前期漸新世と鮮新世の地層との間に不整合があり、中新世の地層がまったく分布しないことから、キャンベル海台は中新世に陸化していたと考えられています。二〇一七年には、ジーランディアの詳細を知るために国際深海科学掘削計画（IODP）の371探査でその北部六地点の掘削が行われました。ロード・ハウ海膨の北部の水深一四九五メートルでの地点U1506では海底から三〇五メートルの掘削が行われ、海底から二六五メートルまでが更新世から中期始新世までのナンノ化石（海に棲む微小な石灰質殻をもち光合成を行う単細胞原生生物の化石）と有孔虫を含むチョークで、その下の四〇メートルが玄武岩溶岩でした。このチョークの最下部にあたる中期始新世のチョークにはグロコナイトが含まれ、水深二〇〇～一〇〇〇メートルの環境に堆積したと考えられ、それはその上位の堆積物よりも浅いと推定されています。その下位から回収された玄武岩溶岩中には石灰藻や二枚貝片、有孔虫などが含まれていて、その玄武岩溶岩はサンゴ礁の環境で噴火したと考えられています。

これらのことから、ジーランディアはおそらく今から約五〇〇〇万年前の前期始新世までは、その大陸の大部分が陸域またはサンゴ礁の浅い海域だったと推定されます。しかし、その後の中期始新世に起こった大規模な海面上昇によってその大部分の地域が沈水して、現在ではいくつかの島を残してほとんどが水深一〇〇〇～三〇〇〇メートルの海底になったと考えられています。

フィリピン海と西マリアナ海嶺

フィリピン海は、伊豆―小笠原海嶺の西側、日本列島の南側の海で、南側にフィリピン諸島がありま

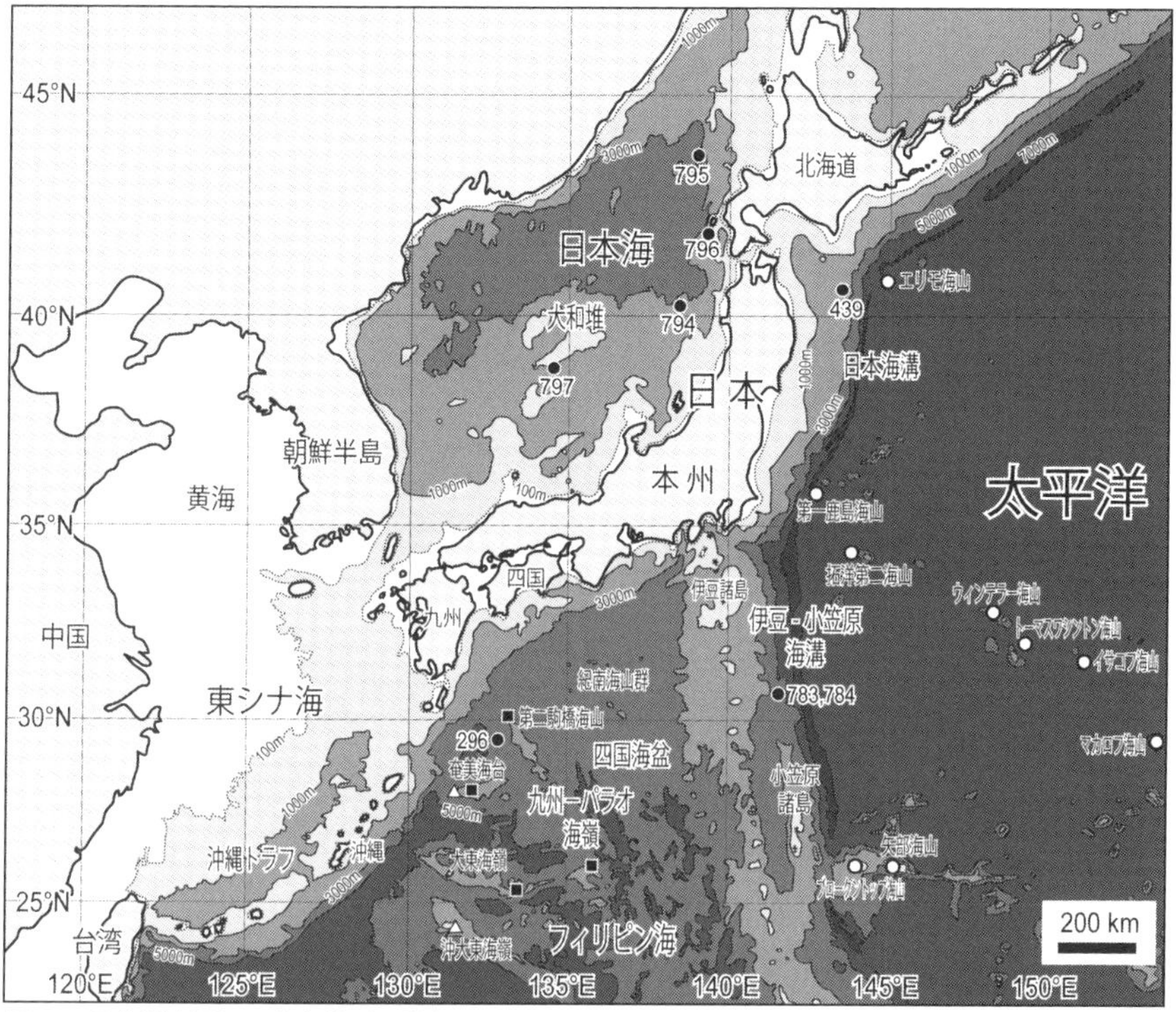
45°N
40°N
35°N
30°N
25°N
120°E
125°E
130°E
135°E
140°E
145°E
150°E
1000m
3000m
5000m
7000m
100m
2000m
795
796
794
797
439
783,784
296
北海道
日本海
大和堆
日本
本州
日本海溝
エリモ海山
太平洋
朝鮮半島
黄海
中国
四国
九州
伊豆諸島
伊豆－小笠原
海溝
第一鹿島海山
拓洋第二海山
ウィンテラー海山
トーマスワシントン海山
イサコフ海山
マカロフ海山
東シナ海
紀南海山群
第二駒橋海山
四国海盆
奄美海台
九州ーパラオ
海嶺
小笠原
諸島
沖縄
沖縄トラフ
大東海嶺
矢部海山
ブローケントップ海山
沖大東海嶺
フィリピン海
台湾
200 km

図55　日本列島周辺の海底地形と浅海または陸上を示す岩石が発見された位置。●は深海掘削地点、○はギヨーの白亜紀サンゴ礁石灰岩、■は深成岩または変成岩類、△は始新世のサンゴ礁石灰岩。

す。フィリピン海北部の四国海盆には、紀南海山群、九州―パラオ海嶺、奄美海台、大東海嶺、沖大東海嶺などの隆起帯があり、複雑な地形をしています（図55）。

九州―パラオ海嶺の西麓の深海掘削地点296では、海面下三四一一メートルに後期漸新世の浅海で堆積した石灰岩を含む火山砕屑岩が発見されています。九州―パラオ海嶺の第二駒橋海山では閃緑岩がドレッジで採集されていて、その形成年代が約三七〇〇万年前（後期始新世）とされています。[85]この閃緑岩の上に中新世初期の石灰岩があり、その後にこの海山が急激に沈水したと考えられています。[86]また、奄美海台では、中央部で安山岩と安山岩質凝灰岩とともに、花崗閃緑岩、トーナル岩、はんれい岩などの深成岩が、西端部では中期始新世のサンゴ礁に生息していた大型有孔虫のヌンムリテスの化石が採集されています。[87]

大東海嶺の東部からは結晶片岩が採集され、沖大東海嶺では緑色片岩とヌンムリテス石灰岩が採集されていて、音波探査では基盤岩が水平に侵食された不整合面の上に遠洋性堆積物が水平に覆っていることが明らかになっています。[88]これらのことから、大東海嶺と沖大東海嶺は白亜紀の深成岩などからなる中生代の島弧で、陸上侵食され、始新世には浅海で石灰岩が広く堆積して、後期始新世に新期の深成火成活動があり、中新世に全体が沈降して遠洋性の堆積場になったと推定されています。[89]

なお、西部マリアナ海嶺の地点451では、海面下二一〇六メートルに後期中新世の浅海に生息する大型有孔虫やサンゴなどの化石片を含む凝灰岩が発見されています。

日本海溝と日本海

日本海溝の三陸沖の深海平坦面での地点439では、海面下二七六四メートルに後期漸新世に川で堆積した礫岩層と浅海の砂岩が発見されました。このことから、この深海平坦面は今から三〇〇〇万年前の後期漸新世には陸域であり、今から二〇〇〇万年前の中新世以降に沈水したと考えられています。この三陸沖の深海平坦面の堆積盆地には後期白亜紀~古第三紀の陸上または浅海の堆積物が厚く堆積していて、それは南側の常磐沖から北側の北海道のその時代の蝦夷堆積盆地へと連続すると考えられています。[90]すなわち、東北日本の太平洋側の深海平坦面は後期白亜紀~古第三紀には陸上または浅海であり、新第三紀の中新世以降に深い海の下に沈んだことになります。

日本海の大和海盆の地点794と795では、海面下三三三〇～三八九六メートルが中期中新世に水深五〇〇メートルの環境であり、日本海盆東縁の奥尻海嶺の地点796も海面下三〇三九メートルが、中期中新世には水深五〇〇メートルの環境だったという結果が報告されています。日本海盆南部の地点797では、海面下三五一一メートルが前期中新世にデルタの外側の陸棚や斜面であり、中期中新世には沈水して水深一五〇〇～二〇〇〇メートルの海底になったとされています。

すなわち、日本海溝の深海平坦面は後期漸新世に陸域で、日本海の日本海盆は前期中新世に陸棚であり、どちらもその後に沈水して現在のような水深約三〇〇〇メートルの深海底となっています。このことは、どちらも中期中新世以降の世界的な海面上昇によって沈水した海底であると考えられ、それらが地殻変動によって大規模に移動したり、それぞれが個別に沈降したりしたわけではないと私は考えます。

中央アメリカ海溝とペルー海溝

中央アメリカ海溝のメキシコ西海岸の陸側上部斜面の地点489と493で、海面下一〇四〇～一五六六メートルに新第三紀よりも古い黒雲母片岩や閃緑岩からなる基盤岩が発見されました。グアテマラ縁辺の地点566～570とコスタリカ縁辺の地点1039と1040の海溝底とその陸側斜面では、海面下二〇九二～五八九七メートルに玄武岩や輝緑岩、はんれい岩、かんらん岩、蛇紋岩からなるいわゆるオフィオライト（造山帯に産する玄武岩やはんれい岩・かんらん岩などの層状複合岩体）が発見されました。これらの基盤岩は、中央アメリカの大陸を構成する白亜紀末期～古第三紀初期に起こったララミー変動の時に形成された火成岩体の延長であると考えられています。コスタリカのサンタエレナ半島では、オフィオライト複合体と後期白亜紀の遠洋石灰岩の不整合が陸上にあり、陸上と海溝底に同じものがあることから、海溝のものは沈水して、陸上のものは六〇〇〇メートル以上隆起したと考えられています。すなわち、中央アメリカ海溝は、後期白亜紀以降に六〇〇〇メートル以上も沈んだことになります。

メキシコの西海岸の陸側上部斜面の地点489と493では、海面下一〇四〇～一五六六メートルに前期中新世の外側陸棚で堆積した石灰質砂岩があり、基盤の黒雲母片岩や閃緑岩を不整合に覆っています。その上位の地層では中期中新世～第四紀または中期中新世の地層が欠如しています。また、海面下二三四七メートルに前期中新世の浅海性の堆積物と中期中新世～第四紀の遠洋性堆積物との境界があり、中期中新世以降にこの地域が沈水したことが明らかになっています。

グアテマラ縁辺の陸側斜面の地点496では、海面下二三四七メートルに浅海で堆積した中期中新世の礫層があり、その上位に中期中新世～第四紀の遠洋性堆積物があります。ココス海嶺の北東端の地点1242では、海面下一六一五メートルに今から一二〇〇万～一三〇〇万年前の中期中新世のナンノ化石軟泥と二五〇万年前より新しい更新世のナンノ化石粘土との間に大きな時間間隙があります。また、この地域の隆起部の南東延長にあたるカーネギー海嶺の地点1238と地点1239でも、それぞれ海面下二五八三メートルと一八九四メートルに今から一二〇〇万～八〇〇万年前（ほぼ後期中新世）の間の堆積物が欠如する大きな時間間隙が認められています。

ペルー海溝の下部斜面の地点688では、海面下四五一四メートルに水深一五〇～一五〇〇メートルの海底に堆積した前期始新世の植物片や中礫を含む石灰質泥岩と砂岩、石灰岩があります。ペルー海溝の上部大陸斜面の地点686と687の海面下四二一～七四三メートルには、外側陸棚の水深五〇～一五〇メートルで堆積した第四紀の珪藻泥があり、上位に向かって水深五〇〇～一〇〇〇メートルの環境になります。

ペルー海溝の下部大陸斜面の地点688では、海面下四四二九～四三九一メートルにある前期中新世の地層と、海面下四二四〇～四二八六メートルにある後期中新世の地層は、底生有孔虫化石から水深五〇〇～一〇〇〇メートルで堆積したと考えられ。その上に堆積する更新世の地層の堆積時にはより水深が深くなったと考えられています。

太平洋の海溝や断裂帯で見つかる古期岩石

ワシリエフ[3]は、太平洋で行われた音波探査とドレッジによる海底の岩石採集調査によって、いくつかの海域での古期岩類を次のように報告しています。

千島―カムチャツカ海溝中央部の海側斜面で、枕状玄武岩類とはんれい岩などとともに、ガーネット白雲母片岩と千枚岩～粘板岩が採集されたことから、厚い枕状玄武岩類に被覆された変成岩と堆積岩類があると推論されています。

小笠原諸島の東、小笠原海溝とマリアナ海溝の境界にはそれらを分ける東西方向の隆起帯があり、その北側で、蛇紋岩化したかんらん岩やはんれい岩などの深成岩、玄武岩溶岩、後期白亜紀のサンゴ礁石灰岩、古銅（こどう）輝石安山岩類と凝灰岩などの岩石が採集されています。このうち深成岩類には、花崗片麻岩、グラニュライト、結晶片岩、角閃岩などがあり、それらは年代が未確定ですが原生累代に遡ると思われます。堆積岩類は、礫岩や砂岩、粘板岩からなり、古生代または中生代の岩石と思われます。

赤道太平洋東部のクラリオン断裂帯とクリッパートン断裂帯に挟まれた広大な海域において行われたドレッジ調査で、この海域の地質が、原生累代に遡ると思われる花崗岩―変成岩類と、中生代の花崗閃緑岩をともなう礫岩や砂岩などからなる陸源性堆積岩、始新世以前の玄武岩類および始新世～中新世の玄武岩・安山岩・流紋岩の四つの年代グループの岩石群で構成されていることが明らかになりました。

南東太平洋のエルターニン断裂帯とヒーゼン断裂帯は、東太平洋海膨とその南西側に連なる隆起帯である太平洋南極海膨との境界部にある大規模な断裂帯です。ヒーゼン断裂帯は太平洋南極海膨の北端の北東へ傾斜した巨大な斜面をつくっていて、その斜面で行われたドレッジで、下位から角閃片岩、輝石斜長片岩、かんらん岩、はんれい岩、玄武岩が採集され、斜面頂部ではそれら基盤岩を不整合に覆って堆積している白亜紀のサンゴ礁石灰岩が採集されました。

なお、ワシリエフ[3]は、北西太平洋海盆の南部や中央海盆の北部では新生代の堆積物がほぼ完全になく、ハワイ諸島から北アメリカ大陸の間の北東太平洋海盆では北緯二〇度～北緯四五度の間の広大な深海底に新第三紀～第四紀の堆積物がないことを記しています。このことは、これらの広域な深海底が最近に形成された、すなわち第四紀に大規模な深海底での洪水玄武岩の火山活動があったと思われます。このような深海底での大規模な洪水玄武岩の火山活動が、第四紀の大規模な海面上昇に大きく寄与したのではないかと、私は考えています。

太平洋に沈んだ大陸

広大な太平洋では、大西洋やインド洋のように大規模な沈んだ大陸の痕跡が、ジーランディアを含むオーストラリア大陸周辺と南極半島周辺、中央アメリカ大陸縁辺、それと海溝や海嶺の断裂帯を除いてほとんど見当たりません。矢野ほかは、[5] 海洋底での大陸性岩石の報告が調査密度の相違を考慮しても太平洋底では少ないと述べています。そして、その原因をワシリエフが指摘したように、[3][91] 太平洋の地殻が大西洋とインド洋とは異なっていて、もともとシリカ（珪酸質）の少ない苦鉄質（鉄とマグネシウムの多い）組成であることを反映しているためとしています。

太平洋で特徴的な沈んだ大陸や島々は、北西太平洋に多数あるギヨー、すなわち前期白亜紀のサンゴ礁があげられます。それらの島々は前期白亜紀に北西太平洋から中央太平洋にかけて分布する大規模海膨を形成したと同じ玄武岩の火山活動によって形成され、多くは火山島となり、前期白亜紀のアプチアン期～アルビアン期の海面上昇によって最大で一一〇〇メートルの厚さのサンゴ礁を形成し、その直後の後期白亜紀のセノマニアン期～チューロニアン期の急速な海面上昇によって、それらのほとんどが沈水したと考えられます。

天皇海山列では、前期始新世の火山活動によって列島が形成され、前期始新世の海面上昇によりサンゴ礁のギヨーが形成されて、中期始新世の急激な海面上昇により沈水したと思われます。この時期には、オーストラリア大陸の東方縁辺と、ジーランディア地域に広域な陸域やサンゴ礁が形成され、中期中新世以降にそれらの地域に海域が広がり、オーストラリア大陸東部のサンゴ礁プラットフォームのいくつかを残して、深い海域になったと思われます。

フィリピン海の海嶺の頂部は、白亜紀後期や始新世の基盤岩からなる陸地だった可能性があり、これらも中新世以降に沈水して深海化したと思われます。日本海溝の深海平坦面は後期漸新世に陸域で、日本海の日本海盆は前期中新世に陸棚であり、どちらもその後に沈水して現在のような水深約三〇〇〇メートルの深海底となったと考えられます。

太平洋東岸の中央アメリカと南アメリカ大陸縁辺では、白亜紀末期~古第三紀初期のララミー変動をうけた地域やそれ以前の基盤岩の陸域が中新世以降に沈水して深い海底になったと考えられます。また、太平洋沿岸の大陸縁辺の多くが、中新世末期または鮮新世の初めから三〇〇〇メートル以上沈水している現象が見られます。このことは、それらがそれぞれ局所的に沈降したのではなく、中新世または鮮新世以降の汎世界的な海面上昇の結果起こった大陸縁辺の沈水現象と思われます。

第五章 ジュラ紀以降の海面の位置と海面上昇

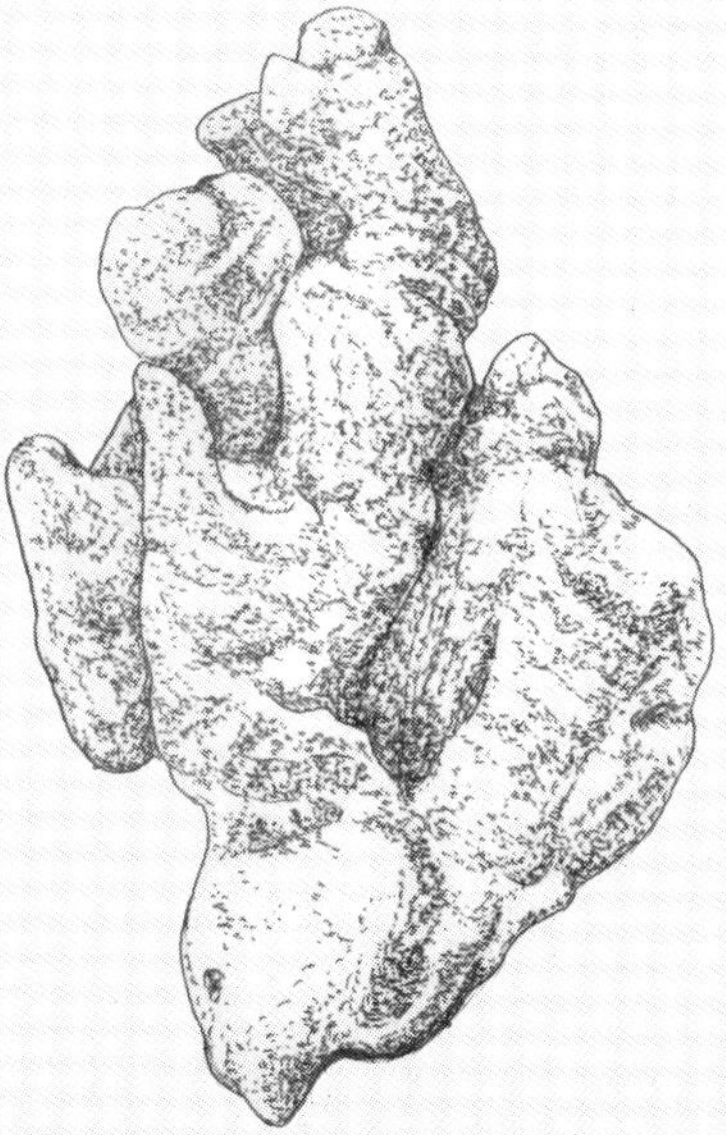

図56　第一鹿島海山の水深4000mの山頂部から発見された*Praecaprotina kashimae* Masse and Shibaというサンゴ礁を構成していたルディスト（固着群生する厚歯二枚貝）化石[1]。第一鹿島海山は白亜紀には南半球にあり、太平洋プレートで日本近海まで移動してきたとされていますが、この属に含まれるルディストは前期白亜紀の後期アプチアン期～アルビアン期の間に日本列島を中心に生息していました。したがって、第一鹿島海山は白亜紀には南半球ではなく、日本列島近くに位置していたと考えられます。

第四章の「深海に沈んだ大陸」では、深海掘削などで明らかになった過去の大陸や島々の痕跡を紹介しました。これまで見てきたように、世界の大洋には沈んだ大陸や島々がたくさんあり、それらの多くは水深約四〇〇〇メートルより浅いところで、白亜紀または始新世まで陸上だったと考えられ、その大陸や島々のほとんどが中期始新世または中期中新世以降には沈水したと考えられます。このように世界中の大陸や島々がそれぞれ同じ時代に同じように沈んでしまったことから、それらは個別に沈降したのではなく、海面が上昇したことが原因だったと考えられます。

図57は、深海掘削で陸上、または浅い海で形成された岩石が発見された掘削地点の現在の海面からの位置（深さ）を年代ごとに示したものです。この図では、それらの地点の深さは、年代が古い方から新しい方に向かって浅くなる傾向が見られます。[2] この図に示されている破線は、地中海の地点374を除いたその最大深度を連ねた線になります。もし、海底が沈降していないとすれば、海面は過去から現在までこの破線のように上昇してきたことになり、この線の上にある地点は海面上昇に対してより隆起したところとなります。ここでは、まず第四章で述べた深海掘削などの結果を年代ごとにまとめて過去の海面の位置を推定してみたいと思います。

一　深海掘削から推定されるジュラ紀以降の海面の位置

ジュラ紀の海面の位置

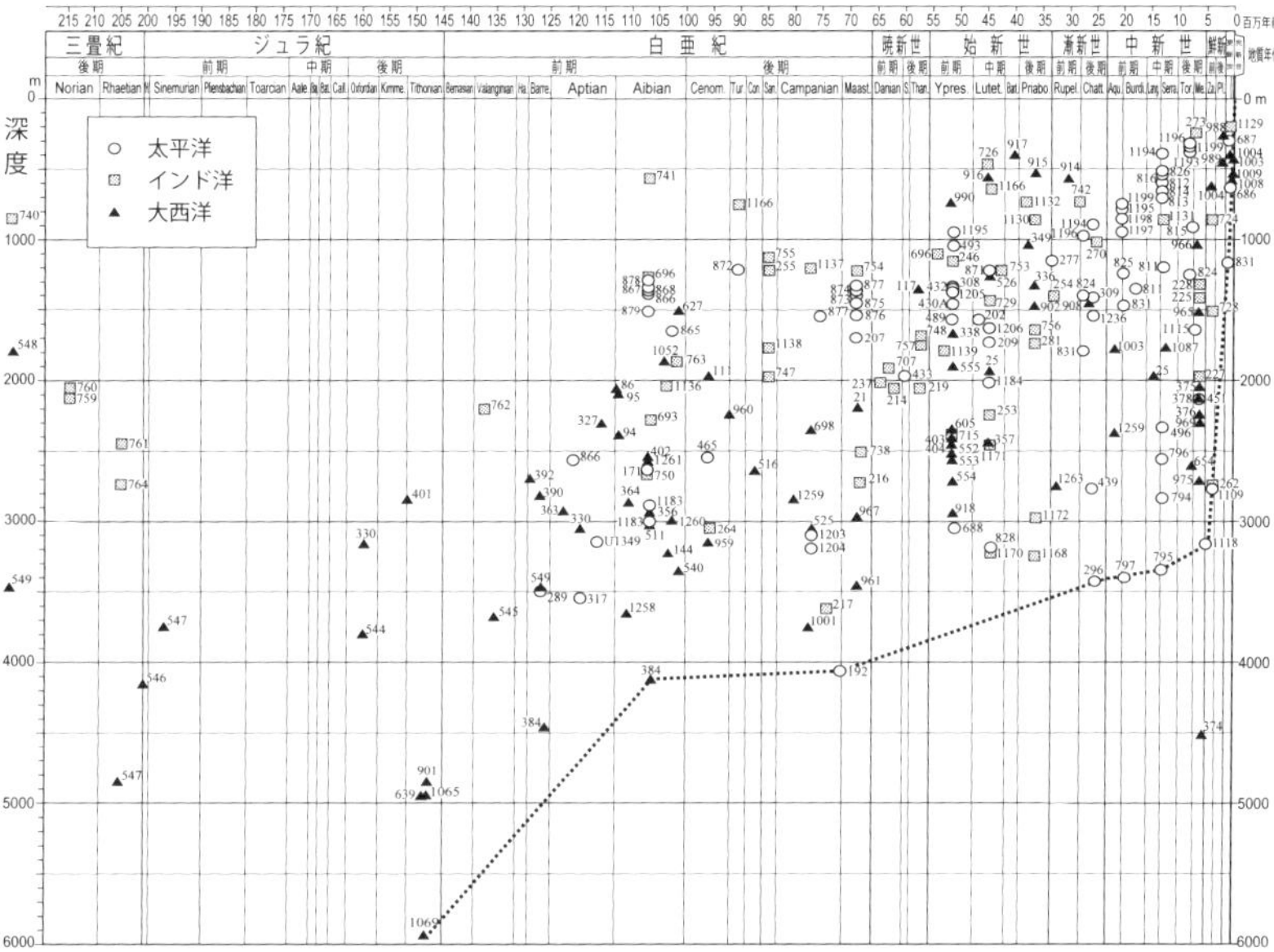
百万年前
地質年代
三畳紀
ジュラ紀
白亜紀
暁新世
始新世
漸新世
中新世
深度
太平洋
インド洋
大西洋
Norian
Rhaetian
Sinemurian
Toarcian
Oxfordian
Tithonian
Aptian
Albian
Cenom
Campanian
Maast.
Ypres.
Lutet.
Priabo
Rupel
Chatt.

図57　深海掘削で発見された浅海または陸上を示す岩石の年代と海面下の位置。番号は掘削地点番号。破線はその時代でもっとも低い位置をつなげた線[2]。

ジュラ紀またはジュラ紀より前に大陸または浅い海域が沈んだところのうち、現在までわかっているところは、メキシコ湾ー大バハマ礁地域とイギリスの西のゴーバンスパー、西イベリア半島縁辺からビスケー湾縁辺の地域とその南のモロッコ西部のマザガン断崖、南アメリカ東側のリオグランデ海膨とフォークランド海台、オーストラリア大陸の西部のウォンバット海台と南東部のタスマン海膨南部などがあげられます。それらの沈んだ大陸を構成している基盤のいくつかは、原生累代の花崗岩や変成岩からなるものと、古生代のデボン紀などバリスカン造山帯を構成する岩石からなります。

また、深海掘削の結果で、年代がはっきりしているもっとも古いジュラ紀以前の堆積物はイギリス南西の地点548と549のゴーバンスパーの海面下一七九一メートルと三四九七メートルから発見された古生代デボン紀のアルコース砂岩です。そして、後期ジュラ紀の浅海性堆積物のもっとも深いものは、西イベリア半島縁辺のガルシア堆の海面下五九四二メートルにある後期ジュラ紀（チトニアン期）の石灰岩礫からなる礫岩層です。次に深いものはやはりガルシア堆の海面下五〇七八メートルにある中期～後期ジュラ紀（チトニアン期）の内側陸棚で堆積した粘土岩です。これら後期ジュラ紀の浅海性堆積物が沈降したものでないと仮定すれば、後期ジュラ紀の海面の位置は現在の海面より約六〇〇〇メートル、またはそれ以上低いところにあったと考えられます。

白亜紀の海面の位置

白亜紀には、大西洋の両岸の大陸縁辺や太平洋の島々で、広域に厚いサンゴ礁の石灰岩が形成されました。とくに、北西太平洋のギヨーの多くが前期白亜紀に厚くサンゴ礁（本章扉図56は第一鹿島海山の前期白亜紀のサンゴ礁石灰岩に含まれる厚歯二枚貝ルディストの化石）を形成して山頂が平坦になり、後期白亜紀にはそのほとんどが海に深く沈んでしまいました。このような、前期白亜紀のアプチアン期～アルビアン期のサンゴ礁の上方への成長と後期白亜紀セノマニアン期以降のギヨーの沈水は、それぞれのギヨーが独自に沈降したことでは説明できず、その原因はサンゴ礁形成時期とその後の海面上昇によるものと考えられます。

海底において、前期白亜紀のサンゴ礁石灰岩が発見される深さは、一三五二～四一二一メートルとさまざまですが、もっとも深いものは北太西洋東岸のJ・アノマリー海嶺で、海面下四一二一メートル以下に前期白亜紀の後期バレミアン期～アプチアン期の浅海で堆積したサンゴ礁石灰岩があります。また、太平洋の明治海山では海面下四〇五八メートルに後期白亜紀の後期マーストリヒチアン期より古い浅海か陸上で噴出したアルカリ玄武岩と粗面玄武岩の溶岩があります。このことから、白亜紀の海面の位置は現在の海面より約四〇〇〇メートルまたはそれ以上低いところにあったと考えられます。

ギヨーのアプチアン期〜アルビアン期のサンゴ礁の最大の厚さは、リゾリューションギヨーで一一八三メートルあり、ギヨーの音波探査でのサンゴ礁の厚さの推定からも一〇〇〇メートル以上の値が出されていることから、アプチアン期〜アルビアン期に海面が約一一〇〇メートル上昇したと考えられます。このアプチアン期〜アルビアン期の約一一〇〇メートルの厚さのサンゴ礁の形成と、その後のギヨーを沈めた急激な海面上昇の原因は、ほぼ同時期に北西太平洋などで起こった大規模海膨や海山群を形成させた巨大火成岩石区（ＬＩＰｓ：大規模な玄武岩マグマによって形成された巨大な火成岩体が分布する地域）の形成と密接に関係していると考えられます。

古第三紀の海面の位置

古第三紀で多くの浅海性堆積物や陸上火山噴出物が発見された時代は今から約五六〇〇万〜三四〇〇万年前の間の始新世です。地域的には大西洋ではグリーンランド縁辺からアイスランド、ノルウェー大陸縁辺、ワルビス海嶺、リオグランデ海膨、インド洋では東経九〇度海嶺とケルゲレン海台、アフリカ東方の海台や海嶺、オーストラリア大陸南部から南極大陸にかけて、太平洋ではマーシャル諸島のギヨーや天皇海山列のほとんどの海山、オーストラリア大陸東方縁辺のクイーンズランド海台などのジーランディア、パプアニューギニアとバヌアツ島弧、九州―パラオ海嶺やフィリピン海の海嶺、日本海溝や中央アメリカ海溝、ペルー海溝の陸側斜面などで、その回収深度の多くが海面下一〇〇〇〜三五〇〇メートルにあります。

始新世の礁性石灰岩のもっとも厚いものは、リマロックギヨーの後期暁新世〜中期始新世の礁性石灰岩が三一八メートルで、クイーンズランド海台の東北縁と西縁で中期始新世と中期始新世〜後期漸新世の浅海性石灰岩が三五八メートルです。一方、エニウェトク環礁での掘削では、始新世のサンゴ礁石灰岩は五四〇メートル以上あります。始新世、とくに中期始新世には、世界的に大規模な海面上昇があったと考えられ、この時期に世界の大陸縁辺や大洋の大規模な海台など、それまでに現在の海域にあった大規模な陸域のほとんどが、海に沈んでしまったと考えられます。

新第三紀の海面の位置

深海掘削の結果では、新第三紀および第四紀の浅海性堆積物は多くなく、遠洋性堆積物や陸源性の粘土層やシルト層、それと深い海底に流れ込んだ海底扇状地の砂泥層が多く、また不整合や時間間隙のような現象も多く見られます。このことは、新第三紀には大陸と海洋の地理的分布が現在の分布とほぼ同じようになったことを示すと思われます。

新第三紀および第四紀の浅海性堆積物で注目できるのは、後期中新世の岩塩層（蒸発岩層）と、後期中新世と鮮新世の地層との間に認められる不整合や無堆積現象、それと鮮新世からの海底堆積物の深海化です。この代表的なものとして、地中海や紅海で見られる後期中新世（メッシニアン期）の岩塩層とその後の海盆の公海化と深海化があげられます。

後期中新世の石膏とマール岩からなる地中海の岩塩層は、メッシーナ深海平原（地点３７４）の海面下四四六九メートルにあることを除いて、その他は海面下二一〇〇～三〇〇〇メートルに、紅海では一四〇〇～二〇〇〇メートルの深さに分布します。

地点３７４の海面下四四六九メートルの岩塩層については、メッシニアン期の海面が現在の水深三〇〇〇メートルの位置にあったとしても、海盆底の水深は一五〇〇メートルになります。深海掘削でそこを調べた研究者たちは、塩分危機以前に今日の地中海盆地の水深が一〇〇〇～一五〇〇メートル以上あったとし、塩分危機にはそれらの一部または全部が乾燥化していたとしました。[3] 岩塩は、母液が過飽和になれば必ずしも完全な蒸発は必要とせずに十分な水深がある状態でも、わずか数万年で厚さ数百メートルと急速に成長する場合もあります。[4] このことから、メッシニアン期の海面が現在の水深約三〇〇〇メートルにあったと仮定して、地中海の閉鎖的で乾燥した特殊な環境においては、メッシーナ深海平原の水深一五〇〇メートルの海底に岩塩層が形成される可能性があったと考えます。

中新世の浅海堆積物でもっとも掘削深度の深いものは、地点７９５の日本海大和海盆北部の海面下三八九六メートルの水深五〇〇メートル付近で堆積したと考えられる中期中新世の石灰質粘土岩です。この推定水深から中期中新世の海面の位置を推定すると、海面はその時期に現在より約三四〇〇メートルも低かったことになります。

また、後期中新世と鮮新世の浅海性堆積物の証拠は、北西大西洋のコンチネンタルライズ上部の海面下二三五九メートルで見られる不整合や、インド洋のオマーン大陸縁辺の海面下八五〇～一六〇〇メートルにある前期鮮新世の浅海堆積物、オーストラリア大陸西縁の海面下二七二五メートルにある鮮新世の非常に浅い海成の苦灰岩と貝殻石灰質砂岩、オーストラリア大陸南部と東部に分布する中新世と鮮新世の地層間に見られる大きな無堆積現象または不整合と、後期中新世の浅海堆積物、キャンベル海台の鮮新世以降の沈水、パプアニューギニア東部のウッドラーク海膨の海面下三一六〇メートルにある前期鮮新世かまたは中新世末期の礁性石灰岩などがあります。

とくにウッドラーク海膨（地点1109と1118）は、中新世末期には陸上であり、鮮新世以降約三〇〇〇メートルも沈水しました。このことは、地中海の岩塩層の分布などとも合わせて、後期中新世の海面の位置が現在よりも約三〇〇〇メートル低かったことを意味します。私の師の星野先生は、中新世末期の海面の位置を現在の大陸斜面にある海底峡谷の末端水深や深海平坦面の深さが水深二〇〇〇メートルに揃うことから、現在より二〇〇〇メートル低い位置にあったと推定しました。[5] しかし、深海掘削の結果では中新世末期の浅海性堆積物や陸成層が現在の海面より約三〇〇〇メートル低い位置にあることから、星野先生の想定された位置よりも一〇〇〇メートル低い、現在の海面から約三〇〇〇メートル低い位置にあったと私は考えます。現在の海底峡谷の末端水深や深海平坦面の地形は、それらが大陸縁辺または島弧縁辺にあることから、陸域の隆起の影響により約一〇〇〇メートル以上上昇したために水深二〇〇〇メートルのところにあると考えられます。

中新世においては、とくに中期中新世の海面上昇も顕著で、中期〜後期中新世の浅海性石灰岩の形成や中期中新世からの深海化などが世界の多くの地域で観察されます。日本海は、中期中新世以降に約三四〇〇メートル以上沈降したといわれますが、そこだけが中期中新世以降に深く沈降したわけではなく、世界の多くの地域で同じように沈水した現象が起こっています。

二　地層のでき方と海面上昇

地層はどのように形成されるか

前項の一「深海掘削などから推定されるジュラ紀以降の海面の位置」で、深海掘削で発見された浅海または陸上を示す岩石の年代とそれらの海面下の位置から、海面上昇曲線（図57）を示しました。しかし、この曲線では、サンゴ礁石灰岩の厚さから導かれたそれぞれの時代の海面上昇量、例えば前期白亜紀に一一〇〇メートル以上や、後期白亜紀に一八三メートル以上、始新世に五四〇メートル以上、中新世に六三〇メートル以上などの値を説明できるものになっていません。すなわち、深海掘削の結果などから推定した海面上昇曲線（図57）は、白亜紀から中新世までの海面上昇量が、実際のサンゴ礁石灰岩の厚さから導かれた海面上昇量よりとても小さいものになっています。そのため、私はこれとは別の方法で、海面上昇量の推定をすることにしました。

私は五〇年以上にわたり地層を調査してきました。そのうち、最初の約二〇年間は地層が存在することについて何も疑問をもたないで地層を見ていました。しかし、その後は、地層が形成され保存されること、さらに海で形成された地層（海成層）が陸上で見られるということが、私たちの認識している現在の自然現象から見ていかに特別なことであるかということに気づきました。

地層ができるためには、泥層や砂層、礫層など陸源性の砕屑物からなる地層であれば、まずその地層を構成している、①泥や砂、礫など砕屑物の供給が必要です。そして、それが堆積するための、②堆積空間が用意される必要があり、③保存され累積して、地層が形成されます。なお、サンゴ礁の場合、①の堆積物の供給はサンゴ礁の上での生物生産によって行われるため、外部からの堆積物の供給という①の条件が省かれます。

地層をつくる最初の条件である①の砕屑物の供給には、供給河川が必要であり、そのためにはその河川に砕屑物を供給する後背地（河川流域の山地）が存在しなければなりません。それには山地をつくる地殻の相対的隆起（または海面の相対的下降）が必要です。②の堆積空間の形成と③の地層の累積には、地殻の相対的沈降（または海面の相対的上昇）が必要になります。すなわち、地層が形成されるためには、地殻の相対的隆起と沈降が同時に起こる現象（A）、または海面の相対的下降と上昇が同時に起こる現象（B）が必要で、（A）または（B）のどちらかの現象が起こらなくてはなりません。

従来、地質学者の多くは、海面の位置を一定にして陸側が隆起して海側が沈降するという単純なモデルでそれを説明していました。しかし、海面は上下に変化することがあるため、陸地と海面の接合部（海岸線）がつねに地殻の上下変動の境界とはなりえません。また、海岸線がなぜ地殻の上下変動の境界であるかの説明もできません。陸上には過去に海底で堆積した地層が分布していますが、これは海側の地殻が隆起した結果であり、このことは陸側が隆起して海側が沈降するという単純なモデルでは説明できません。

したがって、地層が形成されるには、「地殻が隆起して、同時に海面も上昇する」、または「地殻が沈降して、同時に海面も下降する」、という二つの現象のどちらか一方が起こったことになります。海水量が一定であれば、海底を含む地殻が隆起して海底が上昇、すなわち海底が底上げされて海面も上昇すれば前者の現象が起こります。反対に、地殻が沈降して海底も沈降すれば、海面も下降します。前者、すなわち地殻が隆起しつづけて地層ができれば、地球は多少ではありますが膨張しつづけたことになり、後者の場合は反対に地球が収縮したことになります。

アルプス山脈の形成を論じたエドワード・ジュースは、褶曲山地の形成をめぐって地球が収縮することを前提にしていました。しかし、プレート・テクトニクス説では、水平方向にプレートが移動するという地殻の循環的な運動で地球のテクトニクスを説明することから、地球自体の収縮と膨張がまったく考慮されていません。したがって、プレート・テクトニクス説では、地層はそれぞれの構造場でのプレートの沈み込みや衝突、誕生などの局所的な要因によって、その部分だけの地殻の隆起または沈降が起こることによって地層が堆積すると考えていると思われます。すなわち、プレート・テクトニクス説では、あくまでも現在の地球の大きさや形をそのままにして、プレートの水平運動だけですべてを説明するため、垂直的な地形変化や海面変動は二次的なものとされています。

石油探鉱による地層形成の研究

二〇世紀は「石油の時代」と呼ばれ、石油は産業革命のときの石炭と同じように人類にとっての重要なエネルギー資源として利用され、石油開発と生産は巨額の富を生み、その開発技術が発展してきました。石油を探すために行う地層調査を石油探鉱といいます。石油探鉱には、陸上で地層を調べる地表地質調査はもちろん、掘削と地震探査（音波探査）による地下地質の推定などが行われ、地下の地層の重なりや、それぞれの地層の地質年代、形成された環境、石油やガスの含有状態などが詳細に調べられます。

一九七〇年代には、石油会社が陸上や海底で行った石油探鉱によって収集した、膨大な地震探査の断面と掘削コア試料などの分析から、年代の古い順に地層がどのように重なり合っているかということを解析する地震波層序学という方法が導き出されました。そして、その方法により地層が海面変動に対応して形成されることが明らかにされて、中生代から現在までの海面変動のようすが推定されました。[6] 一九八〇年代には、その研究が発展して、地層の重なりの特徴から、地層が海面変動と地殻の相対的沈降によって形成されるという堆積モデル（第三オーダーの層序学的シーケンス堆積モデル）が構築され、三畳紀以降の海面変化曲線が提案されました。[7]

この堆積モデルの基本となる「堆積シーケンス」とは、「不整合面とそれに連続する沖合の整合面」として定義される「シーケンス境界」[8]によって分けられる地層（堆積層）の単位のことです。この地層形成モデルでは、地層は「海面変動で形成された堆積シーケンス」という単位の重なりとしてとらえることができる、としています。

この堆積モデルは、石油地質学者たちの実践から導かれ、明らかにされた地層形成過程を復元するモデルです。それは一八〜一九世紀の産業革命のときに石炭探査から地質学や層序学（地層の重なりや地質年代についての学問）が誕生したことに匹敵する、二〇世紀の地質学におけるもっとも重要な成果だと私は考えています。この堆積モデルは、地層が形成されるメカニズムを明らかにしたと同時に、海面が上昇した時期（海進期）と海面の上昇量を明らかにしている点でも重要なものです。

堆積シーケンスと海面変動

日本近海も含めて世界中で行われた石油探鉱では、陸上や大陸棚、大陸斜面での掘削と地震探査などの膨大な石油探鉱記録をもとに、陸上と海底での地層の重なりと分布が調べられました。その結果、地層は

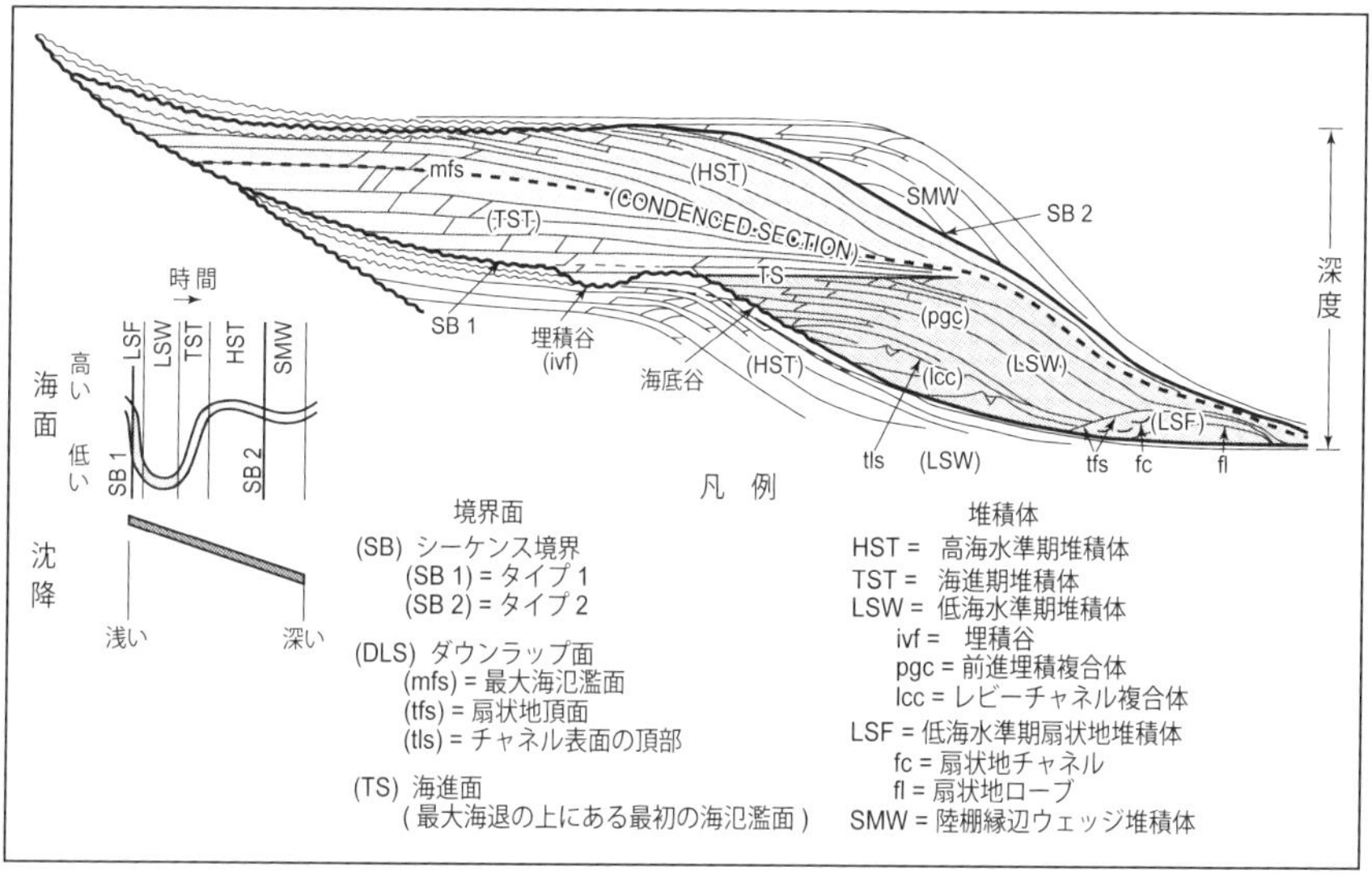
mfs
(HST)
(CONDENCED SECTION)
(TST)
SMW
SB 2
TS
SB 1
埋積谷
(ivf)
海底谷
(HST)
(pgc)
(lcc)
(LSW)
(LSF)
tls
(LSW)
tfs
fc
fl
深度
時間
海面
高い
低い
LSF
LSW
TST
HST
SMW
SB 1
SB 2
沈降
浅い
深い
凡　例
境界面
(SB) シーケンス境界
(SB 1) = タイプ 1
(SB 2) = タイプ 2
(DLS) ダウンラップ面
(mfs) = 最大海氾濫面
(tfs) = 扇状地頂面
(tls) = チャネル表面の頂部
(TS) 海進面
(最大海退の上にある最初の海氾濫面)
堆積体
HST = 高海水準期堆積体
TST = 海進期堆積体
LSW = 低海水準期堆積体
ivf = 埋積谷
pgc = 前進埋積複合体
lcc = レビーチャネル複合体
LSF = 低海水準期扇状地堆積体
fc = 扇状地チャネル
fl = 扇状地ローブ
SMW = 陸棚縁辺ウェッジ堆積体

図58　層序学的シーケンス堆積モデル（ハク・モデル）[7]。

連続する三つの特徴的な「堆積体」の重なりから構成されていることが明らかになりました。この堆積モデルでは、地層の一つの単位を、「堆積シーケンス」、正確には「第三オーダー堆積シーケンス」と呼びます。それは海面変動と地殻の沈降によって形成されると考えられ、堆積した地質年代ごとの海面の変動量をもとに、中生代以降の海面の変化曲線が提案されました。[7]

この堆積モデル（図58）と海面変化曲線は、提唱者の名前をとって、それぞれハク・モデルとハク曲線と呼ばれています。ハク・モデルでは、まず海面が相対的に下降して陸上部に侵食が起こり、大陸斜面に堆積物が供給されて堆積体が形成されます。続いて海面の上昇により海進が起こり、浅い陸棚域から陸に向かって堆積物が堆積され、その後に海面が停滞してそれらを覆って最後の堆積体が陸側から沖合にかけて形成されます。このモデルでは、そのような海面変化に応じて、それぞれ時期にそれぞれの堆積体が形成されると考え、またそれぞれの形成時期が汎世界的に共通することから、海面変動を地層形成の重要な要素と位置づけました。

最初の海面降下期には低海水準期堆積体（LST：Lowstand system tract）が、次の海面上昇期には海進期堆積体（TST：Transgressive system tract）、その後の海面停滞期には海進期に広がった堆積空間を埋めるように高海水準期堆積体（HST：Highstand system tract）が堆積します。この海面上昇量は、海面上昇によって沿岸から海岸にかけて積み重なる（海岸にオンラップする）地層のようすと厚さから割り出されたものです。この地層形成モデルは、私だけでなく、世界の多くの地質学者が研究してきたさまざまな地層の形成過程を説明できることと、世界各地に分布する地層の対比を可能にしました。

地層形成について、このモデルのように一つの海面変動によって地層の一単位（堆積シーケンス）が形成されても、次の海面低下が起これば、それらのほとんどは削剥されて保存されません。しかし、実際には一つの堆積シーケンスの上にはさらに新しい堆積シーケンスのセットが次々と重なっています。そのため、このシーケンス堆積モデルでは、一回の海面変動によって地層は形成されると同時に、それらが保存されるための相対的な地殻の沈降があったと考えます。したがって、このシーケンス堆積モデルでは、地層形成の要素として、海面の周期的な上下変動と、大陸縁辺の地殻が海面が上昇した分沈降するとしています。

私は、この地層を保存させた相対的な沈降は、地殻の沈降ではなく海面の上昇（海進期の海面上昇）であり、それにより地殻が沈水したと考えています。このシーケンス堆積モデルで特徴的なことは、そのもととなった海岸オンラップ曲線（図59の①）の海面降下が曲線ではなく直線（縦引きののこぎりの歯のよ

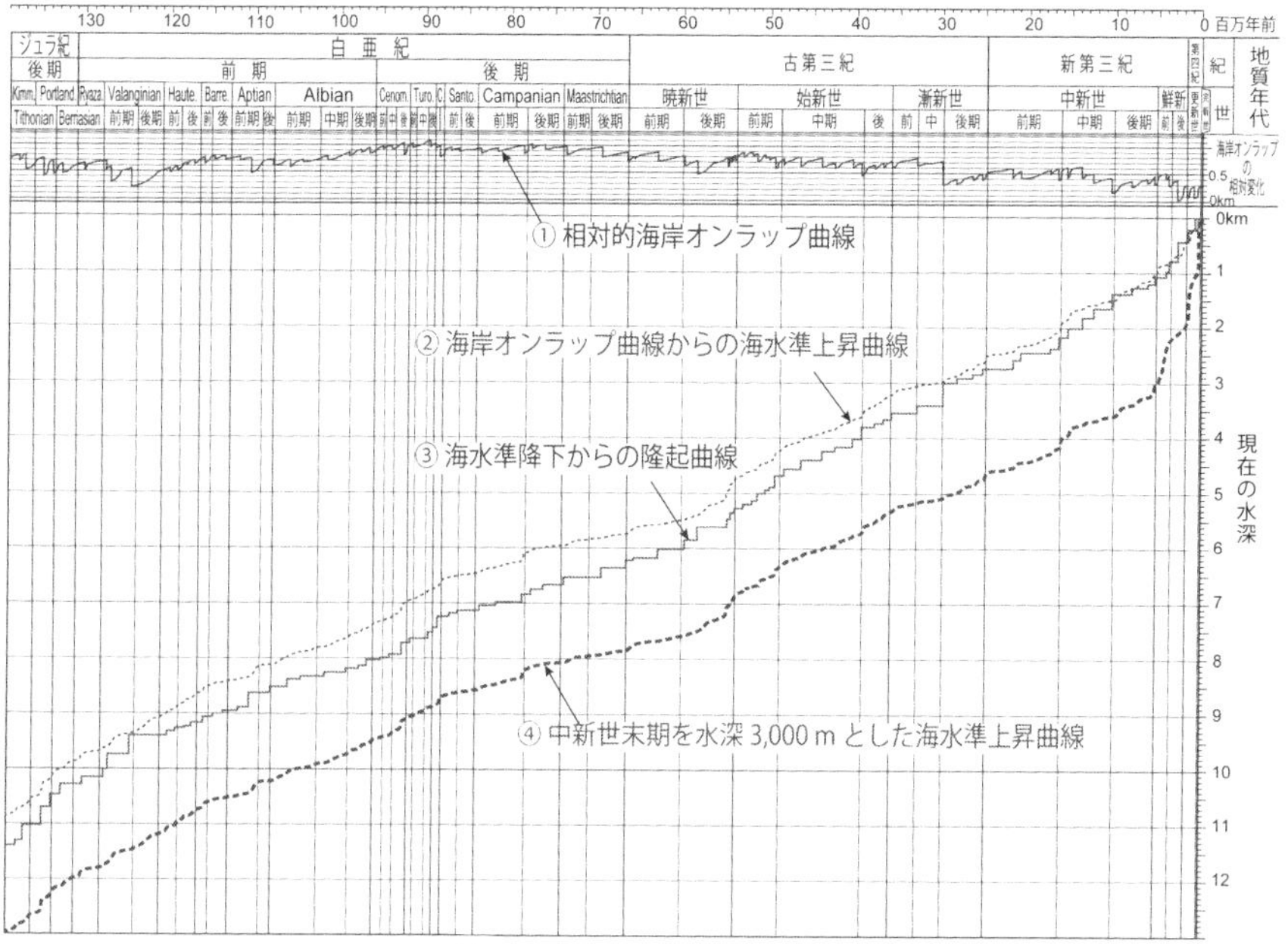
130
120
110
100
90
80
70
60
50
40
30
20
10
0 百万年前
白亜紀
前期
後期
古第三紀
新第三紀
紀
世
地質年代
Albian
Campanian
Maastrichtian
暁新世
始新世
漸新世
中新世
海岸オンラップの相対変化
0.5
0km
① 相対的海岸オンラップ曲線
② 海岸オンラップ曲線からの海水準上昇曲線
③ 海水準降下からの隆起曲線
④ 中新世末期を水深 3,000 m とした海水準上昇曲線
0km
1
2
3
4
5
6
7
8
9
10
11
12
現在の水深

図59　ジュラ紀以降の海面上昇曲線[2]。年代表と年代値は文献[7]を使用。

うな形）になっていることです。この直線的な海面降下は地質学的に時間をほとんど経過せずに海面が下がったことを示し、単なる海面の変動では説明できないと思われます。この海面降下は、まさに急激な地殻の隆起を表し、見かけ上の海面降下と思われます。

海面上昇曲線と隆起曲線

このことから、私はハクの海岸オンラップ曲線の海面降下を地殻の隆起と考え、実際の海面降下はなかったとして、海岸オンラップ曲線の海面上昇量を積算してみました。また、海岸オンラップ曲線の海面降下を地殻の隆起と解釈して、降下量を大陸縁辺における地殻の隆起量に変えて累積させてみました。そのようにして作成した海面上昇曲線を図59の②に、隆起曲線（曲線ではなく階段状の折れ線）を図59の③に示します。

この海面上昇曲線によれば、ジュラ紀末期以降その海面上昇量は約一万メートルと見積もられ、前期白亜紀末のアルビアン期とセノマニアン期の境界からでは約七五〇〇メートルになります。一方、中新世末期の海水準の位置は、深海掘削の結果では現在の海面下三〇〇〇メートルにあるのに対してこの海面上昇曲線では一〇〇〇メートルと大きく異なっています。このように、ハクの海岸オンラップ曲線を累積した海面上昇曲線の各年代の値を見ると、深海掘削の結果から推定した各年代の海面の位置より漸新世以降は小さく、始新世以前はより大きな値となります。

この海面上昇曲線（図59の②）は、前期白亜紀のアプチアン期〜アルビアン期の海面上昇量が一一〇〇メートルあり、これは太平洋のギヨーのサンゴ礁の厚さから推定した値と一致します。また、後期白亜紀のカンパニアン期〜マーストリヒチアン期における一八三メートル以上や、エニウェトク環礁での始新世の五四〇メートル以上、中新世の六三〇メートル以上などのサンゴ礁石灰岩の厚さから推定した海面上昇量も、よく一致します。

そこで、後期中新世の海面の位置を深海掘削の結果から現在より三〇〇〇メートル低い位置と想定して、海岸オンラップ曲線を累積した海面上昇曲線を二〇〇〇メートル下方へ移動して、ジュラ紀末期以降の海面上昇曲線としました（図59の④）。この海面上昇曲線を見ると、ジュラ紀末期（白亜紀初期）の海面の位置は約一万二〇〇〇メートル、後期白亜紀初期の海面位置は約九五〇〇メートル現在に比べて低いという結果になりました。このジュラ紀末期の海面の位置は、バハマ地域でシェリダンほか[9]が推定した後期ジュラ紀の岩塩層の深度一二キロメートルとほぼ一致します。

すなわち、このことは、もし海底の沈降がなかったとすると、海面はジュラ紀末期以降一二キロメートル上昇したことになります。反対に、海面の上昇が地層形成の原因でないとすると、地層の形成メカニズムや実際の深海掘削や地球物理学的データの結果を説明するために、大陸縁辺の海底と陸域の地殻がジュラ紀末期以降連続的に一二キロメートル沈降したことになります。ほとんどの地質学者は地殻の沈降という考え方を安易に選択しますが、これまで深海掘削の結果などで見たように、世界中の大陸縁辺だけでなく大洋底でもジュラ紀末期以降に連続して、ほぼ同時期に地殻が相対的に沈降していることから、それは地殻の局所的な沈降では説明できず、汎世界的な現象ととらえるべきで、海面上昇をその原因と考えた方が合理的であると考えられます。また、地殻を沈降させるためには、地殻か、またはその下のマントルの体積を減少させなくてはなりませんが、地殻やマントルの体積を沈降分減少、または凝縮させる考え方に、私は思い当たりません。

これらのことから、ジュラ紀以降の上部マントルの膨張による地殻の隆起と、それによる海面上昇によって大陸縁辺はもちろん大洋底の多くの陸地も沈水したと考えられます。そのような大規模海面上昇については、すでには星野先生[10]によってジュラ紀以降に海面が六〇〇〇メートル以上上昇したと提唱されていますが、本書で私はその海面上昇量を、ジュラ紀末期以降に海面が一万二〇〇〇メートル上昇したと提案したいと思います。

大陸や島弧には古生代や中生代の花崗岩など深成岩が大規模に露出しています。このことは、それらが形成されて以降に大陸地殻が一〇～二〇キロメートル以上隆起していることを意味しています。それを考えれば、その大陸や島弧の外側にある海洋地殻も全体に一〇数キロメートル隆起したとすると、その上の海水の表面である海面もその隆起量に相当して上昇したと考えられ、ジュラ紀末期以降に海面が一二キロメートル上昇したという話は、それほどおかしなことではないと思われます。

地球の膨張とその原因

私が本書で新たに提案した海面上昇曲線にもとづくと、深海掘削で明らかになった深海底の過去の浅海堆積物や陸上火山岩は、それが形成されたときは現在の位置か、またはそれより低い位置にあり、地殻の隆起により高い位置に隆起した可能性があります。一方、ジュラ紀以降に陸地でありつづけた場所は、その時々の海面の位置より現在でもさらに高く隆起していることが推測されます。この海底と大陸の地殻の隆起と、海面上昇の仕組みについては、すでに第三章の最後に星野先生の説で紹介したように、ジュラ紀以降の上部マントルからのソーレアイト質玄武岩マグマの上昇と地殻内への迸入により、海底も陸域もともに隆起し、海底が隆起した分海底が底上げされて海面が上昇したと考えられます（図30）。すなわち、ジュラ紀末期以降に地球が膨張して地球の半径が最低でも一二キロメートル増加したと考えられます。

地球を膨張させた上部マントルからのソーレアイト質玄武岩マグマの上昇は、上部マントル内の岩石の相転移による膨張に原因があると考えられます。地殻およびマントル上部の岩石をつくっている珪酸塩鉱物は深くなるにしたがって、より密度の高い構造の別の鉱物に変化します。この鉱物が変化することを「相転移」といいます。一定の温度で圧力が上昇すると、例えばケイ線石はラン晶石または紅柱石に、さらにラン晶石へと相転移を起こします。マントルの化学組成をもつ物質は、低圧下ではかんらん石と斜方輝石、単斜輝石および長石からなりますが、圧力が上昇するにしたがい、これらの鉱物のうち長石が不安定になり、かんらん石と反応して輝石とスピネルに変化します。さらに高圧になるとスピネルが消滅して、ガーネットが生じて、マントルの物質がかんらん石と斜方および単斜輝石と、ガーネットの集合物になります[1]。

地球の半径は約六四〇〇（正確には六三七一）キロメートルあり、密度が五・五一g／cm³で、それは地殻上部を構成する花崗岩の二倍、鉄の〇・七倍に相当します。地球の内部構造は地球で起こる地震波の解析によって、図60のように密度のそれぞれ違った核とマントル、地殻からなると推定されています。地球表面には全体からするととても薄い地殻があり、地球内部のほとんどはマントルと核からなり、内部ほど圧力と温度が高く、それらを構成する物質も高い密度となります。

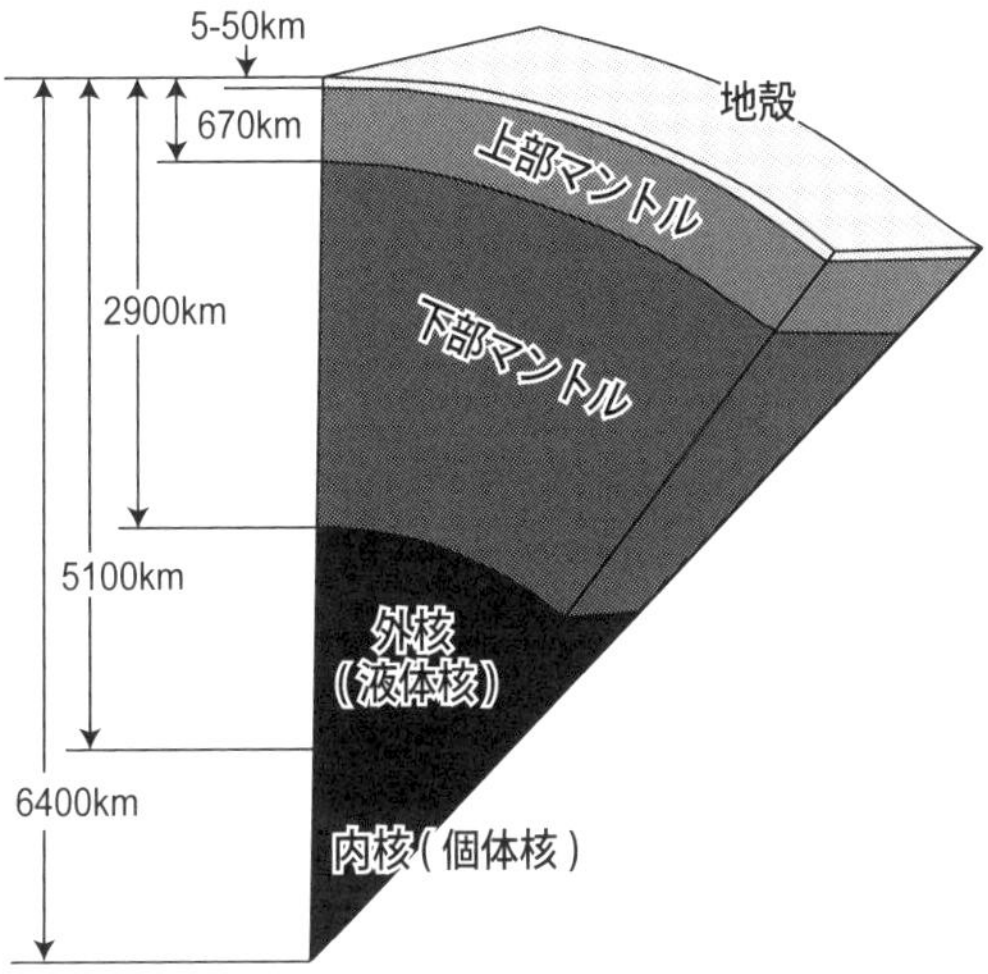
5-50km
地殻
670km
上部マントル
2900km
下部マントル
5100km
外核
（液体核）
6400km
内核（個体核）

図60　地球の内部構造。

地球膨張の原因となる上部マントルでの鉱物や岩石の相転移は、上部マントルでの圧力や温度の変化で生じると考えられます。圧力の低下や温度の上昇で、密度の高い鉱物が低い鉱物に変化すると体積が増加します。その変化の一つに、岩石の溶融現象があります。高い密度の固体マントルの中に溶融したマグマが生じると、それは低い密度になり、体積を増大させて上向きの圧力を生じます。

地球が膨張すると、その分地球の表面積が増加するので、海水が一定だとすると海水層が薄くなり、海面が低下するのではないかという疑問が生じるかもしれません。しかし、ここで述べているジュラ紀末期以降の地球の膨張は、半径が一二キロメートル増えて現在の六三七一キロメートルになり、それによる表面積の増加に対する海面の低下量（海水層の薄化）は数メートルと試算されます[12]。

海面がかつて三〇〇〇メートルまたは四〇〇〇メートルも低かったとすると、現在の海底の広い地域が陸域になります。そうすると、海の水はどこに行ってしまうのかという疑問をもつかもしれません。現在の海水の量は、今から二五億年前の原生累代から変わらなかったと考えられているので、陸域が増えればその分の海水のおさまる深い海盆が必要になります。現在の陸域にも過去の地質時代に海域が広がっていたところもありますが、とくに太平洋の深海底は大西洋やインド洋に比べてジュラ紀より古い大陸の証拠が少ないため、太平洋の大部分は中生代まで相当に深い海底だった可能性があります。それに対して、大西洋とインド洋には、広い範囲で大陸が存在していたと考えられます。そして、ジュラ紀以降に大西洋とインド洋に海が広がり、時代が新しくなるにしたがい、両海洋の海盆は深くなっていったと考えられます。

大陸地殻と海洋地殻

地球の表層を構成する地殻の厚さ（モホ面深度）は、地震波による地球内部の密度の違いから推定されていて、大陸の下と海洋の下ではその厚さが大きく異なっていて、多くの大陸では地殻の厚さが三〇～六〇キロメートルで、海洋では五～一〇キロメートルしかないといわれています。そして、大陸下の地殻を「大陸地殻」といい、海洋下の地殻を「海洋地殻」といいます。大陸地殻上部を構成する岩石は地震波による密度の推定から花崗岩質の岩石とされ、大陸地殻下部は玄武岩質の岩石とされ、海洋地殻は大陸地殻下部と同じ玄武岩質の岩石からなると考えられています（図61）。しかし、これらの構成岩が花崗岩質の岩石が花崗岩で、玄武岩質の岩石が玄武岩からすべてできているわけではありません。

海洋にある海嶺や海台などでは、地殻の厚さが三〇キロメートルほどあるものもあり、それらのいくつか、例えばジーランディアやケルゲレン海台、セイシェル諸島を含むマスカリン海台（モーリシア）などは大陸地殻をもつマイクロコンチネントと考えられているものもあります。また、グリーンランド縁辺も含めた北部大西洋地域（アイスランディア）では、海洋地殻とされているものが大陸地殻である可能性もあります。すなわち、大陸地殻と海洋地殻を区別しているのは、地震波速度から推定される密度と厚さの違いからであり、それを構成する実態としての構成岩石についてはまだほとんどわかっていません。

地殻の下に想定されている上部マントルには、地表面からの深さ一〇〇キロメートル付近に、地震波が低速になる層（低速度層）があり、その上部マントル下部をアセノスフェアと呼びます。このアセノスフェアは部分的に溶融していると考えられ、その上にある相対的に冷たく硬い層とは物理的に区別され、この上部マントルの上部と地殻とからなる領域

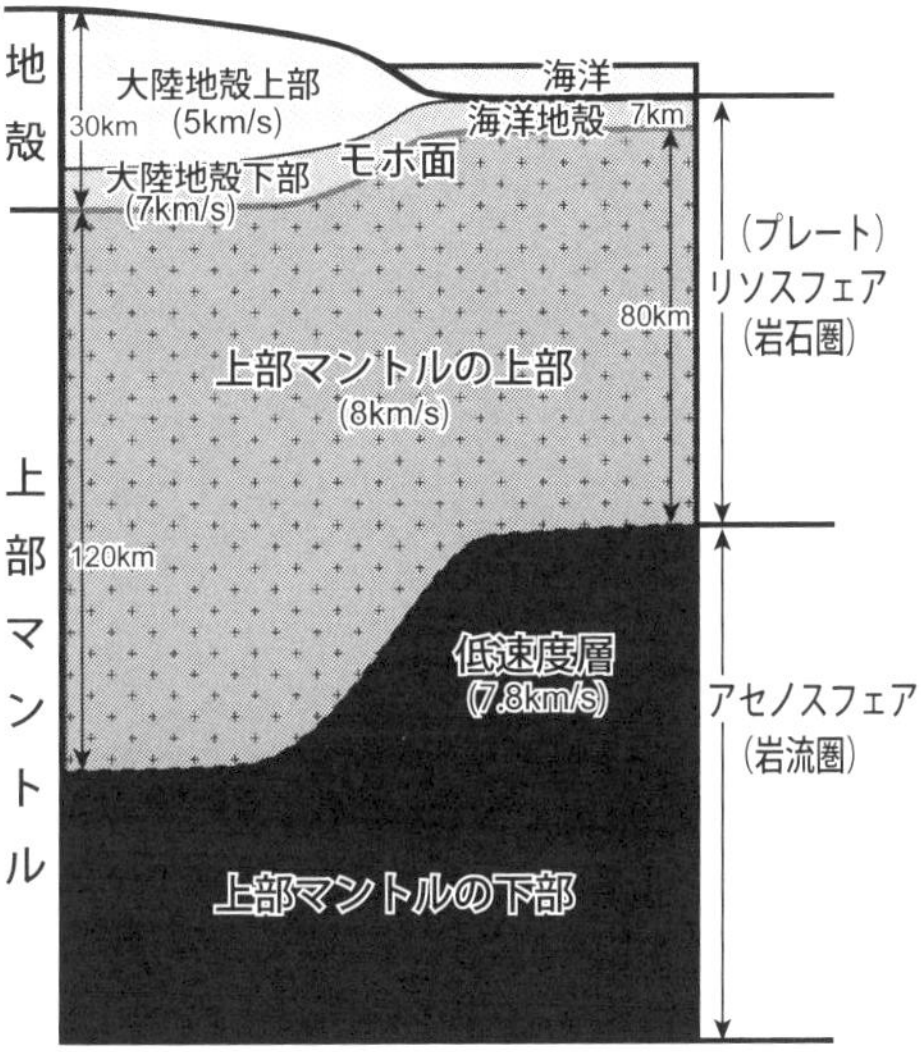
地殻
大陸地殻上部
(5km/s)
30km
海洋
海洋地殻
7km
モホ面
大陸地殻下部
(7km/s)
(プレート)
リソスフェア
(岩石圏)
80km
上部マントルの上部
(8km/s)
上部マントル
120km
低速度層
(7.8km/s)
アセノスフェア
(岩流圏)
上部マントルの下部

図61　地球表層（地殻とリソスフェア）の断面。

をアセノスフェアに対してリソスフェア（岩石圏）と呼びます。プレート・テクトニクス説では、リソスフェアがプレートに相当するとしています。

地殻の密度はマントルの密度に比べて小さいので、海に氷山が浮かぶように、地殻がマントルの上に浮かぶように浮力をうけているという考えがあります。このような地殻とマントルの浮力と重力の釣り合い（均衡）を、「アイソスタシー」といいます。アイソスタシーでは、マントルに浮かぶ地殻が安定するためには、力学的に標高の高い地殻はその分浮力も多く必要で、地下深くにまで地殻が続いている必要があるとされます。このアイソスタシーの考え方は、プレート・テクトニクス説でも利用され、地殻の隆起や沈降などもこの考えで説明されることがあります。しかし、地殻とマントルの関係またはリソスフェアとアセノスフェアの関係については、実際にこのアイソスタシーが成立しない場合が多くあり、単純にアイソスタシーの考えを適用することだけではすべてを説明できません。

すなわち、「大陸」だから大陸地殻から構成されていて、「海洋」だから海洋地殻から構成されているという考え方、同様に生物地理学での「大陸島」だから大陸と陸続きで、「海洋島」だから大陸と陸続きではなかったというような「既成概念」で物事を考えるのではなく、その実態がまだわからないことをきちんと認識して、地殻の構成や地形の成り立ち、生物の進化と分布を考えるべきだと、私は考えます。

第六章
陸生動物の分布と沈んだ大陸

図62　走鳥類
オーストラリア大陸のエミュー[1]。

図63　マダガスカル島のワオキツネザル[1]。

第三章の「四三万年前に沈んだ大陸」では、現在水深一〇〇〇メートルの等深線でつながる島々が今から四三万年前に隣接する大陸や島々と陸続きで、それ以降の海面の上昇により島々に隔離されて島独自の固有の動物相が形成されたことを述べました。第四章では実際に深海掘削などのデータから深海底の沈んだ大陸の証拠を探し、第五章ではそれらのデータと地層がどのように形成されるかというモデルからジュラ紀末期以降の海面上昇量を推定しました。

第五章で示したように、海底が沈降していないと考えると、ジュラ紀末期の海面の位置は現在より一二キロメートル低い位置にあったことになり、地球の半径も今よりも少し小さかった可能性があります。海溝を除いた現在のほとんどの大洋底はもっとも深くても六〇〇〇メートルほどなので、白亜紀末期に海面が現在より約八〇〇〇メートル低い位置にあったとしたら、ほとんどの海底が白亜紀末期に陸地になってしまいます。とはいっても、すべての海底が陸上であったわけではなく、現在とほぼ同量の海水を海底が溜めていたはずで、現在の大洋底の大部分は相当に深く、その後に隆起した結果、現在の水深になったと考えられます。

私の推定した海面上昇曲線（図59の④）を用いれば、ジュラ紀以降の陸生動物の大陸間の移動は海面が相当に低かったことから、大陸移動や筏を利用した漂流などを考えずに、現在の大陸間にある海嶺や海台などの隆起地形を、沈んだ大陸（陸橋）として想定することで説明できるのではないかと考えます。

この章では、現在までの生物地理学の発展の歴史を省みて、最近の分岐分類学と分子系統学の成果をもとに、現在の海底での陸上の痕跡を参考にして、主に陸生動物が渡った沈んだ大陸を推測してみたいと思います。

一　生物の進化と生物地理学

ダーウィンの進化論とウォーレスの生物地理

世界には、さまざまな植物や動物がいて、それぞれがさまざまな地域に分布しています。その分布はとても複雑で、それらの種の祖先がどこで生まれ、どのようにその場所に来て繁栄したかという経緯についてほとんど明らかになっていません。とくに、各大陸間での生物の分布や海洋島と呼ばれる孤島に生息する生物については、先祖がいつ、どのようにして大陸や島々に渡ってきたかという問題は、多くの生物地理学者の議論のテーマになっています。

一八五九年にチャールズ・ダーウィンが『種の起源』を出版して、リンネの階層的分類体系が生物進化の歴史を表現するものであることを明らかにしました[2]。すなわち、ダーウィンは現在の種は過去の共通先祖から進化したことと、種の間の遺伝的つながりはその分類体系によって表現されることを示しました。

ダーウィンが長年温めていた進化論の構想を、『種の起源』として出版することを決意させた原因といわれるものに、出版の前年にアルフレッド・ラッセル・ウォーレスが発表した「変種がもとの型から無限に遠ざかる傾向について」という論文があります。ウォーレスは、ワラセア区の生物地理境界線である「ウォーレス線」を明らかにしたイギリスの生物地理学者です。

ウォーレスは、ダーウィンのように裕福な家庭の出身ではなかったため、十代後半から自活しながら独学で博物学を学び、博物学の標本収集人としてアマゾンやマレー諸島などに行き標本採集の仕事をしてい

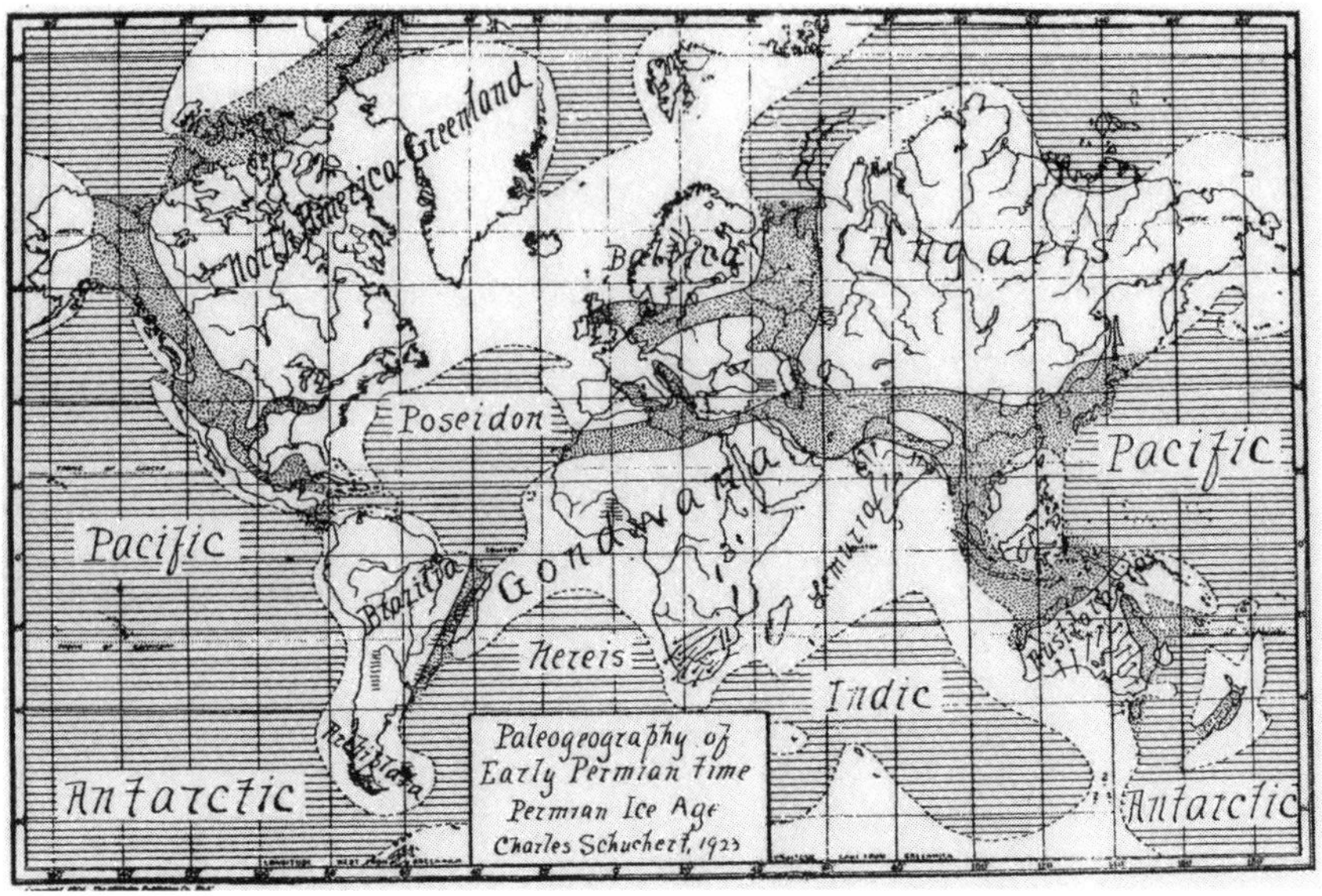
North America
Greenland
Baltica
Angaris
Poseidon
Pacific
Pacific
Gondwana
Nereis
Indic
Antarctic
Antarctic
Paleogeography of
Early Permian Time
Permian Ice Age
Charles Schuchert, 1923

図64　1920年代の陸橋による前期ペルム紀の古地理図[3]。北半球には北アメリカ−グリーンランド大陸、バルティカ大陸、アンガラ大陸があり、南半球にはゴンドワナ大陸がある。

ました。ウォーレスは、それらの地域で生物の種がさまざまに変化していることから、生物の分類上の結びつきは地理的に密接に関連していると感じ、そのことを一八五五年に「新しい種の登場を調節してきた法則について」という論文で発表しました。このことは、ダーウィンと同じような生物進化の考え方に、ウォーレスが生物の分布の特徴から到達していたことを意味します。

陸橋説と大陸移動による分断説

今から七〇年以上前の一九五〇年代ごろまでは、海を隔てた大陸と大陸、大陸と島々との間の陸上に棲む生き物の移住は、海の中に陸続きの橋があって、すなわち陸橋によって行われたと考えられていました（図64）。このことは、生物がその生息環境の中を自然な状態で他の大陸や島々に移動していき、その後に陸橋が海底に沈んで、それら生物の分布が分断されたと考えられました。

しかし、ちょうどそのころから音波探査を用いた海底地形の調査が進み、大西洋など大洋の海底がとても深く、大部分が四〇〇〇〜五〇〇〇メートル、またはそれ以上深いことが明らかになりました。そのため、生物地理学者の多くが、「そのような深い海底に大陸が沈んでしまうことは考えられない」ということで、それまで推定されていた陸橋が「妄想の産物である」と考えるようになりました。

それに代わって登場したのが、大陸移動説またはプレート・テクトニクス説による生物分布の分断と、遊泳または漂流により生物が海を渡ったという海洋分散という二つの考え方でした。

前者の大陸移動説またはプレート・テクトニクス説とは、地球表面がその表面に沿った十数枚のプレート（硬い板）に分かれていて、それらのプレートが中央海嶺で生まれて海溝で沈み込んだり衝突したりしてさまざまな地質現象が起こるという考え方です。この考え方は、もともとアルフレッド・ウェゲナーが一九一五年に、アフリカ大陸の西と南アメリカ大陸の東の海岸線の形が似ていることと、古生代末の古生物の分布や地質帯が両大陸で連続するように見えることから、アフリカ大陸と南アメリカ大陸が分かれて移動したという大陸移動説を唱えたことに始まります。その当時は、生物の分布や移動について陸橋で説明されていたので、大陸を移動させるウェゲナーの主張はほとんどうけ入れられませんでした。

しかし、一九六〇年代になると、大西洋の中央に南北に連なる海底の高まり（大西洋中央海嶺）があり、その大西洋中央海嶺は両側の大陸の海岸線とほぼ平行してあり、海嶺の頂部が陥没して活発な火山活動をしていることがわかり、中央海嶺で海底が生まれて両側に拡大しているのではという海洋底拡大説が生まれました。そして、大西洋中央海嶺をまたいだ海底の全磁力測定で海嶺を軸として東西対称の計測値が測定されたことから、海底は中央海嶺で生まれて両側に拡大していると考えられるようになりました。これらのことから、地球の表面は地殻と上部マントルの一部からなるいくつかのプレートに分かれ、それらのプレートがそれぞれ動いてさまざまな地質現象が起こると考えるプレート・テクトニクス説がつくられました。

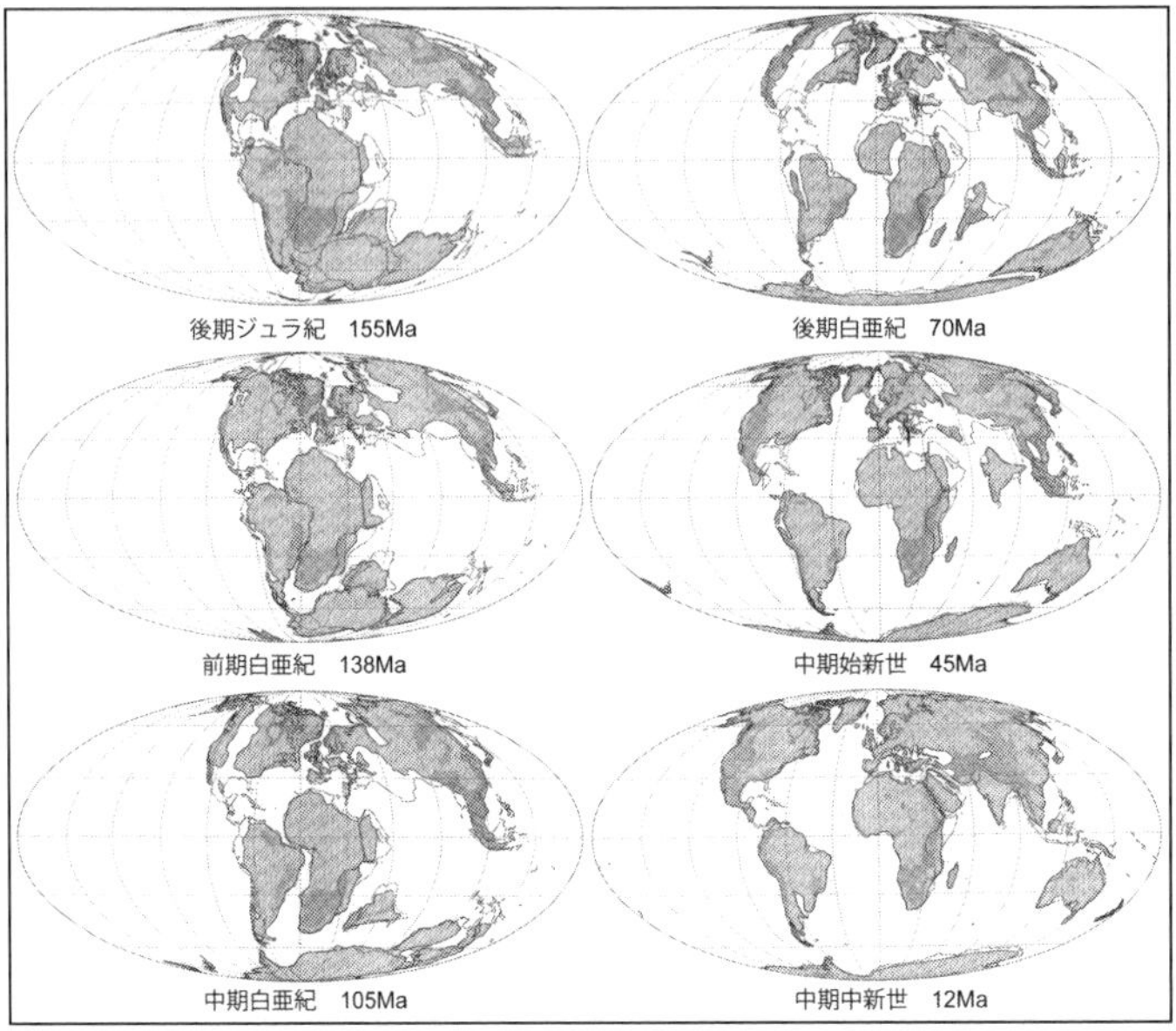

後期ジュラ紀　155Ma
後期白亜紀　70Ma
前期白亜紀　138Ma
中期始新世　45Ma
中期白亜紀　105Ma
中期中新世　12Ma

図65　プレート・テクトニクス説による大陸の分離と移動[4]。Maは100万年前。

このプレート・テクトニクス説によれば、大西洋をつくった大西洋中央海嶺による海底拡大により、中生代に東側のユーラシア大陸とアフリカ大陸、西側の南北アメリカ大陸が分断されて離れ、とくに南半球の大陸がかつてつながっていたとして想定されたゴンドワナ大陸が、南アメリカ大陸とアフリカ大陸が分離した後に、南極大陸とインド、マダガスカル島、オーストラリア大陸が次々と分離して、それらが新生代にインド洋を漂移して現在の位置に定置したとされました（図65）。生物分布の分断説では、このプレート・テクトニクス説にしたがって、現在の生物の分布の概要が説明されました。

この大陸移動による分断説では、生物の海洋分散をほとんど認めず、プレートの動きや地殻変動にもとづいたテクトニクス（地殻の構造運動）を重視し、陸上で生きる生物の自然環境の中での自然分散を優先しました。そのため、生物や古生物の分布やそれらの系統の移住に関して、さまざまなプレートの境界がつくられ、それらの分裂と衝突により、生物の分布が説明されました。

分岐分類学と分子系統学の発展

今から三〇余年前の一九九〇年代になると、生物の系統進化について共有する派生形質にもとづいて系統樹を作成していく分岐分類学が発展し、また遺伝子情報の蓄積により遺伝子の変化から生物の系統を探る分子系統学が進展しました。とくに、後者の分子系統学の発展は目覚ましく、現在では生息するほとんどすべての生物の遺伝子情報が明らかにされ、それを用いて祖先系統の分岐の順序と分岐年代の推定[2]が行われ、それぞれの生物の進化の歴史が明らかにされてきています。

それらの結果によると、これまで分断説でよりどころとしていた大陸の分裂や衝突の時期と生物の分岐年代が一致しないことが多く、大陸などの一度の分離だけで生物の分断を説明できないこともあることがわかってきました。

例えば、私たちヒトも含まれる哺乳類の有胎盤類は、遺伝子解析によれば、その発展の初期にアフリカ獣上目と異節上目、北方獣類（真主齧上目とローラシア獣目）の三つにほぼ同時に分かれた[5]ことが明らかになっています（図66）。これらのうち、アフリカ獣上目はイワダヌキ目や長鼻目（ゾウ）、海牛目（カイギュウ）、管歯目（ツチブタ）などが含まれ、名前の通りアフリカ大陸を起源とします。異節上目は被

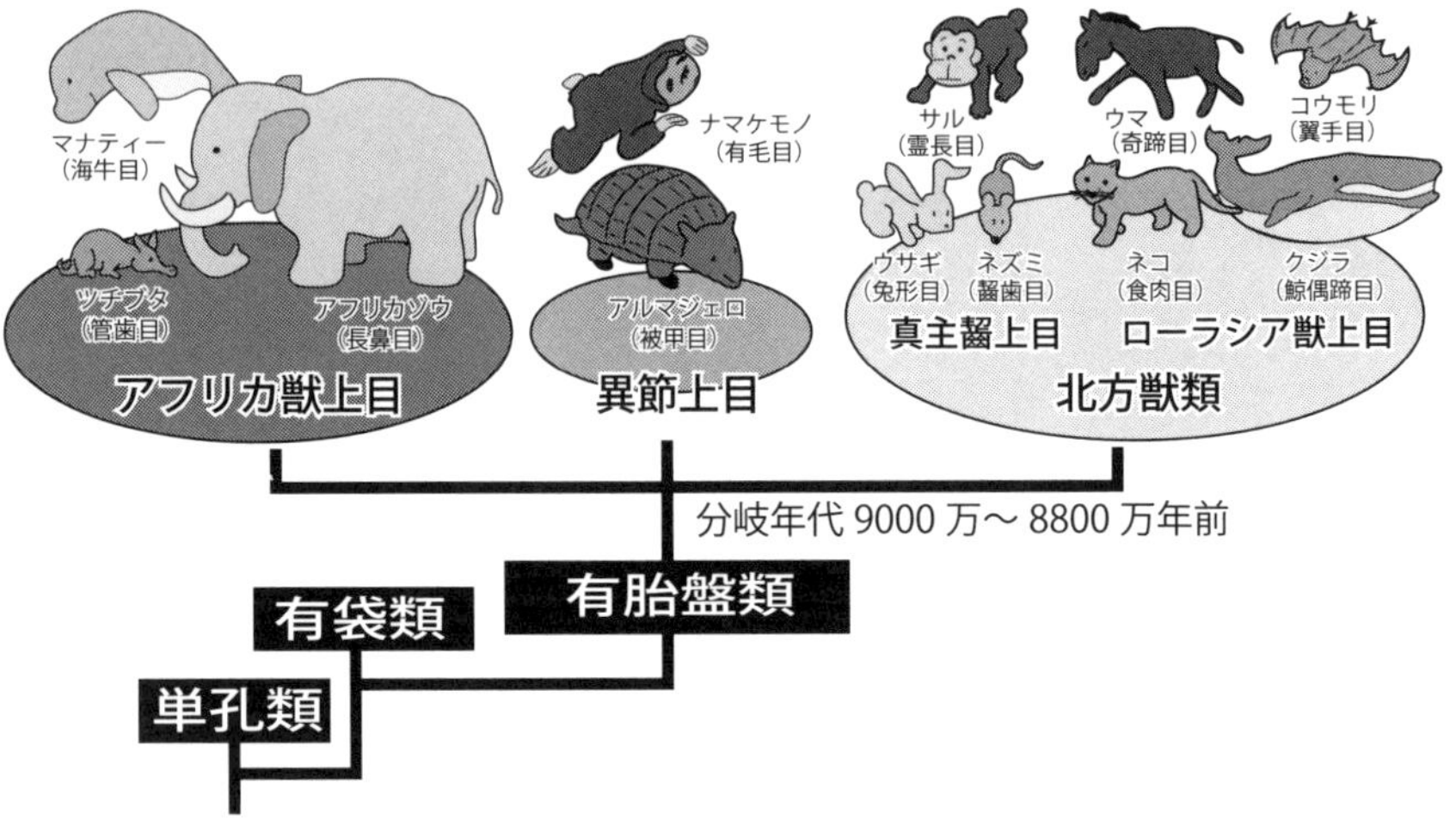
マナティー
（海牛目）
ツチブタ
（管歯目）
アフリカゾウ
（長鼻目）
アフリカ獣上目
ナマケモノ
（有毛目）
アルマジェロ
（被甲目）
異節上目
サル
（霊長目）
ウマ
（奇蹄目）
コウモリ
（翼手目）
ウサギ
（兎形目）
ネズミ
（齧歯目）
ネコ
（食肉目）
クジラ
（鯨偶蹄目）
真主齧上目
ローラシア獣上目
北方獣類
分岐年代 9000 万〜 8800 万年前
有胎盤類
有袋類
単孔類

図66　有胎盤類の3つのグレードとその分岐（文献[6]を修正）。これら3つのグレードはほぼ同時に分岐しました。アフリカ獣上目はアフリカ大陸、異節上目は南アメリカ大陸、北方獣類は北アメリカ大陸とユーラシア大陸でそれぞれ進化したとされています。

甲目（アルマジェロ）や有毛目（アリクイやナマケモノ）などが含まれ、南アメリカ大陸を起源とします。そして、北方獣目の真主齧上目は齧歯目（ネズミ）や兎形目（ウサギ）、霊長目（サル）、皮翼目（ヒヨケザル）などが含まれ、ローラシア獣上目には食肉目（ネコ）や奇蹄目（ウマ）、鯨偶蹄目（クジラとウシ）、翼手目（コウモリ）などの祖先が含まれ、それらはユーラシア大陸の一部と北アメリカ大陸を合わせたローラシア大陸に起源をもちます。このことは、これら三つのグループがそれぞれの大陸に分かれて進化したとすると、これら三つの大陸の分断がほぼ同時に起こったことになります。

しかし、大陸移動説によると、まず一億八〇〇〇万〜一億六〇〇〇万年前の中期ジュラ紀ごろに北アメリカ大陸とユーラシア大陸が分かれ、その後の一億三五〇〇万年前の前期白亜紀に南アメリカ大陸とアフリカ大陸が分裂したとされていて[7]、有胎盤類の分岐の順番とは違っています。また、遺伝子による分子系統学からそれら三つのグループがほぼ同時に分岐した年代は、今から九〇〇〇万〜八八〇〇万年前（後期白亜紀）[8]とされていて、大陸移動説の分裂年代とは五〇〇〇万〜一億年以上も違っています。このことから、有胎盤類の分岐の原因は、大陸移動説による三大陸の分断によるものではないと考えられます。

大陸移動説から海洋分散説へ

この有胎盤類の分岐については主要な一例ですが、分子系統学により分岐順序とその回数、分岐年代が推定されるようになってから、それまでの大陸移動をもとにして分断説で説明されていたものが、説明できなくなることが多発しました。そのことから、多くの生物地理学者は生物の分布を説明するのにほとんど信頼ができなくなったプレート・テクトニクス説（または大陸移動説）を否定しないまま、「ありそうもない、稀有な、不思議な、奇跡的な」[9]方法で生物は海上を移動したという海洋分散説に宗旨替えを始めました。

海洋分散説は、すでに第三章の四「陸橋による動物の移動」（80〜86ページ）で述べましたが、島への動物の移動について、ゾウやシカの遊泳能力と自然の筏によるスウィープステイク分散によって説明するものです。海洋分散するとされる陸生動物には、哺乳類だけでなく、爬虫類や両生類、淡水魚なども含まれています。また、植物においては海洋分散による生息域の拡大が頻繁にあったとする説も多くあがっています。植物の海洋分散についてはすべてを否定できませんが、爬虫類や両生類、淡水魚は、海洋分散の可能性がとても少ないと考えられます。現在の海と陸の分布と大陸移動説の海陸分布だけしか情報をもたない生物学者にとっては、「奇跡的な偶然」に頼るスウィープステイク分散を考えざるをえないのもしかたがないと思いますが、海洋分散は「必然的合理性」を追求する「科学者」が信じるべきものではないと私は考えます。

大陸移動説やプレート・テクトニクス説は、現在の大陸の形と大洋底の地質現象をもとに構築された仮説です。しかし、大洋底の地質やその歴史について私たちが知っていることは、地球の七〇パーセントを占める大洋底の表層の、それもほんの一部だけであり、その過去の歴史の実態についてはほとんどわかっていないのではないかと私は思っています。そのような段階の知識で、大洋底の地質をほぼすべて同質の十数枚の水平方向に動く「板」として扱って、地殻の構造運動をすべて説明しているのがプレート・テクトニクス説です。この仮説は、現在の地震や火山活動も含めてすべての地殻表層で起こる過去から現在までの地質現象を説明できるとしていますが、説明に合わないことや説明できないことがないわけではありません。

現在、生物学者は、遺伝子系統学から生物の分岐順序と分岐年代を推定できるようになってきました。ですから、生物の分布や大陸間での分岐について、その原因を安易に大陸移動説や海洋分散説に求めるのではなく、生物の自然分散、すなわち「生物はそれらの自然環境の中を移動する」という考えを基本に、現在の海底の深さにあまりこだわらず、生物の系統進化から生物地理を考察すべきと考えます。つまり、とくに陸生動物の場合、生息している陸域の一部が海に沈むことによる分断が主な原因となって、その動物の分岐の結果として現在の分布と系統進化があると思われます。したがって、反対に陸生動物の系統分岐から、まだほとんど実態がわかっていない大洋底の歴史における陸橋の存在と、その沈水時期を推定することにより、地殻とその上に棲む陸生動物の系統進化の歴史を統一して理解することができると、私は考えます。この考えをもとに、次に、陸生動物の分子系統から沈んだ大陸を推定してみたいと思います。

二　陸生動物の分子系統から見た沈んだ大陸

初期の有胎盤類と後期白亜紀の海面上昇

前々項の「分岐分類学と分子系統学の発展」の中で、初期の有胎盤類が九〇〇〇万～八八〇〇万年前に同時に三つのグループに分岐したことと、その原因が大陸移動によるものではないことを述べました。ここでは、生物の分岐について一度大陸移動説から離れて、単純に三つの大陸をつなぐ陸橋が沈水したと考えてみましょう。

この三つの大陸が陸続きでなくなった今から九〇〇〇万～八八〇〇万年前は、後期白亜紀のチューロニアン期～コニアシアン期にあたり、ハクの海岸オンラップ曲線や私の海面上昇曲線（図59）からもわかるように、この時期に比較的大きな海面上昇が継続して起こっていました。それは、おそらく北西太平洋にあったかつてのサンゴ礁であるたくさんのギヨーを沈めた海面上昇から継続した、後期白亜紀前期の海面上昇によるものと、私は考えます。海面上昇量はその期間の範囲だけでも約三〇〇メートルもありました。

この三つの大陸をつなげていた陸橋はどこにあったのでしょうか。それらの位置について具体的にわか

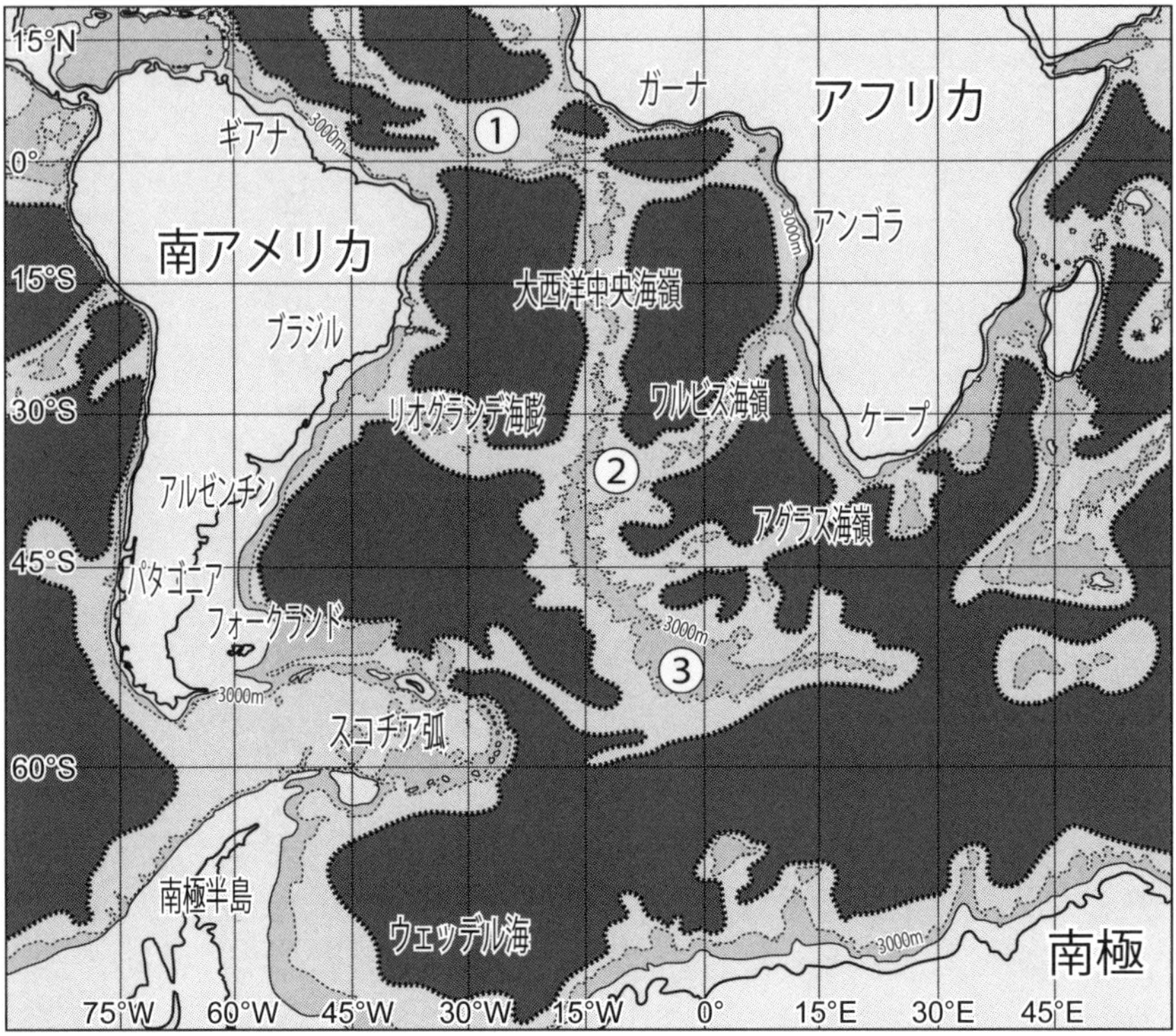
15°N
0°
15°S
30°S
45°S
60°S
ガーナ
アフリカ
ギアナ
3000m
①
南アメリカ
アンゴラ
大西洋中央海嶺
ブラジル
リオグランデ海膨
ワルビス海嶺
ケープ
②
アルゼンチン
アグラス海嶺
パタゴニア
フォークランド
3000m
③
3000m
スコチア弧
南極半島
ウェッデル海
3000m
南極
75°W
60°W
45°W
30°W
15°W
0°
15°E
30°E
45°E

図67　アフリカ大陸と南アメリカ大陸をつなぐ陸橋の位置。①～③は本文中にある陸橋のルート。約水深4000mの等深線に沿って作図。

りませんが、ローラシア大陸と南アメリカ大陸およびアフリカ大陸との接続は、現在の北アメリカ大陸と南アメリカ大陸の間と、ユーラシア大陸とアフリカ大陸の間にあり、それに加えてアフリカ大陸と南アメリカ大陸とをつなぐ陸橋もありました。

　アフリカ大陸と南アメリカ大陸をつなぐ陸橋の候補としては、現在の大西洋中央海嶺地域の赤道付近にある比較的浅い部分（図67－①）、またはアフリカ大陸沖のワルビス海嶺と南アメリカ大陸沖のリオグランデ海膨をつなぐルート（図67－②）。その南のアフリカ大陸南端ケープからアグラス海嶺を通り、南緯四五度付近の大西洋中央海嶺を経由してフォークランド海台に至るルート（図67－③）があります。これら大西洋中央海嶺の基盤岩と浅海を示す岩石については、第四章の「赤道付近とそれ以南の大西洋中央海嶺」（116～118ページ）の項で詳しく述べています。その中でも、とくに赤道付近の大西洋中央海嶺地域（図67－①）は距離も短く、かつて陸上だった証拠も多くあります。

オーストラリア大陸の有袋類

現在、有袋類は、南アメリカ大陸とオーストラリア大陸に生息し、化石群の分岐系統と現生群の分子系統学的解析から、アメリカ有袋類（アメリデルフィア）とオーストラリア有袋類（オーストラリデルフィア）の二つのグループに大別されています。

遠藤[10]によれば、有袋類（後獣類(こうじゅう)）と有胎盤類（真獣類(しんじゅう)）の分子系統学からの分岐年代は二億二〇〇〇万～一億八〇〇〇万年前（ジュラ紀）とされ、浅めの推定として一億三五〇〇万年前（白亜紀初期）とされています。また、古い系統の化石としては、最古の有袋類はシノデルフィスが一億二五〇〇万年前、ホロクレメンシアが一億一〇〇〇万年前、北アメリカ・アジア系統では九八〇〇万年前に北アメリカ大陸に分布していて、有胎盤類では一億六〇〇〇万～一億一〇〇〇万年前までの化石があり、分子遺伝学からの年代は化石証拠と比較して、一見、古すぎる印象をうける、[10]とされています。

これらのことから、白亜紀には有袋類と有胎盤類が共存していたことになり、化石の証拠から有袋類は北アメリカ大陸で進化し、北アメリカ大陸と南アメリカ大陸は後期白亜紀のある時期に陸続きになっていて、北アメリカ大陸の有袋類が南アメリカに移住して放散したと考えられています。

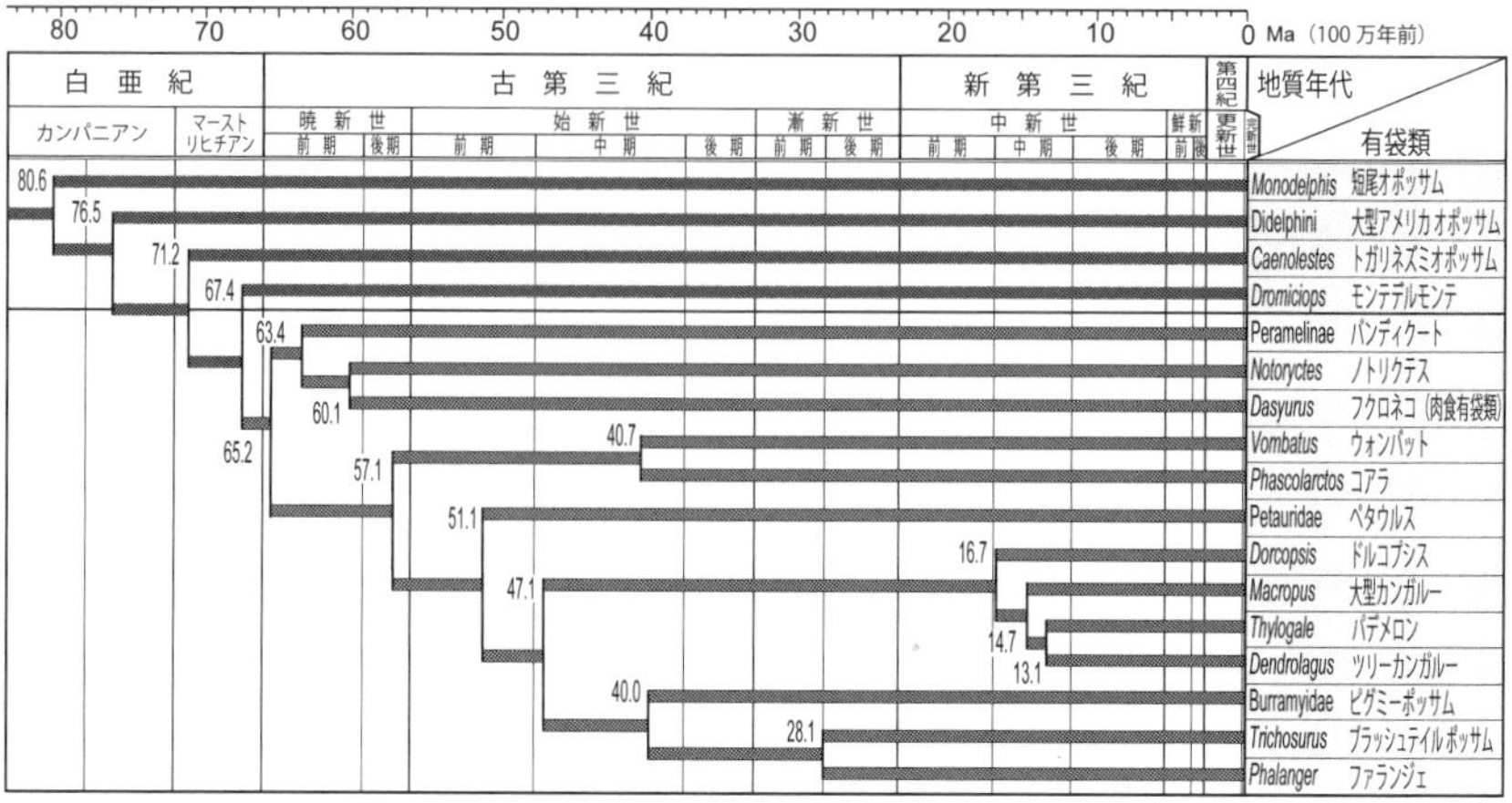

80 70 60 50 40 30 20 10 0 Ma（100万年前）
白亜紀
古第三紀
新第三紀
第四紀
地質年代
カンパニアン
マーストリヒチアン
暁新世
始新世
漸新世
中新世
鮮新世
更新世
完新世
前期 後期 前期 中期 後期 前期 後期 前期 中期 後期 前 後
有袋類
80.6
76.5
71.2
67.4
63.4
60.1
65.2
40.7
57.1
51.1
47.1
16.7
14.7
13.1
40.0
28.1
Monodelphis 短尾オポッサム
Didelphini 大型アメリカオポッサム
Caenolestes トガリネズミオポッサム
Dromiciops モンテデルモンテ
Peramelinae バンディクート
Notoryctes ノトリクテス
Dasyurus フクロネコ（肉食有袋類）
Vombatus ウォンバット
Phascolarctos コアラ
Petauridae ペタウルス
Dorcopsis ドルコプシス
Macropus 大型カンガルー
Thylogale パデメロン
Dendrolagus ツリーカンガルー
Burramyidae ピグミーポッサム
Trichosurus ブラッシュテイルポッサム
Phalanger ファランジェ

図68　有袋類の分子系統と分岐年代。下段がオーストラリア有袋類[11]。

有袋類の進化の順序では、南アメリカ大陸の系統が最初に出現し、オーストラリア有袋類が南アメリカ大陸で発生したことがわかっています（図68）。その後、後期白亜紀から暁新世初期（六七〇〇万～六三四〇万年前）にかけて、南アメリカ大陸からオーストラリア大陸へ少なくとも三回の独立した散布を行ったとされています。[1] 南アメリカ大陸からオーストラリア大陸への移動については、一回の分散イベントとするものもありますが、南アメリカ大陸のパタゴニアの始新世の地層と南極半島の地層からオーストラリア有袋類の化石が産出していることから、オーストラリア有袋類は南極大陸を経由したと考えられています。

したがって、オーストラリア有袋類が南極大陸を経由してオーストラリア大陸に到着したのは、白亜紀と暁新世（古第三紀）との境界付近の時期、いわゆるK-Pg（白亜紀―古第三紀）境界で、それ以降に南アメリカ大陸とオーストラリア大陸の有袋類の交流がないことから、南アメリカ大陸と南極大陸、または南極大陸とオーストラリア大陸をつなぐどちらかの陸橋のルートが完全に海で隔てられたと考えられます。

オーストラリア有袋類は、その後にオーストラリア大陸または南極大陸内でいろいろな種に放散して、オーストラリア大陸ではとくに中期中新世の大陸の気候変化における草原の出現によって、カンガルーなど草原性のグループの多様化が生じたといわれています。[12]

南極大陸はいつ孤立したか

南アメリカ大陸と南極大陸との間には、南アメリカ大陸南端のフエゴ島からその東側のジョージア島、南サンドウィッチ諸島、そして西に折り返して南極大陸のオークニ諸島から南極半島へと連なるドレーク海峡の島々、いわゆるスコチア弧があります（図67）。この島弧は南アメリカ大陸と南極大陸をつなぐかつての陸橋だったと古くから考えられていました。一方、南極大陸とオーストラリア大陸の間をつなぐ陸橋は、南極大陸のロス海の西側から北西方向にのびる隆起帯と考えられ、それは太平洋南極海膨の南西の延長部と交差して、オーストラリア大陸のタスマン海膨の南に到達します。その隆起帯は現在、タスマン海膨とは水深五〇〇〇メートル以深でなければ連続しませんが、おそらくここにかつてあった陸橋を有袋類は渡ったと考えられます（図69）。

南極大陸は現在、厚い氷床に覆われた氷の大陸です。しかし、南極大陸に初めて氷河、それも山岳氷河が形成されたのは中期始新世のころでした。[13]『始新世から漸新世への移行』という本を書いたプロセロ[14]によれば、始新世の中期と後期の境界で南極大陸に寒冷化が始まり、南極大陸とオーストラリア大陸の間のタスマン海が浅い海になり、初期漸新世には急激な寒冷化が起こったことが示されています。[15][16]そして、中期中新世の一四〇〇万年前に南極大陸に大規模な大陸氷床が発達したと推定されています。[17]この

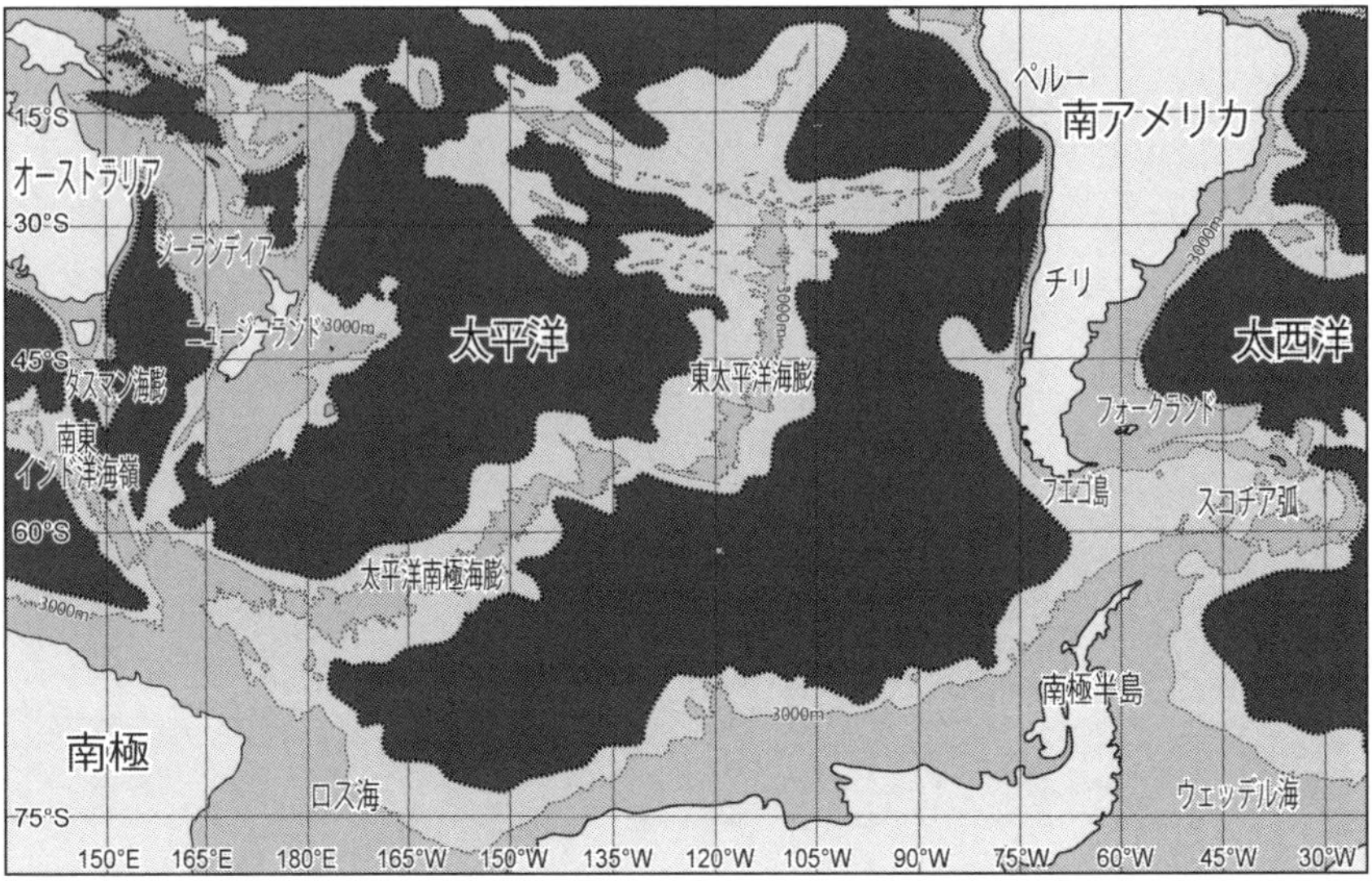
15°S
オーストラリア
30°S
ジーランディア
ニュージーランド
3000m
45°S
タスマン海膨
南東
インド洋海嶺
60°S
3000m
南極
75°S
ロス海
太平洋
太平洋南極海膨
東太平洋海膨
3000m
ペルー
南アメリカ
チリ
3000m
太西洋
フォークランド
フエゴ島
スコチア弧
南極半島
ウェッデル海
150°E
165°E
180°E
165°W
150°W
135°W
120°W
105°W
90°W
75°W
60°W
45°W
30°W

図69　南極大陸周辺の海底地形と南アメリカ大陸とオーストラリア大陸をつなぐ陸橋の位置。水深約4000 ～ 5000ｍの等深線に沿って作図。

後期始新世初め（約三七八〇万年前）にタスマン海に海域が侵入したことにより、南極大陸とオーストラリア大陸が陸続きではなくなったこと[14]で、南極大陸がそれ以降に孤立して氷の大陸になっていったと考えられます。

ペンギンはなぜ北極にいない

　ペンギンは、日本の多くの動物園や水族館にいて、子供たちはもちろん多くの人に愛されています。ところでみなさんは、ペンギンが北極にいないことに気がついていたでしょうか。ペンギンは現在、太平洋の赤道付近のガラパゴス諸島に生息するガラパゴスペンギンを除いて、すべてが南極大陸と南極周辺の南アメリカ大陸やアフリカ大陸、オーストラリア大陸の南端、ニュージーランド、それと南極圏の島々に生息しています。

　ペンギン目に一番近縁な現生鳥類はアホウドリなどが属するミズナギドリ目で、ペンギンとアホウドリは、約七一〇〇万年前（白亜紀末期のマーストリヒチアン期）の共通の祖先を共有しているとされています。ペンギンの最古の化石は、ニュージーランドの約六二〇〇万年前（前期暁新世）の地層から発見されていて、[18]その骨格は現在のペンギンによく似ていて、ペンギンは最初から現在のペンギンのような形として誕生したと考えられています。暁新世の化石のほとんどはニュージーランドで知られていますが、南極大陸からも知られていて、[19]暁新世から始新世にかけてはニュージーランドと南極大陸は同じ海岸線を共有していたと考えられます。

その後、ペンギンは中期始新世に南極大陸で主に進化して、地球規模の寒冷化にともない、南極大陸の外に拡大していったと考えられます。[20]ペンギンがなぜ北極にいないかは、ペンギンはもともと南極圏の寒冷な気候に適応することで、南極海の豊かな生物生産性を受益することができ、天敵となる寒冷適応していない他の肉食動物から逃れることにより進化・繁栄できたために、ガラパゴス諸島を除いて温暖な北側の赤道地域まで生息範囲を広げられなかったと考えられます。また、ペンギンが放散した始新世に、南極大陸と南の大陸の一部とが陸続きになっていて、その南の大陸と北の大陸がその時期に陸続きになっていなかったことも、[14]ペンギンが北の大陸にいないことの原因だったと考えられます。

現在生息するペンギンの分子系統学の研究[20]（図70）では、南極大陸に棲むオウサマペンギン属とジェンツーペンギン属、南極大陸以外の南極圏に棲むその他の属との分岐年代が、今から三七七〇万年前（後期始新世）ということが示されています。このことは、前項で述べた南極大陸が完全に孤立した時期（約三七八〇万年前）とほぼ重なります。すなわち、現在南極大陸に棲むペンギンの祖先とそれ以外のところに棲むペンギンの祖先は、南極大陸が他の大陸とは完全に陸続きではなくなったことにより分断されたと考

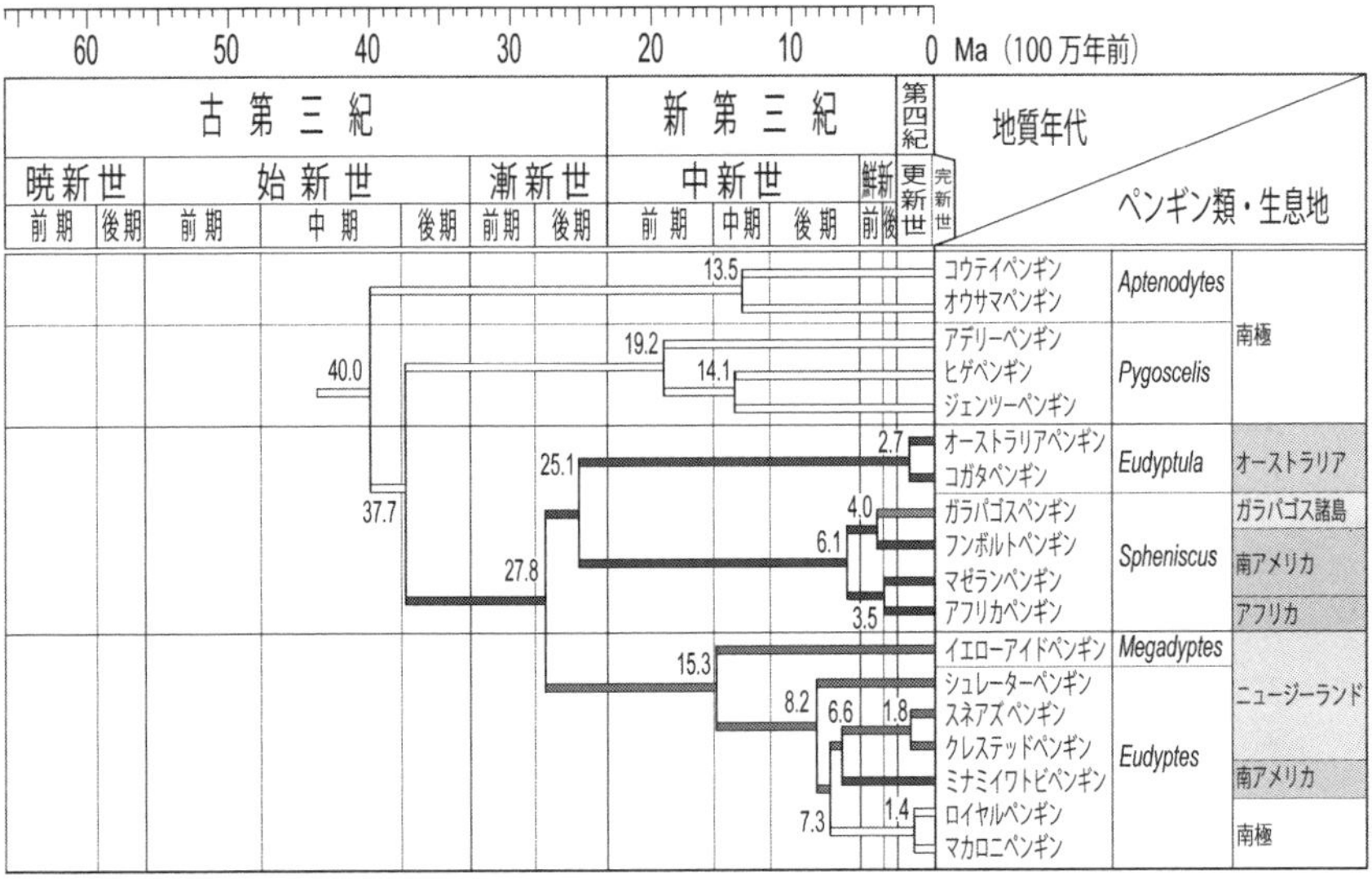
60 50 40 30 20 10 0 Ma（100万年前）
古第三紀
新第三紀
第四紀
地質年代
ペンギン類・生息地
暁新世
始新世
漸新世
中新世
鮮新世
更新世
完新世
前期 後期 前期 中期 後期 前期 後期 前期 中期 後期 前 後
13.5
19.2
14.1
40.0
37.7
25.1
27.8
2.7
4.0
6.1
3.5
15.3
8.2
6.6
1.8
7.3
1.4
コウテイペンギン
オウサマペンギン
Aptenodytes
アデリーペンギン
ヒゲペンギン
ジェンツーペンギン
Pygoscelis
南極
オーストラリアペンギン
コガタペンギン
Eudyptula
オーストラリア
ガラパゴスペンギン
フンボルトペンギン
マゼランペンギン
アフリカペンギン
Spheniscus
ガラパゴス諸島
南アメリカ
アフリカ
イエローアイドペンギン
Megadyptes
シュレーターペンギン
スネアズペンギン
クレステッドペンギン
ミナミイワトビペンギン
ロイヤルペンギン
マカロニペンギン
Eudyptes
ニュージーランド
南アメリカ
南極

図70　ペンギンの分子系統と分岐年代[20]。

えられます。

分子遺伝学によるペンギンの種の分岐年代のデータから、その後のペンギンたちの進化と生息地の海による分断の歴史を推定したいと思います。ペンギンは遊泳するため、どこにでも分散できるだろうと考えるかもしれませんが、ペンギンの各種はマカロニペンギンなど数種を除いて多くがある範囲の地域に限られて分布（隔離分布）していて、ある程度陸域や島の連続なしには長距離を海洋分散することができないと思われます。

南極半島にも分布をもつロイヤルペンギンも含めて南極大陸以外に分布するペンギンは、二七八〇万年前（後期漸新世）に、主にニュージーランドと南極圏の島々に生息するグループと、オーストラリア大陸と南アメリカ大陸（ガラパゴスペンギンとアフリカペンギンを含む）に生息する二つのグループに分岐しました。その後、後者のオーストラリア大陸のグループと南アメリカ大陸のグループは二五一〇万年前（後期漸新世）に分かれました。

ペンギンの系統から、南極大陸とそれ以外（オーストラリア大陸およびニュージーランド）のものが始新世まで連続していた可能性があることから、オーストラリア有袋類が南アメリカ大陸から隔離されたとき（六三四〇万年前）に沈水した陸橋は、南アメリカ大陸と南極大陸をつないでいたスコチア弧と考えられます。南極大陸とオーストラリア大陸またはニュージーランドをつないでいた陸橋（図71の東経一六五度付近のバレニー諸島の北西側）は、南極大陸が孤立した約三七八〇万年前には完全に沈水したと考えられます。

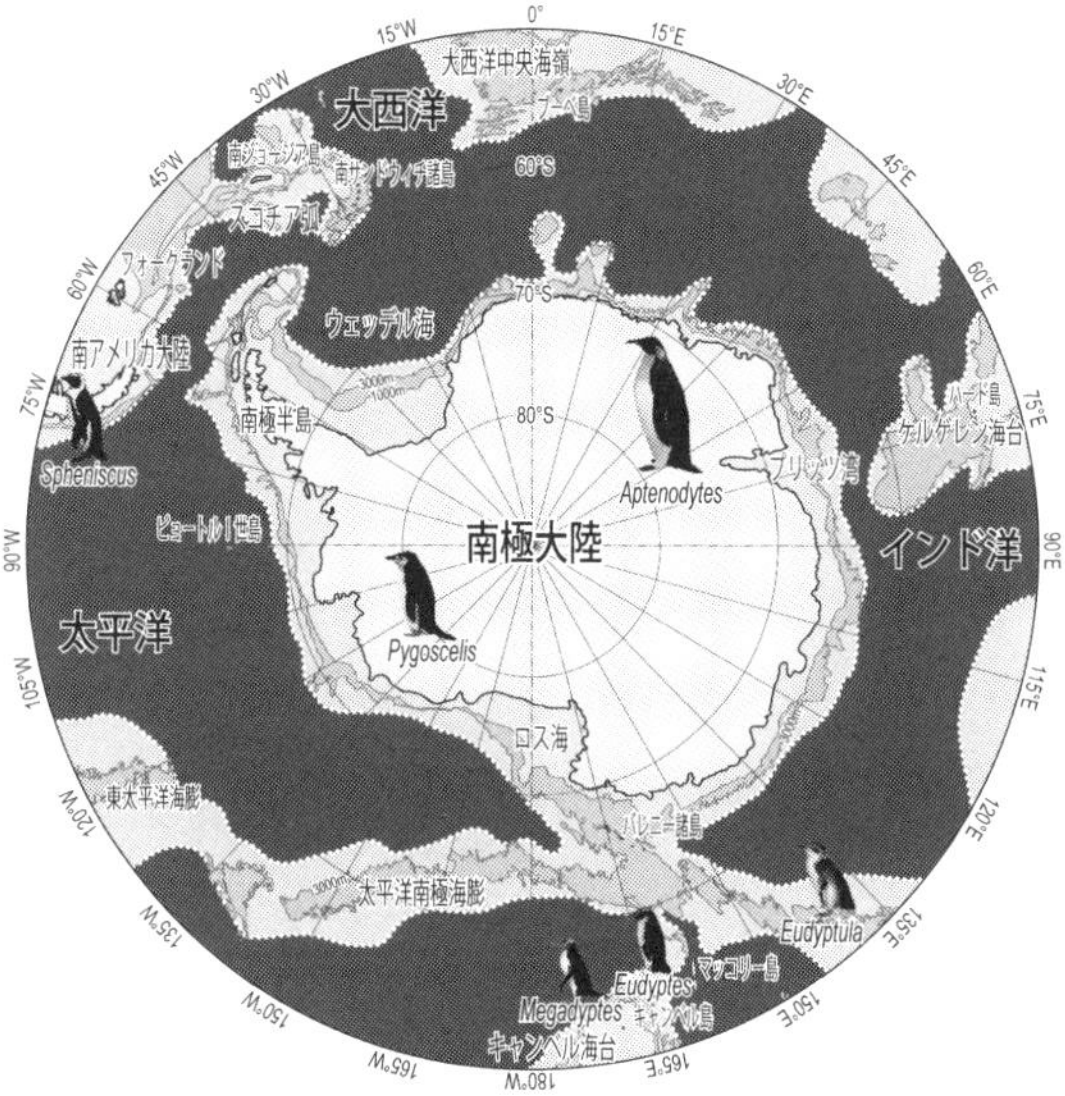

0°
15°W
15°E
30°W
30°E
45°W
45°E
60°W
60°E
75°W
75°E
90°W
90°E
105°W
115°E
120°W
120°E
135°W
135°E
150°W
150°E
165°W
165°E
180°W
60°S
70°S
80°S
大西洋
大西洋中央海嶺
ブーベ島
南ジョージア島
南サンドウィッチ諸島
スコチア弧
フォークランド
ウェッデル海
南アメリカ大陸
南極半島
3000m
1000m
Spheniscus
ピョートル1世島
太平洋
南極大陸
Pygoscelis
Aptenodytes
プリッツ湾
ハード島
ケルゲレン海台
インド洋
ロス海
東太平洋海膨
バレニー諸島
太平洋南極海膨
Eudyptula
マッコリー島
Eudyptes
Megadyptes
キャンベル島
キャンベル海台

図71　南極大陸周辺の海底地形と主なペンギンの分布。太い白破線は水深4000mの等深線で引いた前期始新世までのおおまかな大陸の海岸線で、中期始新世以降に段階的に沈水して、南極還流の形成とともにペンギン類の系統分岐と分布の拡大が起こったと思われます。

また、オーストラリア大陸とニュージーランドをつないでいた南極大陸に面した陸橋は、二七八〇万〜二五一〇万年前の間に沈水したと考えられます。

現在オーストラリア大陸と南アメリカ大陸に棲むペンギンの祖先は、二五一〇万年前に分岐したとされますが、オーストラリア大陸から南アメリカ大陸への分散のために役割を果たした陸橋はどこにあるのでしょうか。その陸橋をペンギン以外の動物が利用できなかったと考えると、おそらく遊泳するペンギンの生態を考えて島伝いの分散だった可能性があります。候補としては、オーストラリア大陸の南側にある太平洋南極海膨と、それと連続する東太平洋海膨があげられます（図69）。私の海面上昇曲線では後期漸新世の海面の位置が約五〇〇〇メートル低かったと想定されるので、それらの隆起帯は後期漸新世には連続した陸域または島々の連続として存在した可能性があると考えられます。

一方、化石の証拠から、始新世にはニュージーランドの系統の多様化が顕著で、それらの近縁の化石が南アメリカ大陸のペルーの始新世の地層からも発見されています。[19] それらの化石から、ニュージーランドとペルーとのペンギン相が密接に関連しているらしく、その関係は後期中新世まで継続していたとされます。[19] すなわち、その間にニュージーランドとペルーとの間をつないでいた陸橋は、東太平洋海膨の上にあった陸橋または島々が想定されます。しかし、化石による分岐系統と現在生息するものの分子系統学による分岐ではいくつかの齟齬があり、今後さらなる検討が必要と思われます。

後期鮮新世～更新世以降に、ペンギンはアフリカ大陸や南極圏の島々に放散して分布するようになります。これはいわゆる更新世の氷期になって、南極大陸周辺の急激な寒冷化と南極環流の劇的な発達とに関連して、流氷や島伝いの移動によるものもあると思われます。

生物学者はしばしば島の固有種の海洋分散の方法として、海流による漂流を述べます。しかし、現在のような海流はいつごろからあったのでしょうか。海流は表層海水の温度差や密度差、海上の卓越風などによって形成されます。現在のような地球の気候帯や海洋循環システムは、中期始新世以降に北大西洋のフェロー諸島―シェトランド諸島間の陸橋が沈水したことにより北極海の冷たい海水が深層水として大西洋を南下し、その後に南極大陸のまわりに南極環流が誕生したことから形成され始めたと考えられます。

そのような海洋循環システムが後期中新世に顕在化して、その後の地殻の急激で大規模な隆起による山脈や島弧の形成などの影響で強まり、とくに更新世後半になって現在のような明瞭な気候帯や海流が形成されたと考えられます。したがって、始新世や漸新世、または中期中新世に、現在とまったく同じような海流があったわけではないと思われます。

走鳥類の進化と南極大陸

　ダチョウなど飛べない鳥のグループは走鳥類（そうちょう）と呼ばれ、南アメリカの飛べる鳥シギダチョウ類も含めて「古顎類（こがく）」に分類され、それ以外の現生鳥類すべてが属する「新顎類（しんがく）」と区別されています。この古顎類の鳥たちは、現在の分布ではダチョウがアフリカ大陸、レアとシギダチョウが南アメリカ大陸、エミュー（本章扉図62）がオーストラリア大陸、ヒクイドリがオーストラリア大陸とニューギニア、キーウィがニュージーランドに生息します。また、マダガスカル島とニュージーランドには人類がそこに渡ったころまでエピオルニスとモアという巨大な絶滅した走鳥類がそれぞれ生息していました。

　これら現在生息する古顎類の鳥たちと、絶滅したエピオルニスとモアから核ゲノムの断片が回収され、古顎類の信頼性の高い系統樹が構築されました[21]。それによると古顎類の先祖は、小さな飛翔力のある鳥で、ローラシア大陸に分布していましたが、その中で現生古顎類に連なる系統の最初の分岐がおよそ七九〇〇万年前（白亜紀コニアシアン期）にダチョウの祖先とそれ以外のものとの間に起こりました。

　ダチョウの祖先はその後にユーラシア大陸で大型化して飛べない鳥となり、今から二〇〇〇万年前に陸続きになったアフリカ大陸に進出して、ユーラシア大陸では最近になって絶滅しました。もう一方のそれ

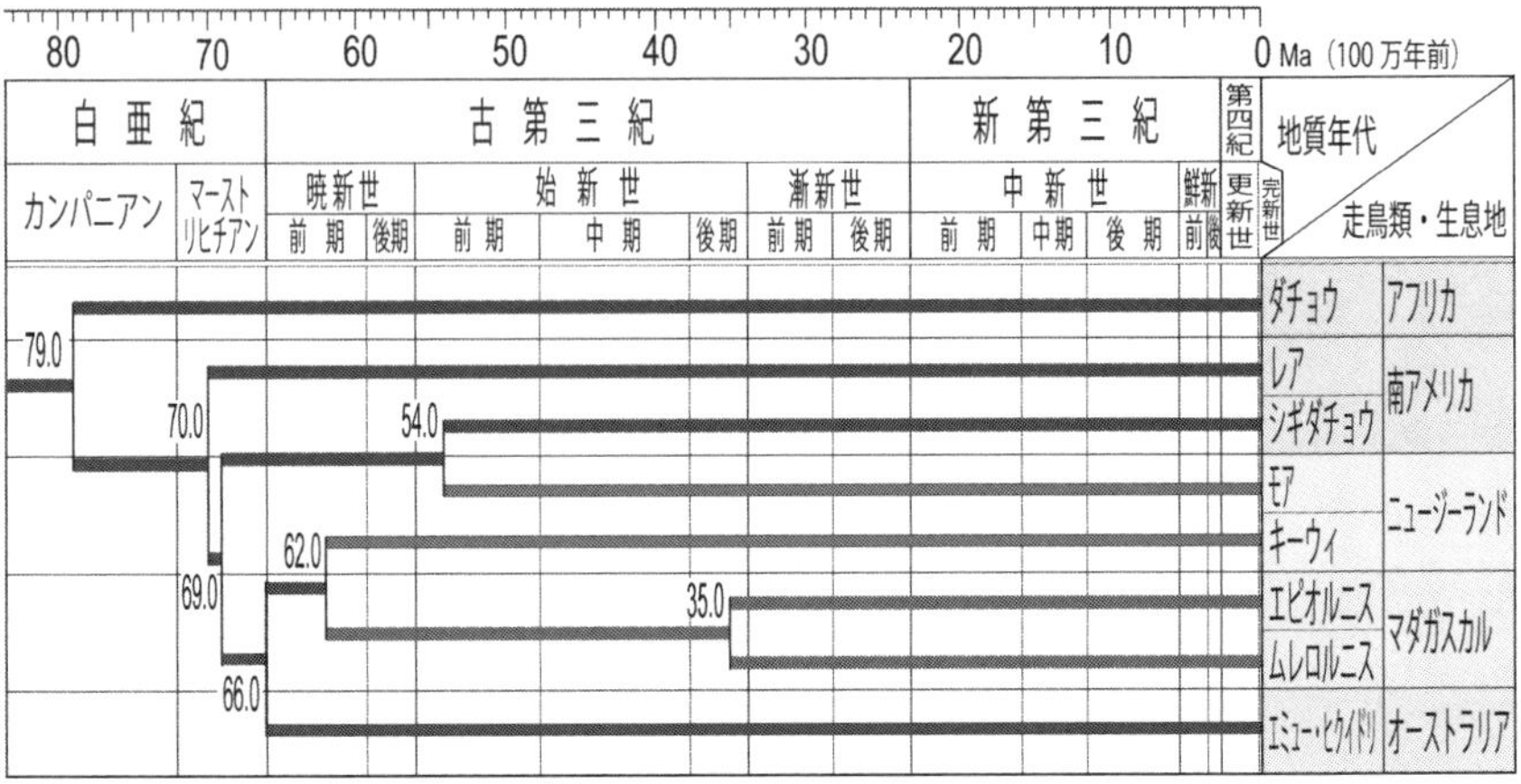
80
70
60
50
40
30
20
10
0 Ma（100 万年前）
白亜紀
古第三紀
新第三紀
第四紀
地質年代
走鳥類・生息地
カンパニアン
マーストリヒチアン
暁新世
始新世
漸新世
中新世
鮮新世
更新世
完新世
前期
後期
中期
79.0
70.0
54.0
62.0
69.0
35.0
66.0
ダチョウ
アフリカ
レア
シギダチョウ
南アメリカ
モア
キーウィ
ニュージーランド
エピオルニス
ムレロルニス
マダガスカル
エミュー・ヒクイドリ
オーストラリア

図72　走鳥類の分子系統と分岐年代[21]。

以外のグループは、子孫がゴンドワナ大陸由来の南半球の大陸や島々に分布するので「南方古顎類」と呼ばれ、その共通祖先はおよそ七〇〇〇万年前までに北アメリカ大陸から南アメリカ大陸に渡り、白亜紀と古第三紀の境界付近の時期に爆発的に種分化して南半球の大陸や島々に分散しました（図72）。

南アメリカ大陸のレアの祖先がおよそ七〇〇〇万年前に最初に分岐し、残りのものの中でシギダチョウ・モアの祖先のグループと、エミュー・ヒクイドリ・キーウィ・エピオルニスの祖先のグループが六九〇〇万年前に分かれました。前者のグループの南アメリカ大陸のシギダチョウの祖先とニュージーランドのモアの祖先が五四〇〇万年前に分かれ、後者のグループの中からオーストラリア大陸のエミューとヒクイドリの祖先が六六〇〇万年前に分かれ、それ以外のものからニュージーランドのキーウィの祖先とマダガスカル島のエピオルニスの祖先がおよそ六二〇〇万年前に分岐したと推定されました。

南方古顎類のうち南アメリカ大陸の祖先とオーストラリア

大陸などの祖先が分かれた時期は、白亜紀末期の六九〇〇万～六六〇〇万年前で、その時期はオーストラリア有袋類が南アメリカ大陸から南極大陸経由でオーストラリア大陸に渡った陸橋が途絶えた時期と一致します。すなわち、走鳥類のエミューとヒクイドリの祖先は、オーストラリア有袋類と同じ南極大陸を通って南アメリカ大陸からオーストラリア大陸に渡ったと考えられます。

南アメリカ大陸のシギダチョウの祖先とニュージーランドのモアの祖先が五四〇〇万年前に分かれたことを考えると、ニュージーランドと南アメリカ大陸との結びつきが前期始新世まで継続していたことになります。そのルートはペンギンが利用したニュージーランドの南から南アメリカ大陸のペルーに向かう太平洋南極海膨―東太平洋海膨とそれに連続する隆起帯（図69）が考えられます。私の海面上昇曲線では前期始新世の海面の位置が約七〇〇〇メートル低かったと想定されるので、これらの隆起帯が陸上だった可能性があります。また、これら走鳥類の祖先はもともとある程度飛翔力をもっていて、島に隔離されて飛べなくなったとも考えられることから、他の動物が渡れなかった島伝いに、近距離の飛行により分散できたのではないかと思われます。

ニュージーランドのキーウィの祖先とマダガスカル島のエピオルニスの祖先がおよそ六二〇〇万年前（前期暁新世）に分岐したことについては、それ以前にニュージーランドとマダガスカル島が陸続きになっていた可能性があります。そのルートとしてはニュージーランドから南東インド洋海嶺と中央インド洋海嶺、マスカリン海台を経由するルートと、前期暁新世にはまだニュージーランドと南極大陸がつながっていたことから、南極大陸からケルゲレン海台を経由して南西インド洋海嶺を通るルートが陸橋（図73）だった可能性があります。

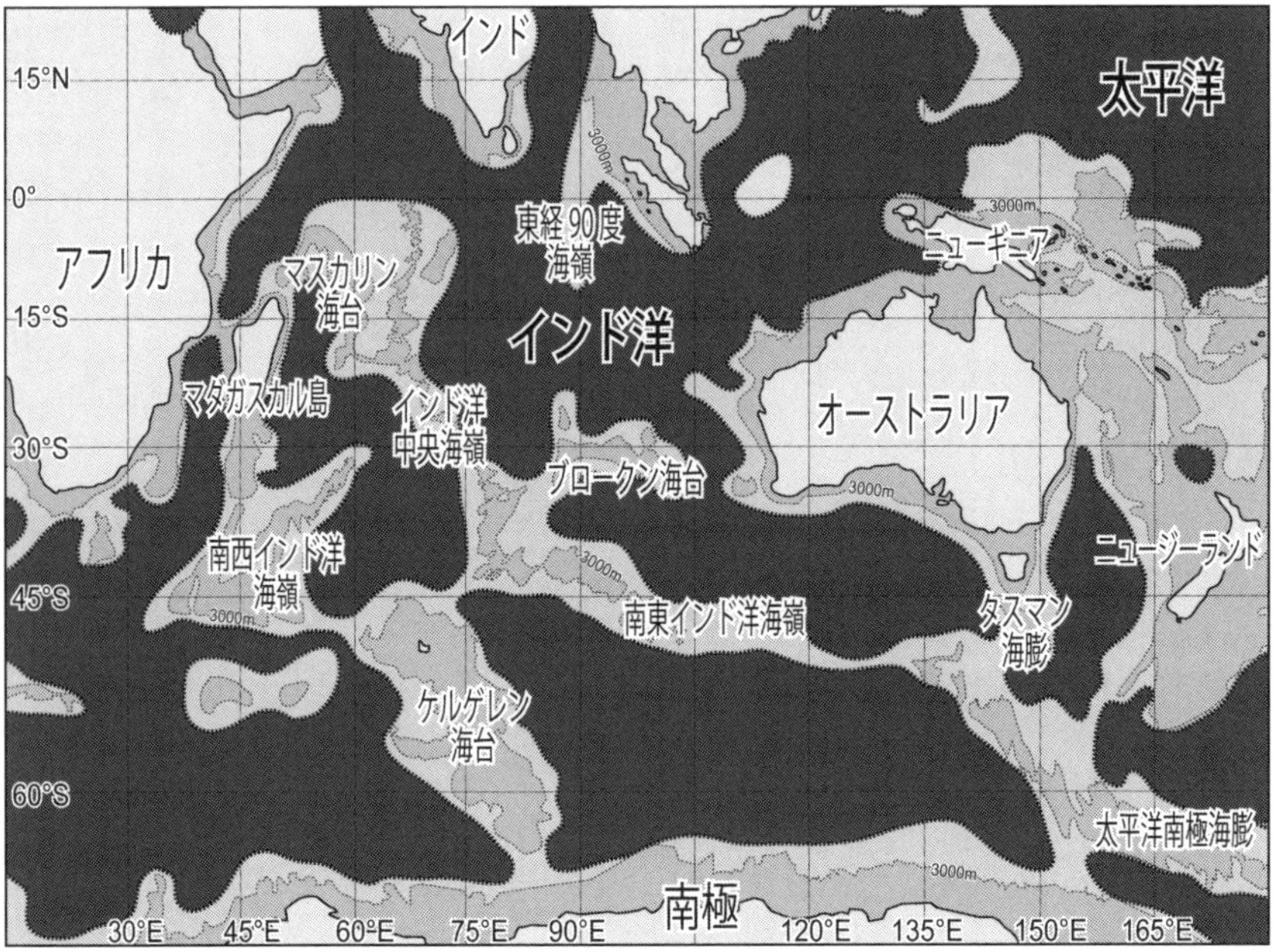
インド
太平洋
15°N
0°
15°S
30°S
45°S
60°S
アフリカ
マスカリン
海台
東経 90 度
海嶺
ニューギニア
インド洋
マダガスカル島
インド洋
中央海嶺
オーストラリア
ブロークン海台
南西インド洋
海嶺
ニュージーランド
南東インド洋海嶺
タスマン
海膨
ケルゲレン
海台
太平洋南極海膨
南極
3000m
30°E
45°E
60°E
75°E
90°E
120°E
135°E
150°E
165°E

図73　前期暁新世のインド洋。ニュージーランドからマダガスカル島へは、南東インド洋海嶺からインド洋中央海嶺、マスカリン海台を経由するルート、または南極大陸からケルゲレン海台を通るルートが想定されます。水深約4000 ～ 5000 mの等深線に沿って作図。

レムリア大陸とマダガスカル島のキツネザル

マダガスカル島は、アフリカ大陸の南東のインド洋西部にある世界第四位の面積をもつ島で、アフリカ大陸とはモザンビーク海峡によって隔てられていて、その距離は約四〇〇キロメートルあります（図47）。マダガスカル島は原生累代の花崗岩基盤からなる大陸で、霊長目の原猿類に属するキツネザル（レムール：Lemur）類が棲むことでも知られています。

このキツネザル類（本章扉図63）と近縁のサルが、アフリカ大陸に生息せず、マダガスカル島だけでなく、五〇〇〇キロメートルも東のアジアのスリランカ島やスマトラ島に生息するとして、一九世紀にイギリスの動物学者により、キツネザル類が分布するマダガスカル島から東南アジアにおよぶ広い地域が「レムリア大陸」と呼ばれ、海中に没した超大陸の一つと考えられました。

最古の霊長目は、ヨーロッパや北アメリカ大陸の暁新世の地層から化石として知られていて、分子遺伝学では他の哺乳類からの霊長目の分岐は白亜紀の中ごろまで遡るとされています。[22] マダガスカル島にいる原猿類の仲間（曲鼻亜目）には、マダガスカル島のキツネザル類（キツネザル型下目とアイアイ型下目）だけでなく、ロリス型下目が含まれます。ロリス型下目のロリス科の多くがアジアに生息しますが、ロリス科のボトとガラゴ科のものはアフリカ大陸に生息します。分子分岐学の研究では、マダガスカル島のアイアイも含めたキツネザル類とガラゴやロリスを含むロリス型下目との分岐は、約四〇〇〇万～二〇〇〇万年前とされていました。[23] しかし、最近の分子分岐学の研究[24]では、キツネザル類とロリス類が約六二〇〇万年（前期暁新世）に、マダガスカル島に棲むキツネザル類の中でアイアイ型下目とキツネザル型下目が五五〇〇万年前（前期始新世）に分岐し、三六五〇万年前（後期始新世）にマダガスカル島のキツネザル型下目が大きく三つのグループに分かれて放散したとされています（図74）。

これらのことから、マダガスカル島に棲むアイアイも含めたキツネザル類は、今から五五〇〇万年前までにマダガスカル島に渡ったと考えられています。

プレート・テクトニクス説が語る大陸の分裂では、マダガスカル島はゴンドワナ大陸が前期白亜紀の約一億二〇〇〇万年前に分裂したときに、アフリカ大陸から分離したとされています。しかし、この大陸分裂の年代は、原猿類の分子分岐年代とは相当にかけ離れていて古く、プレート・テクトニクス説によってキツネザル類がマダガスカル島に隔離されたという説明はできません。

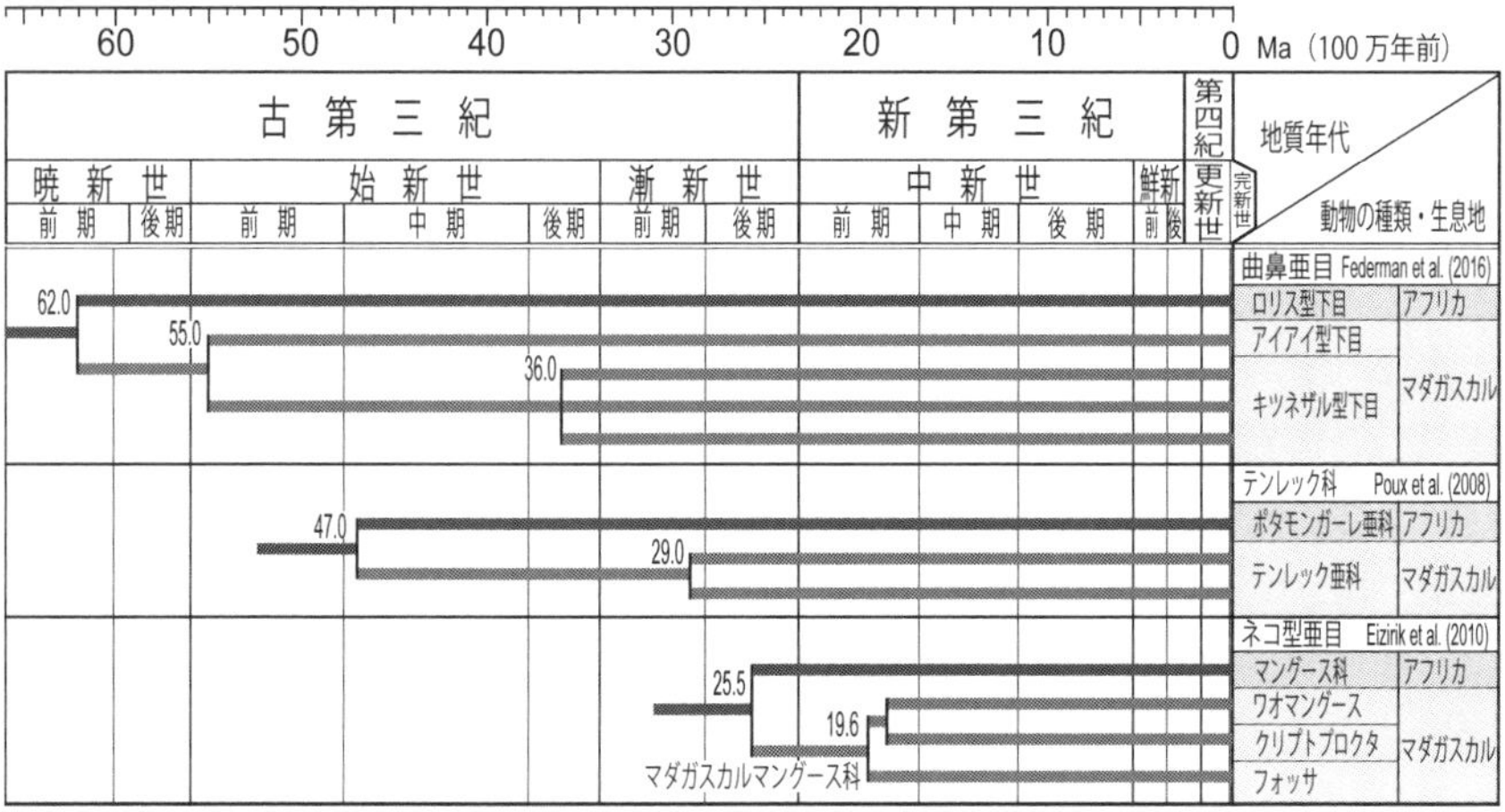

60 50 40 30 20 10 0 Ma（100万年前）
古第三紀
新第三紀
第四紀
地質年代
動物の種類・生息地
暁新世
始新世
漸新世
中新世
鮮新世
更新世
完新世
前期 後期 前期 中期 後期 前期 後期 前期 中期 後期 前 後
曲鼻亜目 Federman et al. (2016)
62.0
55.0
36.0
ロリス型下目 アフリカ
アイアイ型下目
キツネザル型下目
マダガスカル
テンレック科 Poux et al. (2008)
47.0
29.0
ポタモンガーレ亜科 アフリカ
テンレック亜科 マダガスカル
ネコ型亜目 Eizink et al. (2010)
25.5
19.6
マダガスカルマングース科
マングース科 アフリカ
ワオマングース
クリプトプロクタ
フォッサ
マダガスカル

図74　マダガスカル島の曲鼻亜目[24] とテンレック科[26]、ネコ型亜目[27] の分岐年代。

モザンビーク海峡にあるデイビー海嶺（図47）は、第四章三「インド洋の沈んだ大陸」の「コモロ諸島とモザンビーク海峡」（123〜124ページ）で述べたように、片麻岩やアルコース砂岩などの基盤岩からなり、この頂部では中期始新世（約四五〇〇万年前）から後期漸新世（二六〇〇万年前）にかけて陸上侵食をうけていて、その期間にこの海嶺が陸橋の役割を果たしていた可能性があります。[25] マダガスカル島のキツネザル類は、その分岐年代と陸橋の存在期間が完全には一致しませんが、モザンビーク海峡のデイビー海嶺にあった陸橋を渡って、マダガスカル島に移動したと考えられます。

マダガスカル島のその他の哺乳類

現在、マダガスカル島には、キツネザル類の他に、テンレック類（アフリカトガリネズミ目）、フォッサなどの食肉類、齧歯類、コビトカバ、コウモリなどの固有の哺乳類が生息しています。また、その他に、ゾウガメもいますし、かつてはエピオルニス科の飛べない走鳥類もいました。

テンレックス類については、マダガスカル島のテンレック亜科とアフリカ大陸のポタモガーレ亜科の分岐がおよそ四七〇〇万年前、マダガスカル島のテンレック亜科の内部における一番古い分岐が二九〇〇万年前と推定されています。[26] そのため、テンレック亜科の祖先は四七〇〇万～二九〇〇万年前（中期始新世～前期漸新世）までの間にマダガスカル島に渡ってきたことになります（図74）。なお、すでに絶滅したマダガスカルツチブタについては、最近ではそれが管歯目のツチブタに属するものではなく、テンレックス亜科の祖先から進化したものであるとされているので、マダガスカル島の中で誕生したものになります。

マダガスカル島には、この島で最大の肉食獣のフォッサや、ワオマングース、マダガスカルジャコウネコなどの食肉目ネコ型亜目がいます。この食肉目の動物は、系統的にマダガスカルマングース科という一つのグループにまとまり、一番近縁なものがアフリカ大陸に生息するマングース科になります。これら食肉目の動物の分子遺伝学的研究では、マングース科とマダガスカルマングース科の分岐年代が二五五〇万年前（後期漸新世）とされていて[27]（図74）、それはデイビー海嶺の陸橋が沈水した時期と一致します。

ガラパゴス諸島とゾウガメ

ガラパゴス諸島は、一八三五年にダーウィンがビーグル号の航海で訪れ、絶海の孤島に生息する特異で固有な生物たちに驚き、生物の進化に強く関心をもった島でもあります。この諸島は、赤道太平洋東部の中央アメリカから続くココス海嶺の上にある、一三の島々からなります（図75）。ガラパゴス諸島がのるココス海嶺は、プレート・テクトニクス説では現在のプレートの湧き出し口とされ[28]、もっとも古い島で

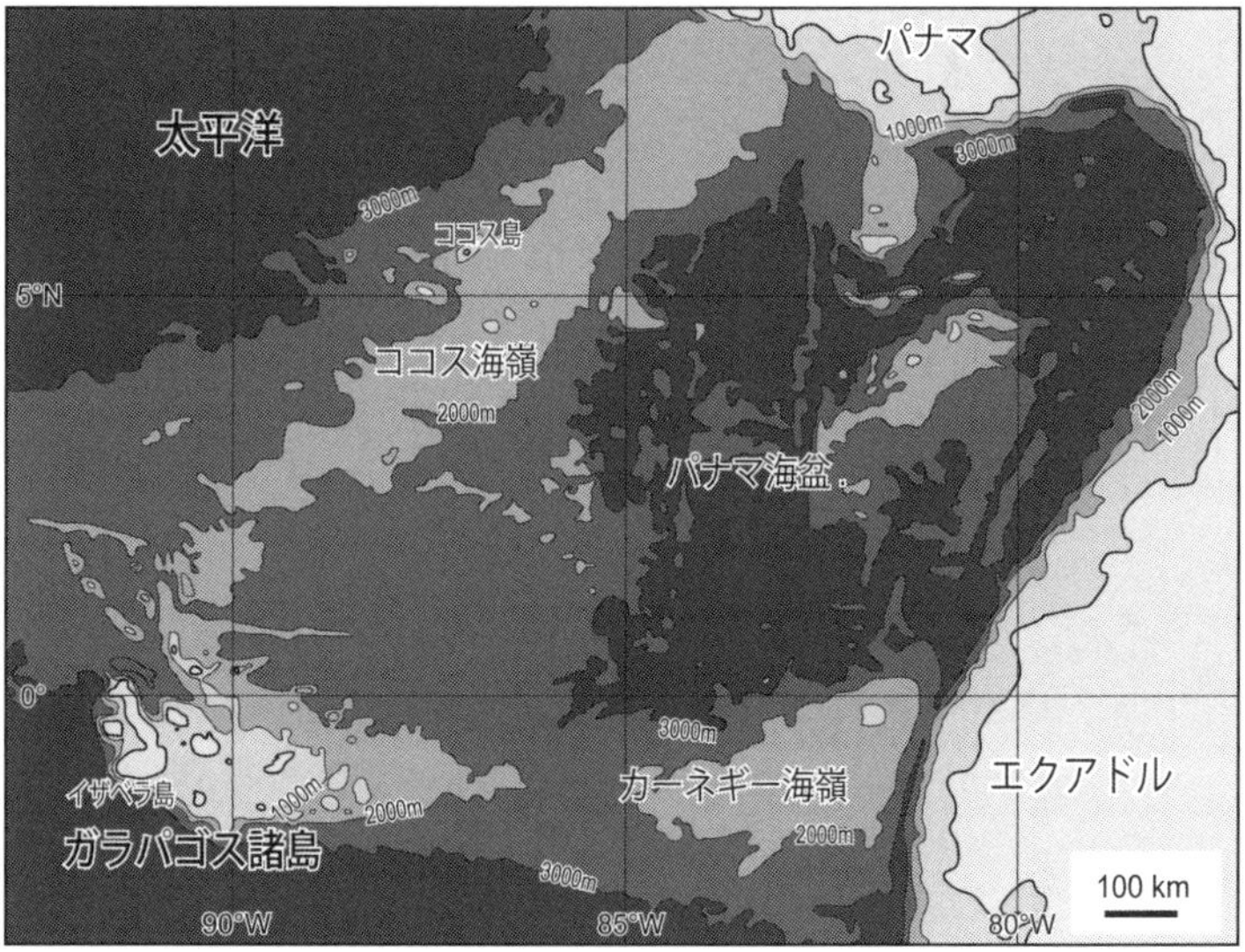

パナマ
太平洋
1000m
3000m
3000m
ココス島
5°N
ココス海嶺
2000m
パナマ海盆
2000m
1000m
0°
3000m
イザベラ島
1000m
2000m
カーネギー海嶺
2000m
エクアドル
ガラパゴス諸島
3000m
100 km
90°W
85°W
80°W

図75　ガラパゴス諸島とその周辺の海底地形。水深3000 mの等深線で南アメリカ大陸とガラパゴス諸島が連続します。

も三〇〇万~五〇〇〇万年前に形成されたといわれます。[29]

ガラパゴス諸島には、ウミイグアナやガラパゴスリクイグアナ、巨大な陸ガメであるガラパゴスゾウガメ、オオトカゲ、ヤモリ、ヘビなどの爬虫類とコウモリやネズミ、ダーウィンフィンチと呼ばれる陸鳥など固有の陸生動物がいて、固有の植物相もあります。また、それぞれの動物はいくつかの島ごとに種や亜種に分化しています。

そのうちゾウガメは、ガラパゴス諸島以外に、南アメリカ大陸とバハマ諸島、アフリカ大陸、マダガスカル島、西インド洋のセイシェル諸島やマスカリン諸島南部のモーリシャス島などにも生息しています。[30] ガラパゴス諸島のゾウガメは、*Chelonoidis niger*という一種に含まれる一五亜種が確認されていて、同じ属のものは南アメリカ大陸とバハマ諸島に生息します。[31]

ネズミ類はガラパゴス諸島で三つの固有属が認められていて、それらは北、中央、南アメリカに生息しているネズミ類の極端に多様化したグループとされています。[32] ガラパゴス諸島の植物相は、その構成において近くの大陸のそれと非常に異なっていて、近くの大陸で重要ないくつかの植物相の科がこの諸島では欠如していて、[33] 最近に漂流してきたものでないことを示しています。

地質学者はプレート・テクトニクス説を用いて、ガラパゴス諸島が現在のプレートの湧き出し口で形成されている最近の火山島だと説明し、生物学者は海洋分散説を用いて、この諸島の遺存種の祖先が筏にのって漂流してガラパゴス諸島に最近来たと説明しています。私は、このような地質学者と生物学者のガラパゴス諸島とそこに生息する生物たちの生い立ちについての説明は、ガラパゴス諸島に生息する生物たちの祖先が古い起源をもつことから、信じられないものであると考えています。

ここでは、ガラパゴス諸島にいるゾウガメについて、その祖先の起源とガラパゴス諸島へ来た道を探っていきたいと思います。

インド洋西部の島々のゾウガメ

ゾウガメの遺伝子のミトコンドリア解析の最近の研究結果から、[31] ゾウガメ類がアフリカ大陸の近縁種から約四三〇〇万年前（中期始新世）に分岐したことがわかりました。そして、最初にマスカリン諸島南部のモーリシャス島、ロドリゲス島、レユニオン島に生息していたゾウガメ（*Cylindraspis*属）が、その他のアフリカ大陸、マダガスカル島、セイシェル諸島、アルダブラ環礁、インド、南アメリカ大陸、ガラパゴス諸島、バハマ諸島の多様なカメ属の群れと三九一〇万年前（中期始新世）に分岐しました（図76）。次に分岐したのが、マダガスカル島ーアルダブラ環礁ーセイシェル諸島に生息する主に*Aldabrachelys*

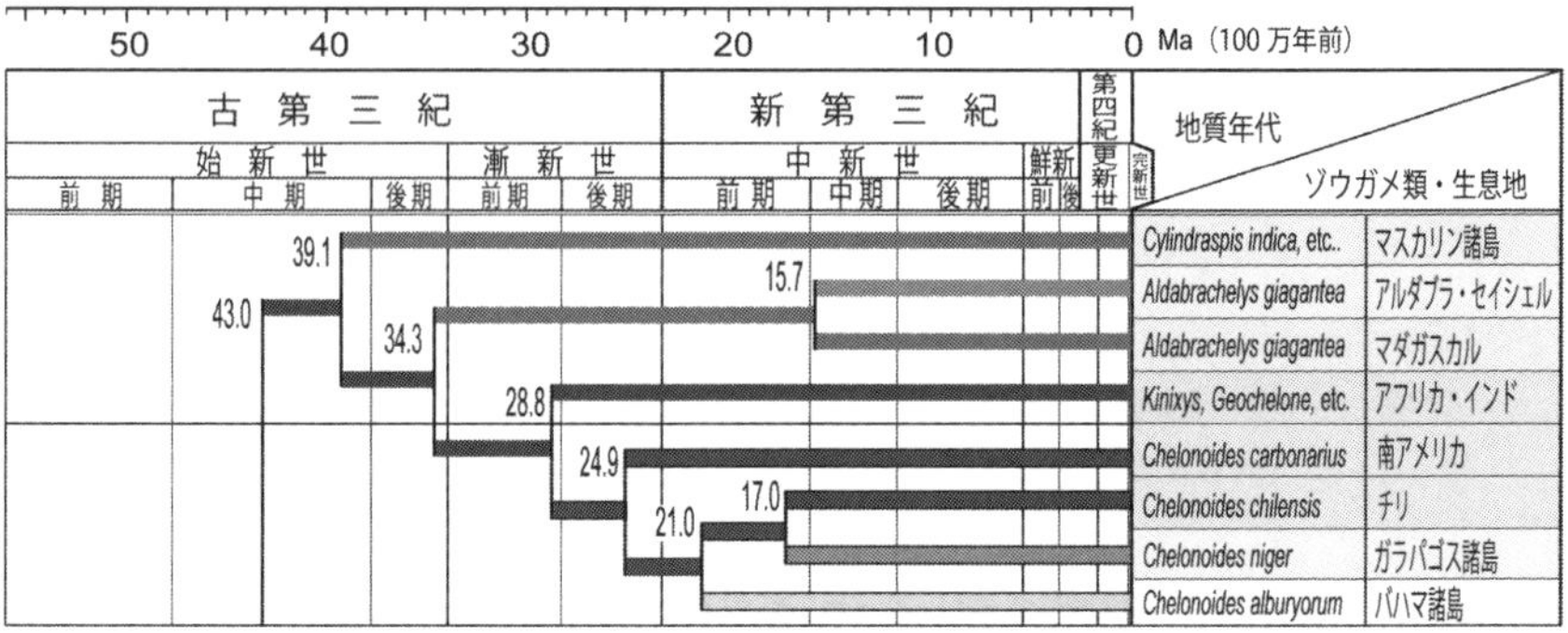

50 40 30 20 10 0 Ma（100万年前）
古第三紀
新第三紀
第四紀
始新世
漸新世
中新世
鮮新世
更新世
完新世
前期 中期 後期
地質年代
ゾウガメ類・生息地
39.1
43.0
34.3
28.8
24.9
21.0
17.0
15.7
Cylindraspis indica, etc.. マスカリン諸島
Aldabrachelys giagantea アルダブラ・セイシェル
Aldabrachelys giagantea マダガスカル
Kinixys, Geochelone, etc. アフリカ・インド
Chelonoides carbonarius 南アメリカ
Chelonoides chilensis チリ
Chelonoides niger ガラパゴス諸島
Chelonoides alburyorum バハマ諸島

図76　ゾウガメ類の分岐年代[31]。

属のグループで、アフリカ大陸、インド、南アメリカ大陸、ガラパゴス諸島、バハマ諸島のカメ属を含む姉妹グループから三四三〇万年前の始新世最末期に分岐しました。この最初と二番目の分岐は、すでに述べたマダガスカル島のキツネザル類などの哺乳類の分岐年代と重なり、アフリカ大陸東岸とマスカリン諸島とマダガスカル島をつなぐ陸橋が、海面の上昇により沈水した結果と考えられます。とくに、最初に分岐したマスカリン海台の島々は沈水により規模が小さくなり、生存できる動物の種類も限られた結果、大型の動物としてはゾウガメだけが生き残れたと考えられます。

マダガスカル島と、アルダブラ環礁とセイシェル諸島のゾウガメ類は、一五七〇万年前の中期中新世にそれぞれの島で固有種として分岐しました。このことは、マダガスカル島とアルダブラ環礁、セイシェル諸島が中期中新世まで陸橋でつながっていたことを示しています。私の海面上昇曲線では、中期中新世の海面の位置は現在の海面より約三八〇〇メートル低いことから、これらの島々はそのころまで陸地でつながっていた可能性があります。

コモロ諸島やマダガスカル島、セイシェル諸島にはカエルがいて、それらはアフリカ大陸からマダガスカル島にかけて、またマダガスカル島からセイシェル諸島にかけて漸新世～中新世の間に複数回の海洋分散を行った結果であると考えられています。[34] しかし、そのような海洋分散の考えは、「両生類が海を渡れない」ことをよく知っている両生類の研究者が考えるべきではなく、アフリカ大陸からマダガスカル島を経てセイシェル諸島に至る陸橋を考えるべきではないでしょうか。カエルが通った陸橋は、ゾウガメが通った始新世～中期中新世の期間に存在した陸橋と同じだったと思われます。

南アメリカ大陸とガラパゴス諸島のゾウガメ

ゾウガメの遺伝子解析の結果では、アフリカ大陸とインドのゾウガメと、南アメリカ大陸とガラパゴス諸島のゾウガメの分岐年代が二八八〇万年前（前期漸新世末期）となっていて、南アメリカ大陸のゾウガメとガラパゴス諸島とチリ・バハマ諸島のゾウガメとの分岐が二四九〇万年前（後期漸新世）になっています。このことは、ゾウガメが漸新世の二八八〇万～二四九〇万年前の間に、アフリカ大陸から南アメリカ大陸に渡ったことを示します。この大陸間の移動に関しては、もちろん陸橋を使って大西洋を渡ったと私は考えますが、この陸橋についての議論は、同じころに大西洋を渡った南アメリカ大陸の広鼻猿類とカビモルファ齧歯類の話（「大西洋を渡った新世界ザルとテンジクネズミ」）の中でしたいと思います。

南アメリカ大陸に渡ったゾウガメたちは、ガラパゴス諸島とチリ、バハマ諸島のカメの祖先のグループとそれ以外のグループと二四九〇万年前に分かれ、ガラパゴス諸島とチリのグループはバハマ諸島のグループと二一〇〇万年前の前期中新世に分岐し、ガラパゴス諸島とチリのゾウガメとの分岐が一七〇〇万年前（前期中新世）に起こったとされています。すなわち、ガラパゴス諸島のゾウガメが、チリのグループと分岐したときに、ガラパゴス諸島は南アメリカ大陸から孤立したことになり、その時期は今から一七〇〇万年前の前期中新世だったと考えられます。

ガラパゴス諸島は、中央アメリカのコスタリカから続くココス海嶺の南端にありますが、南アメリカ大陸からはエクアドルの西側にあるカーネギー海嶺の西端に位置しています（図75）。おそらく、ガラパゴス諸島は前期中新世まで南アメリカ大陸とカーネギー海嶺の頂部にあった陸地でつながっていて、ガラバゴスゾウガメの祖先は、その陸地を渡ってガラバゴス諸島に来たと思われます。そして、前期中新世の末期に起こった海面上昇によって南アメリカ大陸とカーネギー海嶺の間が沈水して、ゾウガメたちはガラバゴス諸島に孤立したと考えられます（図77）。前期中新世にカーネギー海嶺またはココス海嶺の頂部にあった陸地に棲んでいたゾウガメは、海面の上昇によって、より高い限られた場所に生息するようになり、それが島となり、徐々に上昇する海面に対して、その島の隆起と火山活動により島でありつづけたところにゾウガメが生き残りました。そのため、それぞれの島で亜種が生まれたと考えられます。すなわち、ガラパゴス諸島の地形断面は、まさにそこに生息する生物の系統樹でもあると考えられます。

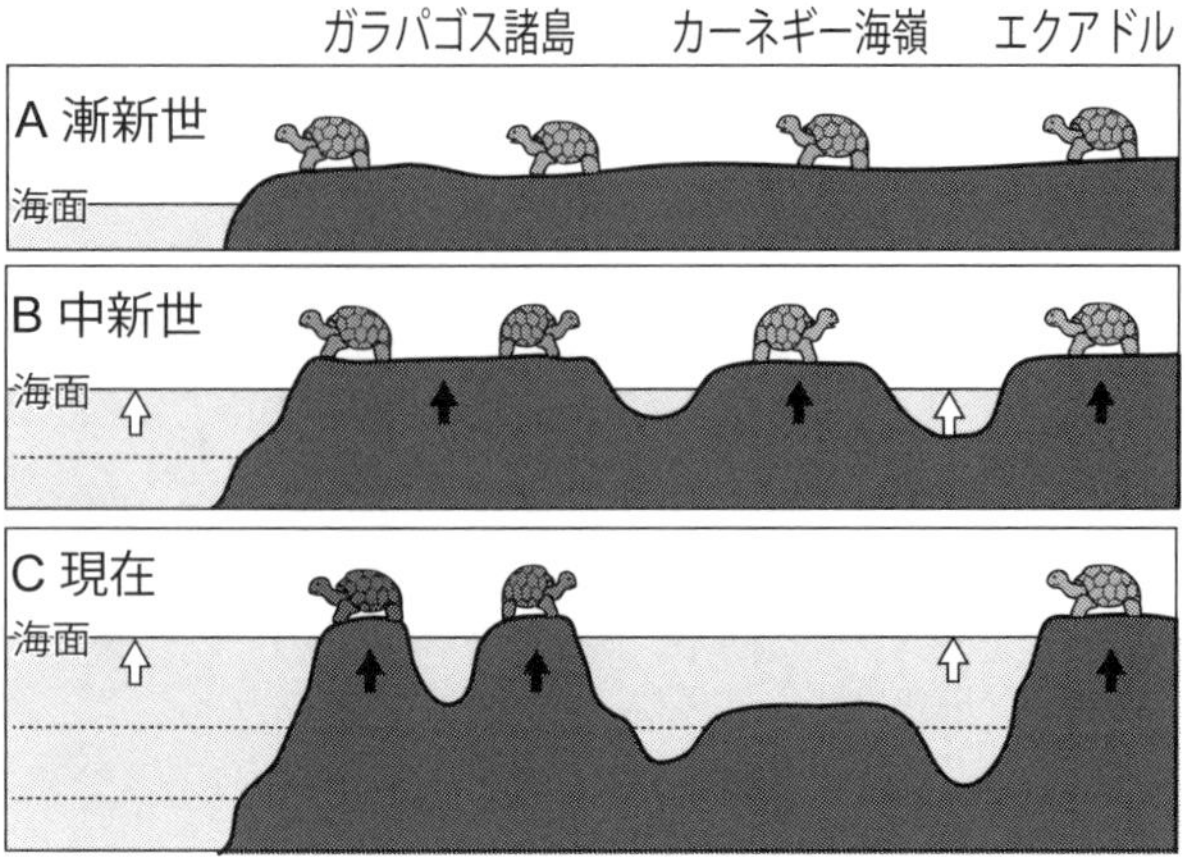

ガラパゴス諸島
カーネギー海嶺
エクアドル
A 漸新世
海面
B 中新世
海面
C 現在
海面

図77　ガラパゴスゾウガメの祖先が渡った陸橋とその沈水。A：漸新世にはガラパゴス諸島は南アメリカ大陸とつながった大陸の一部だった。B：中新世の海面上昇でカーネギー海嶺と南アメリカ大陸の接続が切られ、C：その後の海面上昇でガラパゴス諸島が孤立しました。

バハマ諸島のゾウガメについては、カリブ海の大アンティル諸島および小アンティル諸島と南アメリカ大陸をつなぐ陸橋が前期中新世まであったことになり、これについては「カリブ海に沈んだ大陸」のところでお話しします。

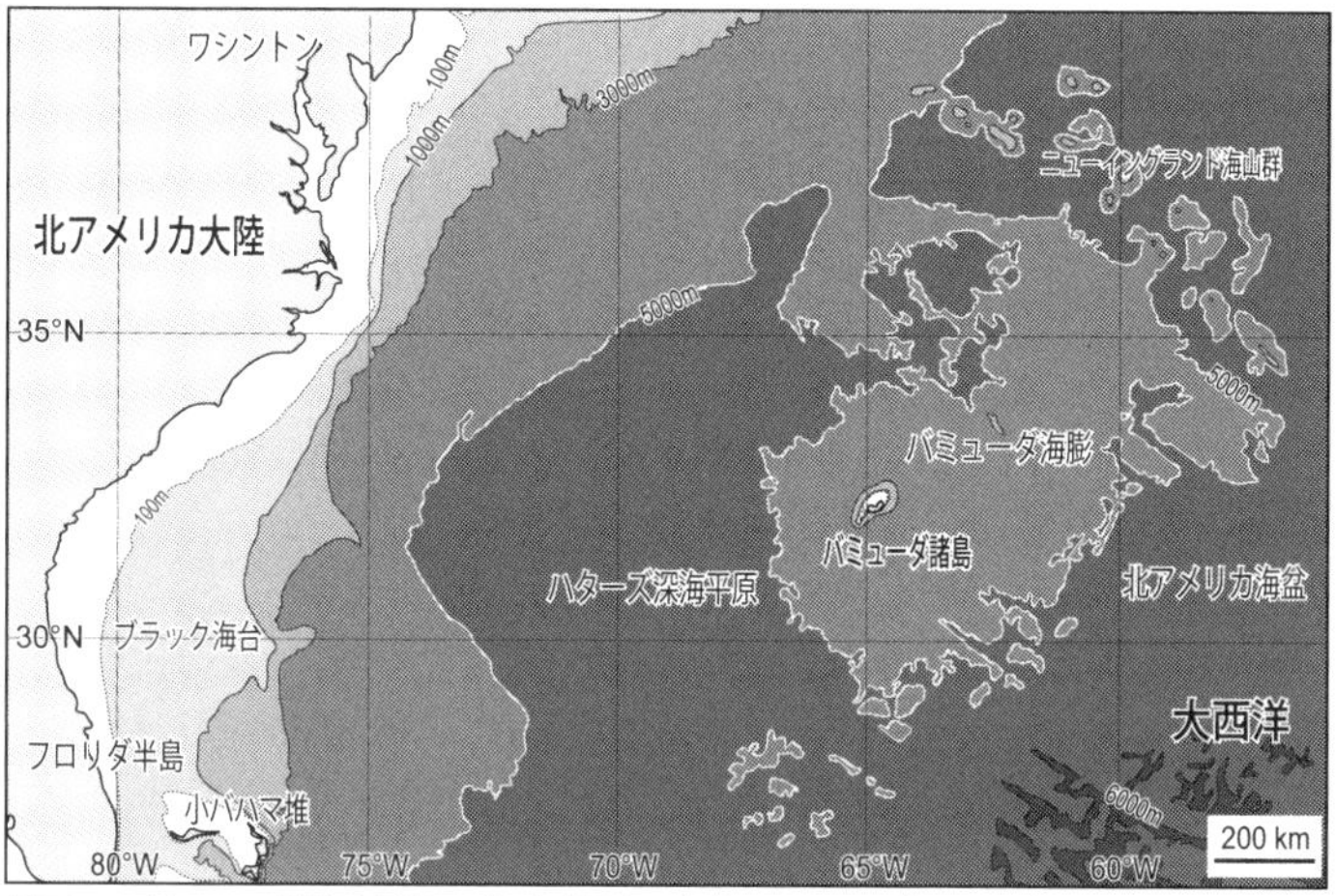
ワシントン
100m
1000m
3000m
ニューイングランド海山群
北アメリカ大陸
35°N
5000m
バミューダ海膨
バミューダ諸島
ハタース深海平原
北アメリカ海盆
30°N
ブラック海台
フロリダ半島
大西洋
小バハマ堆
6000m
200 km
80°W
75°W
70°W
65°W
60°W

図78　バミューダ諸島周辺の海底地形。水深5000mの等深線（白線）でバミューダ諸島は北アメリカ大陸とつながります。

バミューダ諸島に陸ガメがいた

バミューダ諸島は、北アメリカ大陸から一二〇〇キロメートルも離れた絶海の孤島で、バミューダ島を中心に約一五〇のサンゴ礁と岩礁からなります。バミューダ諸島は、北アメリカ大陸から水深五〇〇〇メートルの等深線でないとつながらないような、深い海底に囲まれています（図78）。こんなバミューダ諸島の更新世の地層から陸ガメの化石が発見され、この陸ガメは絶滅した北アメリカ大陸のニシガメ（*Hesperotestudo*）属の新種とされました。[35] ニシガメ属は、前期中新世から後期更新世にかけて北アメリカ大陸と中央アメリカ（南はコスタリカまでの範囲）に自生した絶滅した陸ガメで、甲羅の長さが現存するゾウガメよりも大きいものもありました。

バミューダ諸島で陸ガメの化石を発見した研究者は、

このカメが海洋分散をしてこの島に到達したと結論づけました。陸生動物が化石として保存される確率はとても少なく、化石があるということは、この島にはこの化石になった陸ガメがとても多く生息していたことになります。すでに第三章の四「陸橋による動物の移動」でも述べたように、陸に棲む動物はその生息環境の中を移動するものであり、稀有な確率で偶然に海を渡って島に移動できたわけではありません。なお、私の海面上昇曲線では、後期漸新世～前期中新世の初めの海面の位置は五一〇〇～四八〇〇メートルの範囲にあることから、この時期にバミューダ諸島の陸ガメの祖先が、北アメリカ大陸からその島に陸上を歩いて渡ってきた可能性は否定できません。

大西洋を渡った新世界ザルとテンジクネズミ

南アメリカ大陸に現在、広く生息する真猿亜目の広鼻猿類と齧歯目のテンジクネズミ類のそれぞれの祖先が、始新世から漸新世の間に大西洋を渡ってアフリカ大陸から南アメリカ大陸に渡ったとされています[36]。

私たちヒトが含まれる霊長目は、現在生息するものでは、キツネザル類とメガネザル類からなる原猿亜目と、広鼻猿類と狭鼻猿類からなる真猿亜目の二つに分けられます。真猿亜目の広鼻猿類は、オマキザルの仲間からなり、鼻の穴が左右に広がっていることからその名がつき、南アメリカ大陸にのみ生息していることから、「新世界ザル」ともいわれます。

新世界ザルの化石が南アメリカ大陸から発見されるのは、今から約二五〇〇万年前以降の地層からですが、それまで南アメリカ大陸には霊長類の化石がまったくなく、二五〇〇万年前の地層から突然に新世界ザルの化石が発見されることから、新世界ザルの起源が謎とされてきました。

新世界ザルの起源に関して、北アメリカ大陸から来たという説がありましたが、北アメリカ大陸には原猿類の化石はあるものの、広鼻猿類どころか真猿類の化石さえないことと、新世界ザルが誕生したころには北アメリカ大陸と南アメリカ大陸が陸でつながっていなかったことから、今のところこの説は採用されていません。これとは別に、アフリカ大陸の原始的な真猿類がアフリカ大陸から大西洋を渡ってきたのではないかという説が、現在では有力視されています[36]。

一方、南アメリカ大陸には齧歯目のテンジクネズミ類が生息します。テンジクネズミ類は、おなじみのものではモルモットやカピバラなどがあり、それらはヤマアラシ顎亜目に含まれます。このヤマアラシ顎亜目は、南アメリカ大陸とアフリカ大陸に分断されて生息していることから、テンジクネズミ類の祖先がアフリカ大陸から南アメリカ大陸に渡って多様化したと考えられています。

化石記録と現生種の遺伝子解析の研究[37]から、広鼻猿類が三七〇〇万～一六八〇万年前の間（後期始新世～前期中新世）、テンジクネズミ類は四五四〇万～三六七〇万年前の間（中期～後期始新世）にアフリカ大陸から大西洋を横断して、南アメリカ大陸で放散したと推定されていて、両者が同時に南アメリカ大陸に到着した可能性もあるとされています。

これら広鼻猿類とテンジクネズミ類が南アメリカ大陸に渡ったときに、南アメリカ大陸はすべての大陸から孤立していたと考えられていることから、それらはマングローブまたは流木の浮島のような筏に乗って、今よりも両大陸間の距離が短かった大西洋を横切って移動したと考えられています[9]。しかし、これまで述べてきたように、陸生動物が海を渡ることができないことから、このような海洋分散説では新世界ザルとテンジクネズミ類の南アメリカ大陸への移動は説明できないと考えられます。したがって、次に、新世界ザルとテンジクネズミ類が渡った、始新世の終わりから漸新世ころに大西洋に架かっていた陸橋について考えてみます。

新世界ザルが渡った大西洋の陸橋

新世界ザルとテンジクネズミ類が同時に、アフリカ大陸から南アメリカ大陸へ到達したとすると、遺伝子解析の研究[37]が推測した両者の分岐年代から、その範囲が重なる後期始新世の三七〇〇万〜三六七〇万年前までの間となります。同じようにアフリカ大陸から南アメリカ大陸に渡ったゾウガメがアフリカ大陸などのゾウガメと分岐した年代、すなわち南アメリカ大陸への到達年代の範囲は二八八〇万〜二四九〇万年前までの間（前期〜後期漸新世）であり、これら両者の年代にはずれが生じています。

分子遺伝学の解析からの分岐年代推定には、生物の各タクサの分岐順序はわかるものの、それらの分岐の年代についてはその系統の化石の産出年代と、分岐年代の解析方法が重要な要素となり、それらが異なると大きな差異が生じます。化石はいつの時代でも、どこでも、どんな種類でも発見されるわけではなく、生物が化石として地層の中に残される確率は少なく、また保存の良い化石が発見されることも稀有なことです。そのため、化石の記録は不完全であり、分岐を考察する上で重要な化石が発見されていない場合、その分岐年代の精度もおおまかなものにならざるを得ません。

陸橋の存在期間については、陸橋の地域の隆起量とその時代の海面上昇量により、時期によっては一部沈水して陸橋が途絶えたり、再度つながったりすることもあったと考えられます。アフリカ大陸と南アメリカ大陸とをつなぐ陸橋については、すでに「初期の有胎盤類と後期白亜紀の海面上昇」の項（185～187ページ）でその候補を出しておきました（図67）。それらは、①現在の赤道大西洋中央海嶺地域ルート、②その南のワルビス海嶺―リオグランデ海膨ルート、③アグラス海嶺―フォークランド海台ルートです。どれも現在水深五〇〇〇メートルより浅い海底が連続するところで、私の海面上昇曲線では後期始新世～漸新世末期までの海面の位置が現在より五七〇〇～四七〇〇メートル低い範囲ですので、古第三紀ごろに大西洋を横断する陸橋が存在した可能性があります。

①赤道大西洋中央海嶺地域ルートは、〇度～北緯一〇度の間の東西に水深五〇〇〇メートルより浅い海底が大西洋を横切るところにあたり、アフリカ大陸ギニア沖のシエラレオネ海嶺から大西洋中央海嶺を経て、南アメリカ大陸ギアナ沖のセアラ海嶺から南アメリカ大陸のギアナまたはブラジル北部に至ります（図45）。この海域は、「赤道付近とそれ以南の大西洋中央海嶺」（116～118ページ）の項で述べたように、大西洋中央海嶺では花崗岩や花崗閃緑岩、鉄はんれい岩など大陸地殻を構成する岩石が採集され、赤道にほぼ沿うロマンシェ断裂帯の西側頂部では中新世の浅海石灰岩で覆われ、東部では不整合面が見られ、その上を覆う中期暁新世～後期始新世のシルト層を構成する粗粒で角ばった石英粒子から近接した花崗岩質大陸の存在が示唆されています。

②ワルビス海嶺―リオグランデ海膨ルートは、アフリカ大陸のナミビア沖のワルビス海嶺から南緯三〇度～四〇度の大西洋中央海嶺を経由してリオグランデ海膨から南アメリカ大陸に至るものです。ワルビス海嶺では前期漸新世と中新世の地層の間に不整合があり、リオグランデ海膨では始新世に隆起してその頂部が陸上侵食されていたことが明らかになっています。

③アグラス海嶺—フォークランド海台ルートは、アフリカ大陸南端のケープからアグルハス海嶺を通り南緯四五度付近の大西洋中央海嶺を経由してフォークランド海台に至るものです。中央海嶺南端部のブーベ三重点に近い中軸部で、太古累代〜前期原生累代の大陸基盤が推定されていますが、フォークランド海台以外での始新世〜漸新世の陸域の証拠は今のところありません。それより南の南極大陸を含む地域では、すでに「南極大陸はいつ孤立したか」（189〜190ページ）で述べたように、約三七八〇万年前（後期始新世）以降、南極大陸は完全に孤立していました。

現在のところ、新世界ザルとテンジクネズミ類と、ゾウガメたちが渡った大西洋を横断する陸橋の位置は謎のままです。しかし、始新世から漸新世の間に、これらの陸生動物たちが渡った陸橋が大西洋に存在したことは、新世界ザルとテンジクネズミ、ゾウガメが南アメリカ大陸に分布することから確かなことだと、私は考えます。

カリブ海に沈んだ大陸

カリブ海は中央アメリカの東にあり、西インド諸島に囲まれた海です（図79）。西インド諸島は、バハマ諸島と大アンティル諸島、小アンティル諸島から構成され、大アンティル諸島は主にキューバ島、イスパニョーラ島、ジャマイカ島、プエルトリコ島からなり、小アンティル諸島は北部のリーワード諸島と南部のウィンドワード諸島からなり、東カリブとも呼ばれます。カリブ海にはその他にもユカタン半島や南アメリカ北部のベネズエラ沖合に多数の島々があります。

大アンティル諸島には、かつて五種類の新世界ザルが生息していて、現在、これらの霊長類はすべて絶

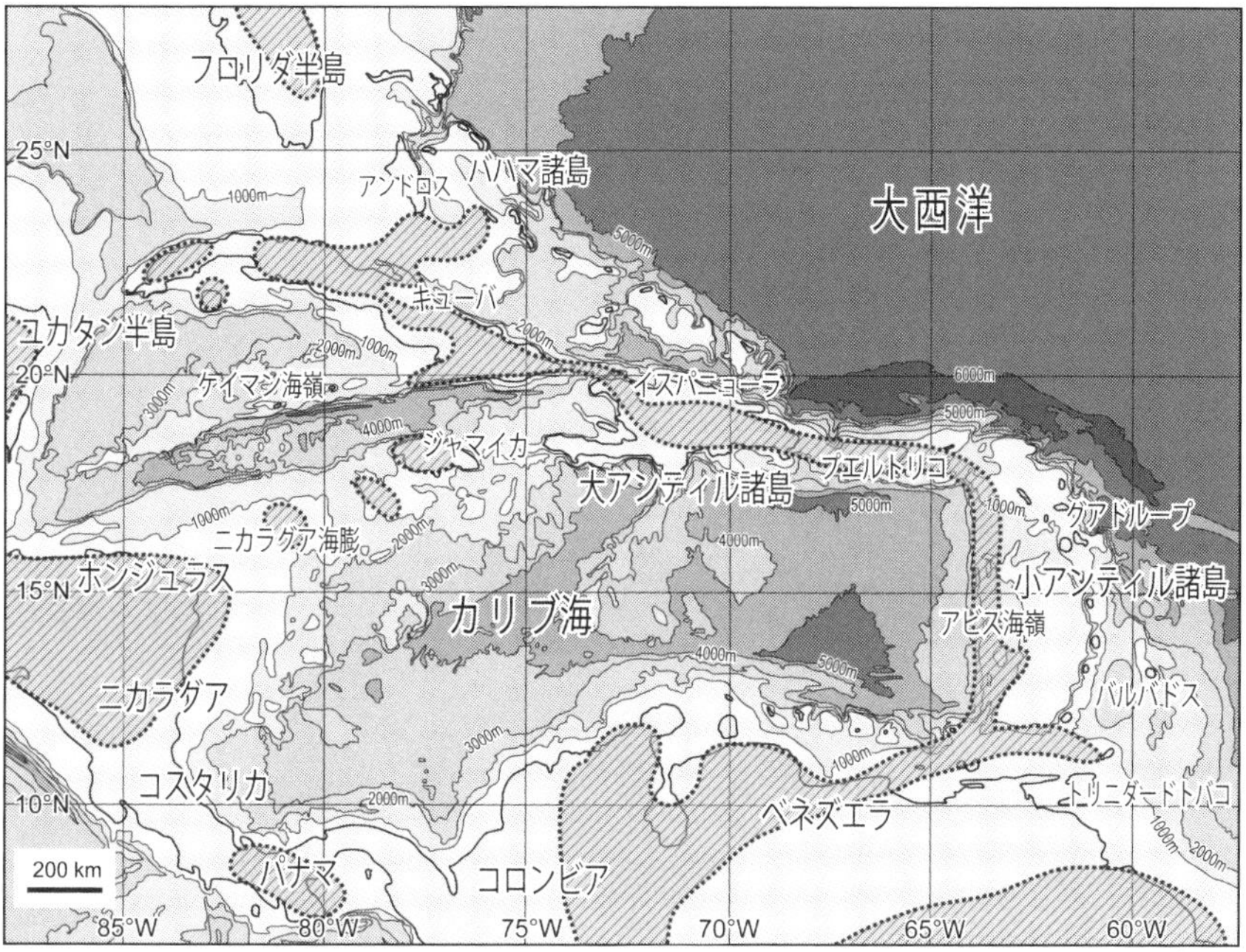
フロリダ半島
25°N
アンドロス
バハマ諸島
大西洋
1000m
5000m
キューバ
ユカタン半島
2000m
1000m
20°N
ケイマン海嶺
イスパニョーラ
6000m
3000m
5000m
4000m
ジャマイカ
プエルトリコ
大アンティル諸島
5000m
1000m
グアドループ
1000m
ニカラグア海膨
4000m
2000m
15°N
ホンジュラス
3000m
小アンティル諸島
カリブ海
アビス海嶺
4000m
5000m
ニカラグア
バルバドス
3000m
1000m
10°N
コスタリカ
2000m
ベネズエラ
トリニダードトバコ
1000m
2000m
200 km
パナマ
コロンビア
85°W
80°W
75°W
70°W
65°W
60°W

図79　カリブ海の海底地形と島々。点線で囲んだ斜線の範囲は、始新世～漸新世の陸域（文献[39]が想定した範囲に加筆）。

滅しています。また、その他にもアンティル諸島の陸生哺乳類の化石として、テンジクネズミ類、大型のナマケモノ、ソレノドン類の無盲腸類が、中新世の初めごろまでにすでにアンティル諸島の一つまたは複数の島に生息していたと考えられています。[38]

大アンティル諸島のジャマイカ島から発見されたすでに絶滅した新世界ザルの一つが、今から一八五〇万～一七五〇万年前の前期中新世にカリブ海地域に生息していたことが、化石とその遺伝子解析から明らかになりました。[38] このことから、始新世から漸新世の間に、大アンティル諸島北部が南アメリカ大陸北東部と陸続きになっていたことが明らかにされました。この陸地は小アンティル諸島の西側に平行するアビス海嶺を含む半島状のもので、「ゲールランディア（GAARlandia）」と呼ばれ、漸新世のころまで大規模な隆起を続け、その後は沈水したと考えられています。[40]

大アンティル諸島および小アンティル諸島には、ゾウガメはじめ、一二〇種を超えるアノールトカゲも生息しています。アンティル諸島のゾウガメは、前期中新世の二一〇〇万年前にガラパゴス諸島とチリのグループとに分岐したとされます。[31] このゾウガメの分布を考えると、おそらくカリブ海にあったゲールランディアは前期中新世まで存在していたと考えられます。とはいえ、カリブ海の島々の生物、とくに陸生動物の起源と生態については、まだ多くの未解決な問題が残されていて、生物地理学のホットスポットになっています。

陸生生物の分布と沈んだ陸橋

これまで見てきたように、陸生生物、とくに今から六六〇〇万年前以降の新生代における陸生動物の分布は、過去の海面の位置の変化、すなわち近似的には現在の水深分布と密接に関連していると考えられます。この章では分子系統学から導かれた生物の分岐の順序と、その推定される分岐年代、深海掘削などによる深海底における浅海や陸上の証拠、地層形成から導き出した私の海面上昇曲線をもとに、現在の海底地形を参考にして陸生動物の進化と分布の謎に迫りました。

哺乳類の有胎盤類が初期にアフリカ獣上目と異節上目、北方獣類の三つにほぼ同時に分岐した今から九〇〇〇万～八八〇〇万年前の後期白亜紀には、海面は今よりも九〇〇〇メートルも低いところにあり、そのまま現在の海底地形で見るとほとんどの海底は陸上になります。しかし、現在の海底の大部分はその後に隆起したものであり、後期白亜紀にも現在と同じ海水量を満たした海底があったと考えられます。後期白亜紀には、大西洋はすでにありましたが、その北部は全体が陸地と浅い海だったと考えられ、南部の大陸縁辺はまだ浅く、図67で示したようにアフリカ大陸と南アメリカ大陸は、陸橋でつながっていた時期もあったと思われます。有胎盤類の三つのグループの分断は、そのような大西洋からその東側のテチス海（古地中海）の地形と、後期白亜紀の海面上昇による大陸の分断、すなわち大陸をつなぐ陸橋の沈水によって起こったと考えられます。

有袋類が南アメリカ大陸からオーストラリア大陸に渡ったのは、南アメリカ大陸のパタゴニアと南極大陸から化石が発見されたことと、分子系統学のデータから、後期白亜紀から暁新世初期にかけて南極大陸を経由したと考えられます。オーストラリア有袋類が渡った陸橋は、南アメリカ大陸からスコチア弧を経由して南極半島から南極大陸に入り、南極大陸からは南東インド洋海嶺を通ってオーストラリア大陸に至るものと考えられます。その後、暁新世初期に南アメリカ大陸と南極大陸とをつないでいたスコチア弧が沈水しました。南極大陸が完全に孤立したのは、後期始新世の初め（約三七八〇万年前）に南極大陸とオーストラリア大陸の間に海が入ったときで、その後に南極大陸のまわりに南極環流が形成されて南極大陸が寒冷化し、それ以降に氷の大陸になっていったと考えられます。

南極圏に生息するペンギンは、今から約三七八〇万年前に南極大陸が孤立したことによって、南極大陸とその周辺に生息する二つのグループに分岐して、進化しました。主に南極大陸以外に生息するグループのペンギンにはオーストラリアに生息した祖先とニュージーランドに生息した祖先をもつ二つのグループがあり、これらは二七八〇万年前（後期漸新世）に分岐しました。前者のオーストラリアに生息した祖先をもつグループの一部は、漸新世末期に南アメリカ大陸に渡りそこで放散しました。このオーストラリア大陸から南アメリカ大陸へは、おそらく太平洋南極海膨とそれに連続する東太平洋海膨の上にあった陸橋か、またはそこにあった島々を伝って移動したと思われます。

オーストラリア大陸の南方古顎類（走鳥類）がそれ以外の主に南アメリカ大陸のグループと分岐した時期は、オーストラリア有袋類が南アメリカ大陸から南極大陸経由でオーストラリア大陸に渡った陸橋が途絶えた時期と一致します。そのことから、オーストラリア大陸の南方古顎類は、オーストラリア有袋類が渡ったと同じ南極大陸を経由して陸橋でオーストラリア大陸に来たと考えられます。また、南アメリカ大陸とニュージーランドに生息する南方古顎類の関係から、暁新世末期までその大陸と島の間をつなぐ大陸または陸橋が推定できます。これについては、ペンギンが漸新世に渡ったオーストラリア大陸の南から南アメリカ大陸のペルーに向かう太平洋南極海膨─東太平洋海膨の上にあった陸橋が考えられます。また、ニュージーランドのキーウィの祖先とマダガスカル島のエピオルニスの祖先が共通していて、六二〇〇万～三六〇〇万年前の間にこれらが分岐したことから、ニュージーランドから南東インド洋海嶺と中央インド洋海嶺、マスカリン海台を経由してマダガスカル島に至る陸橋と、南極大陸からケルゲレン海台を経由して南西インド洋海嶺を通る陸橋のどちらかが、暁新世～始新世の間に存在した可能性が考えられます。

マダガスカル島のキツネザル類やフォッサ、ワオマングースなどの固有の哺乳類は、今から約四〇〇〇万～二六〇〇万年前の間に、モザンビーク海峡のデイビー海嶺にあった陸橋を使って、マダガスカル島に渡ったと考えられます。マダガスカル島とその周辺のアルダブラ環礁やセイシェル諸島のゾウガメも、同じ時期にマダガスカル島とその周辺の島々をつないでいた陸橋を使って分散したものと思われます。

南アメリカ大陸にゾウガメが渡ったのは、その分岐年代から二八八〇万年前（後期漸新世）と考えられ、南アメリカ大陸に現在生息する広鼻猿類と齧歯類テンジクネズミ類の祖先は、それよりも早い後期始新世の三七〇〇万年前ごろに大西洋を渡ったと考えられています。この動物たちが大西洋を渡った陸橋として、現在の赤道大西洋中央海嶺地域ルート、その南のワルビス海嶺―リオグランデ海膨ルート、アグラス海嶺―フォークランド海台ルートの三つのルートが考えられます。

南アメリカ大陸に渡ったゾウガメの祖先の一部は、ガラパゴス諸島やバハマ諸島にも到達しています。ガラパゴス諸島とチリのゾウガメとの分岐が一七〇一万年前（前期中新世）とされていることから、前期中新世までガラパゴス諸島はカーネギー海嶺で南アメリカ大陸と陸続きだったと考えられます。

沈んだ大陸

これまで見てきたように、現在の陸生動物の分布を説明するために必要と思われる沈んだ陸橋または大陸だけでもとても多くあります。第四章「深海に沈んだ大陸」で見てきた、大西洋やインド洋、太平洋の大陸縁辺地域の水深四〇〇〇メートルより浅い海底のほとんどは、おそらく白亜紀または始新世まで陸域であり、始新世〜中新世以降に深い海底になったと考えられます。したがって、始新世より古い暁新世や白亜紀には現在の海底の広い部分が陸地（大陸）だった可能性があります。そして、それらかつての大陸は、地殻の隆起、すなわち地球の微膨張による海面の上昇によって、段階的に海に沈んでしまったと考えられます。

現在の海底の広い部分が陸地（大陸）だったということは、地球の海水量が変わらなかったとすると、

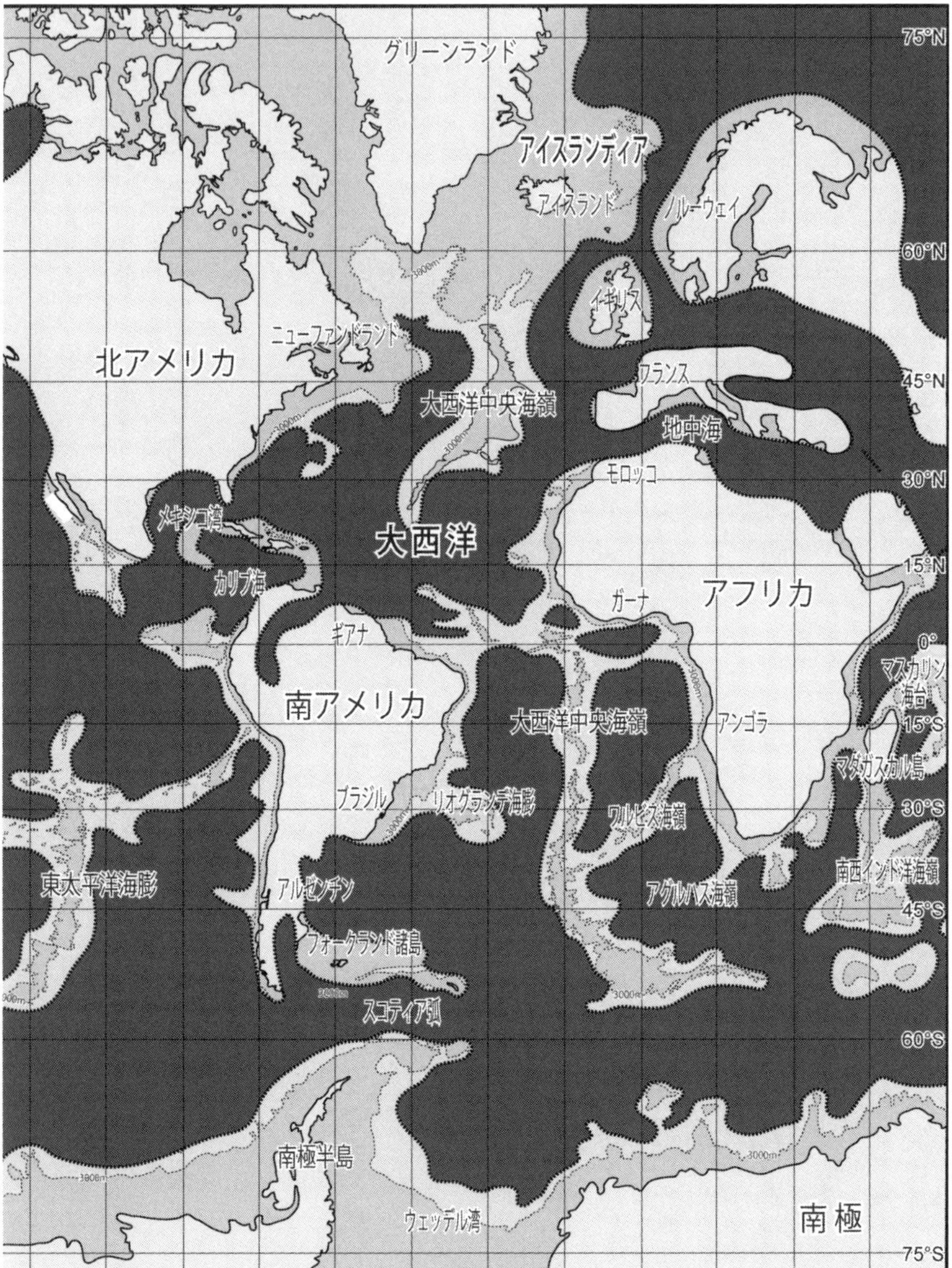
75°N
グリーンランド
アイスランディア
アイスランド
ノルーウェイ
60°N
イギリス
ニューファンドランド
北アメリカ
45°N
フランス
大西洋中央海嶺
地中海
30°N
モロッコ
メキシコ湾
大西洋
15°N
カリブ海
ガーナ
アフリカ
ギアナ
0°
マスカリン海台
南アメリカ
大西洋中央海嶺
アンゴラ
15°S
マダガスカル島
ブラジル
リオグランデ海膨
ワルビス海嶺
30°S
東太平洋海膨
アルゼンチン
アグルハス海嶺
南西インド洋海嶺
45°S
フォークランド諸島
スコティア弧
60°S
南極半島
ウェッデル湾
南極
75°S
105°W
90°W
75°W
60°W
45°W
30°W
15°W
0°
15°E
30°E
45°E

で囲まれる暗色部は当時の海域。当時の陸域と海域の間の範囲は浅海またはある時期に陸域だったところ。

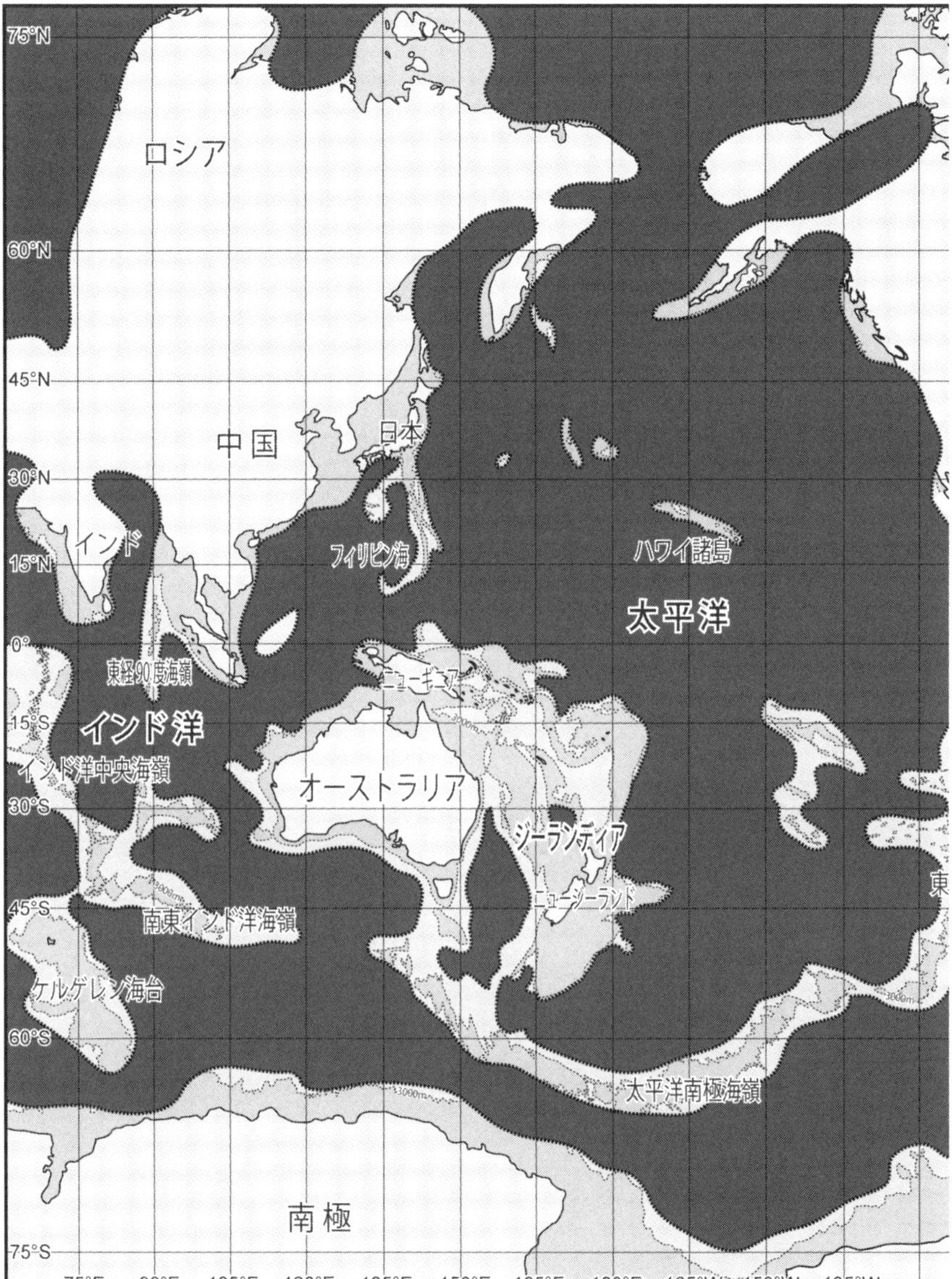
75°N
60°N
45°N
30°N
15°N
0°
15°S
30°S
45°S
60°S
75°S
75°E
90°E
105°E
120°E
135°E
150°E
165°E
180°E
165°W
150°W
135°W
ロシア
中国
日本
インド
フィリピン海
ハワイ諸島
太平洋
東経90度海嶺
インド洋
インド洋中央海嶺
ニューギニア
オーストラリア
ジーランディア
ニュージーランド
南東インド洋海嶺
ケルゲレン海台
太平洋南極海嶺
南極
東
3000m

図80　始新世〜漸新世（今から5600万〜2300万年前）の大陸と海洋（文献[41]を一部修正）。太線の中は現在の陸域。破線で囲まれる部分は現在の水深3000mより浅い海底で当時の陸域。太い破線↗

海水量を満たすために現在の大陸の部分が海底だったか、過去の海底の部分がより深かったことになります。過去の深い海底については、おそらく太平洋がその役割の多くの部分を担っていたと考えられ、とくに新第三紀以降の堆積物がない北東太平洋の大洋底はかつて相当深い海底だったと考えられます。

海底でも陸上と同じように隆起するところとあまり隆起しないところ、それらが隆起する時期もさまざまで、隆起の時期とそのときの海面の位置との関係で、そこが陸上だったか海底だったかが決まります。隆起とともに火山活動がある場合もあり、火山活動で海面より高い地形（火山島）がつくられて、ガラパゴス諸島のようにそこに棲みつづけられた幸運な遺存種たちもあります。

ここでは、本書のまとめとして、現在の海底地形で水深三〇〇〇～四〇〇〇メートル、場所によっては五〇〇〇メートルの等深線をもとにして、古第三紀の始新世～漸新世ごろの陸域を想定してみました（図80）。この古地理図は、現在は大陸でもそのときには海底だったところもあり、それらを総合してあります。また、陸域が存在した年代の範囲も広く設定していて、漸新世にはすでに沈水しているところもあり、不明な部分も多く、おおまかなものとなっています。

本書では、中生代以降の地質時代を通して、陸上や海底にある地層と生物の証拠から、地球表層の海と陸の分布の変遷と、現在に至る生物の分布と進化を考えてきました。このように見てくると、恐竜が絶滅した後の新生代に入ってからでも、海に沈んだ大陸は現在の大洋の中の広い範囲にあり、異なった大陸の間で生物の分布を結びつける可能性のある陸橋が世界のさまざまなところにあったことが想定され、過去の大陸と海洋の分布は現在とは大きく違っていたと考えられます。

このように、過去の地形は現在とは大きく違っていて、それに関連して気候や、地形の変化を引き起こした地殻変動も、過去と現在とでは同じではなかったと思われます。そして、そこに生きた過去の生物たちも現在とは相当に違っていたと思います。したがって、過去の地球の生物や地形を考えるときに、私たちは現在の地形や生物をそのまま過去にあてはめるのではなく、現在という呪縛から自らを解き放って、現在と違う過去を地質学や生物学の知識を総合しながら、想像力を発揮して考察しなくてはなりません。この遠い過去から現在への生物の進化と地球の物語を創造することは、古生物学の大きな醍醐味の一つでもあります。

あとがき

私は、東海大学海洋学部で海底地質学を学び、卒業研究と修士研究では太平洋のギヨー（深海に沈んだ平坦な頂上をもつ海山）の頂上から採取された白亜紀のサンゴ礁石灰岩とそれに含まれる化石から、ギヨーがどのように形成され、なぜ海に沈んでしまったのかということを研究しました。ギヨーの研究では、世界中の海底にある沈んだ海山や大陸の存在を調べ、それらの沈水の原因が海面（海水準）の上昇に起因することを、それらの沈水の時期が一致することから推論しました。

一方で、私は自分の住む静岡県中部地域の地質調査を学生たちとともに長年行っていて、駿河湾の海底も含めて、静岡市北東部から山梨県南部の富士川谷地域と、御前崎から掛川地域などの地形と地質がどのように形成されたかを、詳細な地質図を作成することにより研究してきました。その中で、富士川谷の地層が堆積してそれらが褶曲変形したことは、関東山地や赤石山脈など富士川谷周辺の山地の隆起による堆積物の供給と、富士川谷自体の隆起運動に起因することを明らかにしました。また、御前崎から掛川地域では、地層は地殻の隆起と海面上昇によって形成されることを明らかにしました。

駿河湾の地形と有度丘陵の研究からは、今から四三万年前以降にこの地域に大規模な隆起があり、加えて海面が一〇〇〇メートル上昇したことにより、現在の駿河湾と有度丘陵が形成されたと考え、それを本州弧中央部に分布する第四紀の地層と地形の形成過程で検証していきました。また、日本列島に生息する哺乳動物の固有種の形成も含めて、世界の島嶼の固有動物の形成に関して、この四三万年前以降に海面が一〇〇〇メートル上昇したことで大陸や島の一部が海に沈み、島に取り残されたものが固有種となって生き残ったという仮説を立て、それを検証しました。

今から四三万年前より以前の海面の位置については、深海掘削や海底地質調査の結果から浅海堆積物や陸上噴出溶岩など、深海底に存在する浅海または陸上の証拠から、ジュラ紀末期から海面は六〇〇〇メートル上昇したと推定しました。しかし、実際の白亜紀や古第三紀、新第三紀のサンゴ礁堆積物の厚さの積算値が相当に大きいことから、海面の上昇量がもっと大きかったのではないかと疑問をもち、石油探査から導かれた海面変動（ハク曲線の海岸オンラップ曲線）による地層形成モデルをもとに、ジュラ紀末期からの海進期の地層を形成させた相対的沈降量を累積させて、海面は一二キロメートル上昇したという仮説を立てました。

白亜紀や古第三紀に、海面が現在より相当低い位置にあったとすると、現在の陸と海の地形分布は相当に異なっていたと思われます。ただし、現在の大陸や海嶺など海底の高まりの大部分は、古い時代から地殻の隆起帯だったと考えられ、それを除いた過去の大洋底はより低い位置にあったと考えられます。

生物地理学では、一九五〇年代以降、世界の海底地形の詳細が明らかになり、海底が相当に深いことから、陸生動物が陸橋を使って大陸間を移動したという仮説が否定されました。しかし、過去の地質時代に、海面が現在より相当低い位置にあったとすると、陸橋こそが陸生動物の大陸間移動に大きな役割を果たしたものであると私は考えます。

最近の分子系統学の成果では、陸生動物の系統進化の順序だけでなく、分岐年代についても推定されるようになりました。この成果を活用することで、今まで想像で議論されていた生物分布の謎に関する、陸橋の存在や大陸の移動、陸生動物の漂流による海洋分散などの説について、より具体的に地質学と生物学の問題として議論できるようになりました。本書は、海底に沈んだ大陸の存在を明らかにして、過去の地球の海陸分布が現在とは異なっていたという具体的な証拠をもとに、陸生動物の分布をそれらが陸橋を渡って大陸間や大陸と島の間を移動したという立場で、動物分布の謎に迫ってみました。将来、本書で推定した沈んだ大陸の存在が、明らかになることを願いたいと思います。

本書を出版するにあたり、幻冬舎メディアコンサルティングの田中大晶氏と、幻冬舎ルネッサンスの梅﨑柚香氏と浅井麻紀氏には編集にあたり大変お世話になりました。また、中陣隆夫氏と樽　礎氏には粗稿を見ていただき、青塚圭一氏にはペンギンに関する文献を、矢野孝雄氏には「アイスランディア」に関する文献を紹介していただきました。故星野通平先生には海洋地質学を学ぶ上での海面（海水準）の意味を教えていただき、さらに私に生物地理学への興味を抱かせてくださいました。

本書の第二章「日本列島周辺の沈んだ大陸」の二「伊豆諸島の沈んだ大陸」と、第三章「四三万年前に沈んだ大陸」、第六章「陸生動物の分布と沈んだ大陸」は、それぞれが『化石研究会会誌』に掲載された私の論文、「伊豆半島は南から来たか？」（二〇一六年）、「島嶼固有動物の分布と中期更新世後期以降の一〇〇〇メートルの海水準上昇」（二〇二〇年）、「陸生動物の分子系統学による分岐年代から推定される沈んだ陸橋」（二〇二四年）の内容によるところが多く、第四章「深海に沈んだ大陸」と第五章「ジュラ紀以降の海面の位置と海面上昇」は、星野通平教授追悼論文集に掲載された私の論文、「深海掘削で発見された浅海堆積物とジュラ紀以降の海水準上昇」の内容の一部によるものです。これらについては、転載の許諾をうけて本書をまとめました。本書を執筆するにあたり、これら団体と、私の研究を支えてくださった多くの友人や学生たち、それと私の家族に感謝いたします。

二〇二四年六月

柴　正博

引用文献

第一章　伝説の大陸と最終氷期の大陸

【1】金子史朗（1977）『ムー大陸の謎』．講談社現代新書，講談社，188p.
【2】アンドレーエヴァ E．J．（1963）『失われた大陸』．〔清水邦生訳〕，岩波新書，岩波書店，316p.
【3】柴 正博（2017）『駿河湾の形成―島弧の大規模隆起と海水準上昇』．東海大学出版部，406p.
【4】Daly, R. A. (1934) "The Changing World of the Ice Age". Yale Univ. Press, 495p.

第二章　日本列島周辺の沈んだ大陸

【1】河村善也・亀井節夫・樽野博幸（1989）日本の中・後期更新世の哺乳動物相．第四紀研究，28, 317-326.
【2】川田伸一郎・岩佐真宏・福井 大・新宅勇太・天野雅男・下稲葉さやか・樽 創・姉崎智子・横畑泰志（2018）世界哺乳類標準和名目録．哺乳類科学，58（別冊），1-53.
【3】三枝春生（2005）日本産化石長鼻類の系統分類の現状と課題．化石研究会会誌，38, 78-89.
【4】河村善也（2014）日本とその周辺の東アジアにおける第四紀哺乳動物相の研究―これまでの研究を振り返って―．第四紀研究，53, 119-142.
【5】海上保安庁（1994）大陸棚の海の基本図（20万分の1）駿河湾西方（No．6639）．水路協会．
【6】柴 正博（2017）『駿河湾の形成―島弧の大規模隆起と海水準上昇』．東海大学出版部，406p.
【7】海上保安庁（1994）大洋水深図 G1406．G1506．水路協会．
【8】林 守人・千葉 聡（2009）伊豆諸島および伊豆半島におけるシモダマイマイの生態的・遺伝的変異．日本生態学会関東地区会会報，58, 38-43.
【9】岡本 卓・疋田 努（2009）オカダトカゲの分布とその起源―伊豆半島に乗ってきたトカゲ―．日本生態学会関東地区会会報，58, 44-49.
【10】疋田 努（2002）『爬虫類の進化』．東京大学出版会，234p.
【11】大場達之（1975）ハチジョウイタドリ－シマタヌキラン群集―伊豆諸島のフロラの成立にふれて―．神奈川県立博物

館研究報告，8, 91-106.
【12】星野通平（１９６２）『太平洋』，地団研双書，地学団体研究会，136p.
【13】柴 正博（２０１６）伊豆半島は南から来たか？ 化石研究会会誌，49, 35-43.
【14】星野通平（１９８１）大陸マージン（Continental Margin）の堆積盆地の形成と石油の分布．267-320. 杉山隆二ほか編：『堆積盆中の流体移動』，東海大学出版会．
【15】International Commission on Stratigraphy (2023) International Chronostratigraphic Chart. v2023/09. https://stratigraphy.org/ICSchart/ChronostratChart2023-09Japanese.pdf

第三章　四三万年前に沈んだ大陸

【1】Wallace, A. R.（1869）“The Malay Archipelago: The Land of the Orang-Utan and the Bird of Paradise, a Narrative of Travel with Studies of Man and Nature.” Tynron Press, Scotland.
【2】Van der Geer, A., G. Lyras, J. De Vos and M. Dermitzakis（2010）“Evolution of Island Mammals. Adaptation and Extinction of Placental Mammals on Islands.” Wiley-Blackwell, 479p.
【3】柴 正博（２０２０）島嶼固有動物の分布と中期更新世後期以降の１，０００ｍの海水準上昇．化石研究会会誌，53, 1-17.
【4】Heaney, L. R.（1985）Zoogeographic evidence for Middle and Late Pleistocene land bridges to the Philippine Islands. Mod. Quat. Res. SE. Asia, 9, 127-143.
【5】Audley-Charles, M. G.（1981）Geological history of the region of Wallace's line. 24-35, In Whitmore, T. C. ed.: “Wallace's Line and Plate Tectonics”, Claredon Press.
【6】Animal Diversity Web University of Michigan Museum of Zoology http://animaldiversity.org/accounts/Urocyon_littoralis/
【7】アラン・デケイロス（２０１７）『サルは大西洋を渡った 奇跡的な航海が生んだ進化史』，［柴田裕之・林 美佐子訳］，みすず書房，412p.［de Queiroz, A.（2014）“The Monkey's Voyage. How Improbable Journeys Shaped the History of Life”. Basic Books, Massachusetts.］
【8】de Queiroz, A. and R. Lawson（2008）A peninsula as an island: multiple forms of evidence for overwater colonization of

Baja California by the gartersnake Thamnophis validus. Biol. Jour. Linnean Soc., 95, 409–424.
【9】McDowall, R. M.（2005）Falkland Islands biogeography: converging trajectories in the South Atlantic Ocean. Jour. Biogeography, 32, 49–62.
【10】Slater, G. J., O. Thalmann, J. A. Leonard, R. M. Schweizer, K-P. Koepfli, J. P. Pollinger, N. J. Rawlence, J. J. Austin, A. Cooper and R. K. Wayne（2009）Evolutionary history of the Falklands wolf. Current Biology, 19, R937–R938.
【11】Paterson, A., S. Trewick, K. Armstrong, J. Goldberg and A. Mitchell（2006）Recent and emergent: Molecular analysis of the biota supports a young Chatham Islands. 27–29, In Trewick, S. A. and M. J. Phillips eds.: "Extended Abstracts for Papers Presented at the Geogenes III Conference," Geol. Soc. New Zealand Miscellaneous Publ., 121.
【12】Heenana, P. B., A. D. Mitchellb, P. J. de Langec, J. Keelingd and A. M. Paterson（2010）Late-Cenozoic origin and diversification of Chatham Islands endemic plant species revealed by analyses of DNA sequence data. New Zealand Jour. Botany, 48, 83–136.
【13】Simpson, G. G.（1965）"The Geography of Evolution". Capricorn Book, 249p.
【14】柴 正博（２０１７）『駿河湾の形成―島弧の大規模隆起と海水準上昇』．東海大学出版部，406p.
【15】井内美郎・奥田義久・吉田史郎（１９７８）紀伊水道南方の上部大陸斜面成立時期．地質学雑誌，84, 91–93.
【16】星野通平（１９９１）『玄武岩時代　地質学の諸カテゴリー』．東海大学出版会，456p.
【17】星野通平（１９９２）『毒蛇の来た道』．東海大学出版会，150p.

第四章　深海に沈んだ大陸

【1】柴 正博（２０１７）『駿河湾の形成―島弧の大規模隆起と海水準上昇』．東海大学出版部，406p.
【2】柴 正博（２０２２）深海掘削で発見される浅海堆積物とジュラ紀以降の海水準上昇―玄武岩時代の海水準の位置―．星野通平教授追悼論文集，21–76.
【3】ワシリエフ，B. I.（２００６）太平洋の地質構造および起源．地球科学，60, 185–196.
【4】矢野孝雄・Gavrilov, A. A.・宮城晴耕・Vasiliev, B. I.（２００９）大西洋底の古期岩石と大陸性岩石．地球科学，63, 119–140.

【5】矢野孝雄・Vasiliev, B. I.・Choi, D. R.・宮城晴耕・Gavrilov, A. A.・足立久男（２０１１）インド洋底の大陸性岩石―海洋底に分布する大陸性岩石の意義―，地球科学，65, 199–215.

【6】矢野孝雄（２０２１）大西洋底に沈んだ大陸塊―リオグランデ海膨―，地学教育と科学運動，87, 37–46.

【7】Mullins, H. T. and G. W. Lynts（1977）Origin of the northwestern Bahama Platform: Review and reinterpretation. Geol. Soc. Am. Bull., 88, 1447–1461.

【8】Sheridan, R. E., J. T. Crosby, G. M. Bryan and P. L. Stoffa（1981）Stratigraphy and structure of southern Blake Plateau, northern Florida Straits, and northern Bahama Platform from multichannel seismic reflection data. Amer. Assoc. Petrol. Geol. Bull, 65, 2571–2593.

【9】Paulus, F. J.（1972）The Geology of Site 98 and the Bahama Platform. Init. Rep. DSDP, 11, 877–897.

【10】International Commission on Stratigraphy（2023）International Chronostratigraphic Chart. https://stratigraphy.org/ICSchart/ChronostratChart2023-09japanese.pdf

【11】The Shipboard Scientific Party with additional reports from H. Nelson, P. A. Hacquebard, T. W. Bloxam, G. Kelling, N. P. Hames, J. C. Hopkins, S. A. J. Pocock, J. A. Jeletzky, Jr. E. A. Pessagno and J. F. Longoria（1972）Site 111. Init. Repts. DSDP, 12, 33–159.

【12】Shipboard Scientific Party（1994）Summary and Principal Results. Proc. ODP, Init. Repts., 152, 279–292.

【13】Larsen, H. C., A. D. Saunders, P. D. Clift, and the Shipboard Scientific Party（1994）Introduction: Breakup of the Southeast Greenland Margin and the Formation of the Irminger Basin: Background and Scientific Objectives. Proc. ODP, Init. Rep., 115, 5–16.

【14】Sigmond, E. M-O.（2002）Geological Map, Land and Sea Areas of Northern Europe, Scale 1:4 million. Geol. Surv. Norway.

【15】Beloussov, V. V. and E. E. Milanovsky（1977）On tectonics and tectonic position of Iceland. Tectonophys., 37, 25–40.

【16】Bott, M. H. P.（1983）Deep structure and geodynamics of the Greenland-Scotland Ridge: An introductory review. 3–9, In Bott, M. H. P. et al. eds.: "Structure and Development of the Greenland-Scotland Ridge", Plenum Press.

【17】Morewood, N. C., P. M. Shannon and G. D. Mackenzie（2004）Seismic stratigraphy of the southern Rockall Basin: a comparision between wide-angle seismic and normal incidence reflection data. Marine and Petroleum Geology, 21, 1149–1163.

【18】Stoker, M. S., D. Praeg, B. O. Hjelstuen, J. S. Laberg, T. Nielsen and P. M. Shannon (2005) Neogene stratigraphy and the sedimentary and oceanographic development of the NW European Atlantic margin. Marine and Petroleum Geology, 22, 977–1005.

【19】Musgrove, F. W. and B. Mitchener (1996) Analysis of the pre-Tertiary rifting history of the Rockall Trough. Petroleum Geoscience, 2, 353–360.

【20】Foulger, G. R., L. Gernigon and L. Geoffroy (2022) Icelandia. 29–40. In Foulger, G. R. et al. eds.: In the Footsteps of Warren B. Hamilton, The Geological Society of America, Special Paper, 553, https://doi.org/10.1130/2021.2553(04).

【21】Shipboard Scientific Party (1985) Site 548. Init. Repts. DSDP, 80, 33–122.

【22】Pinheiro, L. M., R. C. L. Wilson, R. Pena dos Reis, R. B. Whitmasrh and A. Ribeiro (1996) The Western Iberia Margin: A Geophysical and Geological Overview. Proc. ODP, Sci. Results, 149, 1–23.

【23】北里 洋（２０１４）『深海、もうひとつの宇宙―しんかい６５００が見た生命誕生の現場』、岩波書店、176p.

【24】Santos, R. V., C. E. Ganade, C. M. Lacasse, I. S. L. Costa, I. Pessanha, E. P. Frazão, E. L. Dantas and J. A. Cavalcante (2019) Dating Gondwanan continental crust at the Rio Grande Rise, South Atlantic. Terra Nova, 31, 424–429.

【25】Hsü, K. J., L. Montadert, D. Bernoulli, M. B. Cita, A. Erickson, R. E. Garrison, R. B. Kidd, F. Mélières, C. Müller, and R. Wright (1977) History of the Mediterranean Salinity Crisis. Nature, 267, 399–403.

【26】Barber, P. M. (1981) Messinian subaerial erosion of the proto-Nile Delta. Marine Geology, 44, 253–272.

【27】Aumento, F. and B. D. Loncarevic (1969) The Mid-Atlantic Ridge near 45°N. III. Bald Mountain. Canada. Jour. Earth Sci., 6, 11–23.

【28】Wanless, R. K., R. D. Stevens, G. R. Lachance and C. M. Edmonds (1968) Age determinations and geological studies. K-Ar isotopic ages, report 8. Paper 67-2, Part A, Geol. Surv. Canada, 141p.

【29】Dosso, L., H. Bougault, C. Langmuir, C. Bollinger, O. Bonnier and J. Etoubleau (1999) The age and distribution of mantle heterogeneity along the Mid-Atlantic Ridge (31-41°N). Earth Planet Sic. Lett. 170, 269–286.

【30】Furon, R. (1979) Sur les trilobites dragué es a 4255 m de profondeur par le Talisman (1883). Acad. Sci. Compte. Rendu., 228, 1509–1510.

【31】Meyerhoff, A. A., W. B. Agocs, I. Taner, A. E. L. Morris and B. D. Martin (1992) Origin of midoceanic ridge. 151–178, In

Chatterjee, S. and N. Hotton III eds.: "New Concepts in Global Tectonics", Texas Tech. Univ. Press.

【32】Saito, T., M. Ewing and L. Burckle (1966) Tertiary sediment from the Mid-Atlantic Ridge. Science, 151, 1075–1079.

【33】Ozima, M., K. Saito, J. Matsuda, S. Zashu, S. Aramaki and F. Shido (1976) Additional evidence of existence of ancient rocks in the mid-Atlantic ridge the age of the opening of the Atlantic. Tectonophysics, 31, 59–71.

【34】Truchalev, A. I., S. A. Silantjev and N. A. Kurentsova (1990) Old K-Ar age of metagabbro and granite-gneiss dredged at the axial part of the Mid-Atlantic Ridge, 26°N. Dokl. Akad. Nauk., 311, 1447–1452.

【35】Karson, J. A. (1999) Geological investigations of a lineated massif at the Kane Transform Fault: Implications for oceanic core complexes. Phil. Trans. R. Soc. London A, 357, 713–740.

【36】Pilot, J., C.-D. Werner, F. Haubrich and N. Baumann (1998) Paleozoic and Proterozoic zircons from the Mid-Atlantic Ridge. Nature, 333, 676–679.

【37】Bonatti, E., M. Ligi, D. Brunelli, A. Cipriani, P. Fabretti, V. Ferrante, L. Gasperini and L. Ottolini (2003) Mantle thermal pulses below the Mid-Atlantic Ridge and temporal variations in the formation of oceanic lithosphere. Nature, 423, 499–505.

【38】Kepezhinskas, P. and D. Dmitriev (1992) Continetal lithospheric blocks in Central Atlantic Ocean. Ofioliti, 17, 19–35.

【39】Udintsev, G. B., A. F. Beresnev, V. M. Golod, A. V. Kol'tsova, N. A. Kurentsova, M. V. Zakharov, G. V. Agapova, L. P. Volokitana and V. G. Udintsev (1996) Geological structure of the Strakhov fracture zone (equatorial segment of the Mid-Atlantic ridge). Oceanology, 35, 544–558.

【40】Roden, M. K., S. R. Hart, F. A. Frey and W. G. Melson (1984) Sr, Nd and Pb isotopic and REE geochemistry of St. Paul's Rocks: the metamorphic and metasomatic development of an alkali basalt mantle source. Contr. Mineral Petrol., 85, 376–390.

【41】Gasperini, L., D. Bernoulli, E. Bonatti, A. M. Boresetti, M. Ligi, A. Negri, R. Sartori and K. Salis (2001) Lower Cretaceous to Eocene sedimentary transverse ridge at the Romanche Frecture Zone and the opening of the equatorial Atlantic. Marine Geology, 176, 101–119.

【42】Bonatti, E., M. Ligi, A. M. Boresetti, I. Gasperini, A. Negri and R. Sartori (1996) Lower Cretaceous deposits trapped near the equatorial Mid-Atlantic Ridge. Nature, 380, 518–520.

【43】 Honnorez, J., M. Villeneuve and J. Mascle (1994) Old continent-derived metasedimentary rocks in the equatorial Atlantic: An acoustic basement outcrop along the fossil trace of the Romanche transform fault at 6 ° 30'W. Marin Geology, 117, 237–251.

【44】 Nielson, D. L. and B. S. Sibbett (1996) Geology of Ascension Island, South Atlantic Ocean. Geothermics, 25, 427–430.

【45】 Baker, I. (1968) The Geology of Saint Helena Island, South Atlantic. Thesis submitted for the Degree of Doctor of Philosophy in the University of London.

【46】 Kamenetsky, V. S., R. Mass, N. M. Sushchevskaya, M. D. Norman, I. Cartwright and A. A. Peyve (2001) Remnants of Gondwanan continental lithosphere in oceanic upper mantle: Evidence from the South Atlantic Ridge. Geology, 29, 243–246.

【47】 Hsü, K. J. (1977) Tectonic Evolution of the Mediterranean Basins. 29–75, In Nairn, A. E. M. et al. eds.: "The Ocean Basins and Margins", Plenum Press.

【48】 Flower, M. F. J. and D. F. Strong (1969) The significance of sandstone inclusions in lavas of the Comores archipelago. Earth Planet Sci. Lett., 7, 47–50.

【49】 Bassias, Y. (1992) Petrological and geochemical investigation of rocks form the Davie Fracture Zone (Mozambique Channel) and some tectonic implications. Jour. African. Earth Sci., 15, 321–339.

【50】 McCall, R. A. (1997) Implications of recent geological investigations of the Mozambique Channel for the mammalian colonization of Madagascar. Proc. R. Soc. London, B, Biol. Sci., 264, 663-665.

【51】 Mougenot, D., M. Gennesseax, J. Hernandez, C. Lepvrier, J.-A. Malod, S. Raillard, J.-R. Vanney and M. Villeneuve (1991) La ride du Mozambique (Océan Indien), un fragment continental individualisé lors du coulissement de l'Amérique et de l'Antarctique le long de l'Afrique de l'Est? Comptes Rendus de l'Académie des Sciences Paris, Série II, 312, 655–662.

【52】 Girdley, W. A., L. Leclarire, C. Moore, T. L. Vallier and S. M. White (1974) Lithologic summary, Leg 25, Deep Sea Drilling Project. Init. Rept. DSDP, 25, 725–741.

【53】 Tucholke, B. E., R. E. Houtz and D. M. Barrett (1981) Continental crust beneath the Agulhas Plateau, southwest Indian Ocean. Jour. Geophys. Res., 86, 3791–3806.

【54】 Allen, R. B. and B. E. Tucholke (1981) Petrography and implications of continental rocks from the Agulhas Plateau, southwest Indian Ocean. Geology, 9, 463–468.

【55】Matthews, D. H. and D. Davies（1966）Geophyiscal studies of the Seychelles Bank. Philos. Trans. R. Soc. London, A, 259, 227–239.

【56】Ashwal, L. D., D. Demaiffe and T. H. Torsvik（2002）Petrogenesis of Neoproterozoic granitoids and related rocks from the Seychelles: the case for Andean-type are origin. Jour. Petrol., 43, 45–83.

【57】Dickin, A. P., A. E. Fallick, A. N. Halliday, R. M. Macintyre and W. E. Stephens（1986）An isotopic and geochronological investigation of the younger igneous rocks of the Seychelles microcontinent. Earth Planet Sci. Lett., 81, 46–56.

【58】Torsvik, T. H., H. Amundsen, E. H. Hartz, F. Corfu, N. Kusznir, C. Gaina, P. V. Doubrovine, B. Steinberger, L. D. Ashwal and B. Jamtveit（2013）A Precambrian microcontinent in the Indian Ocean: Nature Geoscience, 6, 223–227.

【59】Shipboard Scientific Party（1989）Site 752. Proc. ODP, Init. Repts., 121, 111–169.

【60】Mahoney, J. J., W. B. Jones, F. A. Frey, V. J. M. Salters, D. J. Pyle and H. L. Davies（1995）Geochemical characteristics of lavas from Broken Ridge, the Naturaliste Plateau and southernmost Kerguelen Plateau: Cretaceous plateau volcanism in the southeast Indian Ocean. Chem. Geol., 120, 315–345.

【61】Hassler, D. R. and N. Shimizu（1998）Osmium isotopic evidence for ancient subcontinental lithospheric mantle beneath the Kerguelen islands, southern Indian Ocean. Science, 280, 418–421.

【62】Nicolaysen, K., S. Bowring, F. Frey, D. Weis, S. Ingle, M. S. Pringle, M. F. Coffin and Leg 183 Shipboad Scientific Party（2001）Provenance of Proterozoic garnet-biotite gneiss recovered from Elan Bank, Kerguelen Plateau, southern Indian Ocean. Geology, 29, 235–238.

【63】Montigny, R., A.-M. Karpoff and C. Hofmann（1993）Résultats d'un dragage par 55° 18'S-83° 04'E dans le Bassin de Labuan（campagne MD 67）, Océan Indien méridional）: implication géodynamiques. Géosciences Marines, Soc. géol. France, 12, 83p.

【64】Gladczenko, T. P. and M. F. Coffin（2001）Kerguelen plateau crustal structure and basin formation from seismic and gravity data. Jour. Geophys. Res., 106, 16583–16601.

【65】Shipboard Scientific Party（1990）Site 761. Proc. ODP, Init. Repts., 122, 161–211.

【66】Beslier, M.-O., J-Y. Royer, J. Girardeau, P. J. Hill, E. Boeuf, C. Buchanan, F. Chatin, G. Jacoventti, A. Moreau, M. Munschy, C.

Partouche, U. Robert and S. Thomas (2004) A wide ocean-continent transition along the south-west Australian margin: first results of the MARGAU/MD110 cruise. Bull. Soc. géologique de france, 175, 629–641.

【67】Halpin, J. A., A. J. Crawford, N. G. Direen, M. F. Coffin, C. J. Forbes and I. Borissova (2008) Naturaliste Plateau, offshore Western Australia: A submarine window into Gondwana assembly and breakup. Geology, 36, 807–10.

【68】ウージェンチェフ，G．B．（１９９０）『大洋底の地形と地質構造』，（押手 敬・花田正明・石田光男訳編），地球科学研究センター，143p.

【69】Winterer, E. L. and C. V. Metzler (1984) Origin and subsidence of Guyots in Mid-Pacific Mountain. Jour. Geophys. Res., 89, 9969–9979.

【70】東海大学海洋学部第1鹿島海山調査団（１９７６）第1鹿島海山の地形・地質，地球科学，30, 222–240.

【71】Shiba, M. (1993) Middle Cretaceous Carbonate Bank on the Daiichi-Kashima Seamount at the junction of the Japan and Izu-Bonin Trenches. 465–471, In Simo, T., B. Scott and J-P. Masse eds.: "Cretaceous Carbonate Platform", Amer. Assoc. Petrol. Geol. Mem., 56.

【72】Tsuchi, R. and H. Kagami (1967) Discovery of nerineid gastropoda from seamount Susoev (Erimo) at the junction of Japan and Kuril-Kamchatka Trenches. Rec. Ocean. Works Japan, 9, 1–6.

【73】Hamilton, E. L. (1956) Sunken islands of the Mid-Pacific Mountains. Geol. Soc. Amer. Mem. 64, 1–97.

【74】Heezen, B. C., J. L. Matthews, R. Catalano, J. Natland, A., Coogan, M. Tharp and M. Rawson (1973) Western Pacific Guyots. Inti. Rept. DSDP, 20, 653–723.

【75】柴 正博（１９７９）小笠原諸島東方，矢部海山（新称）の地史，地質学雑誌，85, 209–220.

【76】Konishi, K. (1985) Cretaceous reefal fossils dredged from two seamounts of the Ogasawara Plateau. 169–180, In Kobayashi, K. ed.: Preliminary Rept. Hakuho-maru cruise, KH-84-1.

【77】Konishi, K. (1973) Description of sample. 71–73, In Tomoda, Y. ed.: Preliminary Rept., Hakuho-maru cruise, KH-71-1.

【78】Ladd, H. S., W. A. Newman and N. F. Sohl (1974) Darwin guyot, the Pacific's oldest atoll. Proc. Sec. International Coral Reef Symposium, 2, 513–522.

【79】Shiba, M. (1988) "Geohistory of the Daiichi-Kashima seamount and the Middle Cretaceous Eustacy". Sci. Rept. Nat. Hist. Mus., Tokai Univ., 2, 69p.

【80】McKenzie, J., D. Bernoulli, and S. O. Schlanger, (1980) Shallow-water carbonate sediments from the Emperor Seamounts, their diagenesis and paleongeographic significance. Init. Rep. DSDP, 55, 415–451.

【81】Schlanger, S. O. and K. Konishi (1975) The geographic boundary between the Coral-Algal and the Bryozoan-Algal facies: A paleolatitude indicator: Theme I, IX Int. Cong. Sedimentology, Nice, 189–190.

【82】Schlanger, S. O. (1981) Shallow-water limestones in Oceanic basins as tectonic and Paleoceanographic indications. SEPM. Special Publication, 32, 209–226.

【83】Ladd, H. S., J. I. Tracey Jr, and M. G. Gross (1970) Deep Drilling on Midway Atoll. US Geol. Surv. Prof. Paper 680-A, 29p.

【84】Ladd, H. S. and S. O. Schlanger (1960) Drilling operations on Eniwetok Atoll, US Geol. Surv. Prof. Paper 260-Y, 863–905.

【85】柴田 賢・奥田義久（１９７５）第二駒橋海山より採取された花崗岩礫のＫ－Ａｒ年代，地調月報，26, 71–72.

【86】臼井 朗・西村 昭・石塚 治（１９９７）九州・パラオ海嶺，駒橋第二海山のマンガンクラスト・団塊の潜航調査，JAMSTEC 深海研究，(13), 127–144.

【87】志岐常正・青木 斌・三沢良文（１９７５）フィリピン海研究の最近の地質学的成果と課題―特にＧＤＰ－８，11次航海に関連して―，海洋科学，7, 455–460.

【88】水野篤行・奥田義久・玉木賢策・木下泰正・野原昌人・湯浅真人・中島信久・村上文敏・寺島進世意・石橋嘉一（１９７５）大東海嶺群域の海底地質と地史についての一試論（１），海洋科学，7, 484–491.

【89】水野篤行・奥田義久・玉木賢策・木下泰正・野原昌人・湯浅真人・中島信久・村上文敏・寺島進世意・石橋嘉一（１９７５）大東海嶺群域の海底地質と地史についての一試論（２），海洋科学，7, 543–548.

【90】安藤寿男（２００５）東北日本の白亜系―古第三系蝦夷前弧堆積盆の地質学的位置づけと層序対比，石油技協会誌，70, 24–36.

【91】Vasiliev, B. I. (2009) “Geological Structure and Origin of the Pacific Oceean”. Dalnauka, Vladjvostok, 559p. [in Russian] (Vasiliev, B. I., 2016:『太平洋の地質構造と起源』，星野通平監修，石田光男・杉山 明訳，413p，「太平洋の地質構造と起源」刊行会).

第五章　ジュラ紀以降の海面の位置と海面上昇

【1】Masse, J.-P. and M. Shiba（2010）*Praecaprotina kashimae* nov. sp.（Bivalvia, Hippuritacea）from the Daiichi-Kashima Seamount（Japan Trench）. Cretaceous Research, 31, 147–153.

【2】柴 正博（２０２２）深海掘削で発見される浅海堆積物とジュラ紀以降の海水準上昇―玄武岩時代の海水準の位置―．星野通平教授追悼論文集，21–76.

【3】Hsü, K. J., L. Montadert, D. Bernoulli, M. B. Cita, A. Erickson, R. E. Garrison, R. B. Kidd, F. Mélières, C. Müller and R. Wright（1977）History of the Mediterranean Salinity Crisis. Nature, 267, 399-403.

【4】黒田潤一郎・吉村寿紘・川幡穂高・Jimenz-Espejo, F. J.・Lugli, S.・Manzi, V・Roveri, M.（２０１４）海盆の蒸発：蒸発岩の堆積学とメッシニアン期地中海塩分危機．地質学雑誌，120, 181–200.

【5】星野通平（１９６２）『太平洋』，地団研双書，地学団体研究会，136p.

【6】Vail, P. R., R. M. Mitchum, Jr. and S. Thompson. III（1977）Global cycles of relative changes of sea level. 83–97, In Payton, C. E. ed.: "Seismic Stratigraphy - Application to Hydrocarbon Exploration", Amer. Assoc. Petrol. Geol. Mem., 26.

【7】Haq, B. U., J. Hardenbol and P. R. Vail（1987）Chronology of fluctuating sea levels since the Triassic. Science, 235, 1156–1166.

【8】Mitchum, R. M., P. R. Vail and J. B. Sangree（1977）Stratigraphic interpretation of seismic reflection patterns in depositional sequence. 213–248, In Payton, C. E. ed.: "Seismic Stratigraphy - Application to Hydrocarbon Exploration", Amer. Assoc. Petrol. Geol. Mem., 26.

【9】Sheridan, R. E., J. T. Crosby, G. M. Bryan and P. L. Stoffa（1981）Stratigraphy and structure of southern Blake Plateau, northern Florida Straits, and northern Bahama Platform from multichannel seismic reflection data. Amer. Assoc. Petrol. Geol. Bull, 65, 2571–2593.

【10】星野通平（１９９１）『玄武岩時代　地質学の諸カテゴリー』，東海大学出版会，456p.

【11】久城育夫（１９７７）高圧下の鉱物の相転移と地球深部物質，応用物理，46, 904–912.

【12】星野通平（２００８）『海水準と地殻の発達　西南日本列島の地質構造への適用』，イー・ジー・サービス，258p.

第六章　陸生動物の分布と沈んだ大陸

【1】星野通平（１９９２）『毒蛇の来た道』，東海大学出版会，150p.

【2】長谷川政美（２０２０）『進化38億年の偶然と必然―生命の多様性はどのようにして生まれたか』，国書刊行会，415p.

【3】Schuchert, S. O.（1924）The paleogeography of Permian time in relation to the geography of earlier and later Periods. Proc. Pan-Pacific Sci. Congr., Australia, 1923, 2, Pacific Sci. Assoc., Aust. Nat. Res. Council, Melbourne, 1079–1091.

【4】Smith, A. G., D. G. Smith and B. M. Funnell（1994）"Atlas of Mesozoic and Cenozoic Coastlines". Cambridge Univ. Press, 99p.

【5】Nishihara, H., S. Maruyama and N. Okada（2009）Retroposon analysis and recent geological data suggest near-simultaneous divergence of the three superorders of mammals. Proc. Natl. Acad. Sciences, 106, 5235–5240.

【6】柴 正博（２０１６）『はじめての古生物学』，東海大学出版部，190p.

【7】Sanmartín, I. and F. Ronquist（2004）Southern hemisphere biogeography inferred by event-Based models: Plant versus animal patterns. Systematic Biology, 53, 278–298.

【8】dos Reis, M., J. Inoue, M. Hasegawa, R. J. Asher, P. C. J. Donoghue and Z. Yang（2012）Phylogenomic datasets provide both precision and accuracy in estimating the timescale of placental mammal phylogeny. Proc. Biol. Sci., 279, 3491–3500.

【9】アラン・デケイロス（２０１７）『サルは大西洋を渡った　奇跡的な航海が生んだ進化史』，みすず書房，412p.

【10】遠藤秀紀（２０１８）『有袋類学』，東京大学出版会，272p.

【11】Beck, R. M. D.（2008）A dated phylogeny of Marsupials using a molecular supermatrix and multiple fossil constraints. Jour. Mammalogy, 89, 175–189.

【12】Martin, H. A.（2006）Cenozoic climatic change and the development of the arid vegetation in Australia. Jour. Arid Environments, 66, 533–563.

【13】Birkenmajer, K.（1987）Tertiary glacial and interglacial deposites, South Shetland Islands, Antarctica: Geochronology versus biostratigraphy（a progress report）. Bulletin of the Polish Academy of Science, Earth Science, 36, 133–145.

【14】Prothero, D. R.（1994）"The Eocene-Oligocene Transition, Paradise Lost". Columbia Univ. Press, 291p.

【15】Shackleton, N. J. and J. P. Kennett（1975）Paleotemperature history of the Cenozoic and initiaion of Antarctic glaciation: Oxygen and carbon isotope analyses in DSDP Sites 277, 279, and 281. Init. Rep. DSDP, 29, 743–755.

【16】Wolfe, J. A. (1978) A Paleobotanical interpretation of Tertiary climates in the Northern hemisphere. American Scientist, 66, 694–703.

【17】Kennett, J. (1982) "Marine Geology". Prentice-Hall, Inc., 813p.

【18】Slack, K. E, C. M. Jones, T. Ando, G. L. Harrison, R. E. Fordyce, U. Arnason, D. Penny (2006) Early penguin fossils, plus mitochondrial genomes, calibrate avian evolution. Mol. Biol. Evol.,23, 1144–1155.

【19】Pelegrín, J. S. and C. A. Hospitaleche (2022) Evolutionary and Biogeographical History of Penguins (Sphenisciformes) : Review of the Dispersal Patterns and Adaptations in a Geologic and Paleoecological Context. Diversity, 14, 255, doi.org/10.3390/d14040255

【20】Baker, A, J., S. L. Pereira, O. P. Haddrath and K-A. Edge (2006) Multiple gene evidence for expansion of extant penguins out of Antarctica due to global cooling. Proc. R. Soc, B, 273, 11–17.

【21】Yonezawa, T., T. Segawa, H. Mori, P. F. Campos, Y. Hongoh, H. Endo, A. Akiyoshi, N. Kohno, S. Nishida, J. Wu, H. Jin, J. Adachi H. Kishino, K. Kurokawa, Y. Nogi, H. Tanabe, H Mukoyama, K. Yoshida, A. Rasoamiaramanana, S. Yamagishi, Y. Hayashi, A. Yoshida, H Koike, F Akishinonomiya, E. Willerslev, M. Hasegawa (2017) Phylogenomics and morphology of extinct Paleognaths reveal the origin and evolution of the Ratites. Curr. Biol., 27, 68–77.

【22】遠藤秀紀（２００２）『哺乳類の進化』，東京大学出版会，383p.

【23】Purvis, A. (1995) A composite estimate of primate phylogeny. Phil. Trans. R. Soc. Lond. B, 348, 405–421.

【24】Federman, S., A. Dornburg, D. C. Daly and A. L. Baden (2016) Implications of lemuriform extinctions for the Malagasy flora. Proc. Natl. Acad. Sci., 113, 5041–5046.

【25】McCall, R. A. (1997) Implications of recent geological investigations of the Mozambique Channel for the mammalian colonization of Madagascar. Proc. R. Soc. London, B, Biol Sci., 264, 663–665.

【26】Poux, C., O. Madsen, J. Glos, W. W. de Jong and Miguel Vences (2008) Molecular phylogeny and divergence times of Malagasy tenrecs: Influence of data partitioning and taxon sampling on dating analyses. BMC Evolutionary Biology, 8, 102.

【27】Eizirik, E., W. J. Murphy, K.-P. Koepfli, W. E. Johnson, J. W. Dragoo, R. K. Wayne and S. J. O'Brien (2010) Pattern and timing of diversification of the mammalian order Carnivora inferred from multiple nuclear gene sequences. Mol. Phylogenet. Evol., 56, 49–63.

【28】Hay, R.（1977）Tectonic evolution of the Cocos-Nazca spreading center. Geol. Soc. Amer. Bull., 88, 1404–1420.

【29】Cox, A.（1983）Ages of the Galápagos Islands. 11-24, In Bowman, R. I., M. Berson and A. E. Leviton eds.: "Patterns of Evolution in Galápagos Organisms," Amer. Assoc. Advance. Science, Pacific Division,

【30】Vries, T. J.（1984）The giant Tortoises: A natural history disturbed by man. 145–156, In Perry, R. ed.: "Key Environments Galapagos", Pergamon Press.

【31】Kehlmaier, C., E. Graciá, J. R. Ali, P. D. Campbell, S. D. Chapman, V. Deepak, F. Ihlow, N.-E. Jalil, L. Pierre-Huyet, K. E. Samonds, M. Vences and U. Fritz（2023）Ancient DNA elucidates the lost world of western Indian Ocean giant tortoises and reveals a new extinct species from Madagascar. Science Advances, 9 ; doi: 10.1126/sciadv.abq2574

【32】Clark, D. A.（1984）Native land mammals. 225–231, In Perry, R. ed.: "Key Environments Galapagos", Pergamon Press.

【33】Eliasson, U.（1984）Native climax forest. 101–114, In Perry, R. ed.: "Key Environments Galapagos". Pergamon Press.

【34】Vences, M., D. R. Vieites, F. Glaw, H. Brinkmann, J. Kosuch, M. Veith and A. Meyer（2003）Multiple overseas dispersal in amphibians. Proc. Biol. Sci. 270, 2435–2442.

【35】Meylan, P. A. and W. Sterrer（2000）Hesperotestudo（Testudines: Testudinidae）from the Pleistocene of Bermuda, with comments on the phylogenetic position of the genus. Zoolog. Jour. Linnean Soc., 128, 51–76.

【36】高井正成（１９９５）広鼻猿類の進化と系統分類の現状．Jour. Anthropologicil Science, 103, 429–446.

【37】Poux, C., P. Chevret, D. Huchon, W. W. de Jong and E. J. P. Douzery（2006）Arrival and diversification of caviomorph rodents and platyrrhine primates in South America. Syst. Biol., 55, 228–244.

【38】Woods, R., S. T. Turvey, S. Brace, R. D. E. MacPhee and I. Barnes（2018）Ancient DNA of the extinct Jamaican monkey Xenothrix reveals extreme insular change within a morphologically conservative radiation. Proc. Natl. Acad. Sci., 115, 12769–12774.

【39】Macphee, R. D. E. and M. A. Iturralde-Vinent（2000）Short History of Greater Antillean Land Mammals: Biogeography, Paleogeography, Radiations, and Extinctions. Tropics, 10, 145–154.

【40】Iturralde-Vinent, M. A. and R. D. E. MacPhee（1999）Paleogeography of the Caribbean region: implications for Cenozoic biogeography. Bull. Amer. Muse. Natu. Hist., 238, 1–95.

【41】柴　正博（２０２４）陸生動物の分子系統学による分岐年代から推定される沈んだ陸橋．化石研究会会誌．56, 1–17.

〈著者紹介〉
柴 正博（しば まさひろ）
1952年生まれ、東海大学大学院海洋学研究科修士課程修了。理学博士、ふじのくに地球環境史ミュージアム客員教授、元東海大学海洋学部博物館学芸課長。

著書：『博物館と学芸員のおしごと』（2023年 東海教育研究所）、『モンゴル・ゴビに恐竜化石を求めて』（2018年 東海大学出版部）、『駿河湾の形成 島弧の大規模隆起と海水準上昇』（2017年 東海大学出版部）、『はじめての古生物学』（2016年 東海大学出版部）、『地質調査入門』（2015年 東海大学出版部）。

沈んだ大陸
—大規模海面上昇と動物分布の謎—

2025年1月10日　第1刷発行

著　者　柴正博
発行人　久保田貴幸

発行元　株式会社 幻冬舎メディアコンサルティング
〒151-0051　東京都渋谷区千駄ヶ谷4-9-7
電話　03-5411-6440（編集）

発売元　株式会社 幻冬舎
〒151-0051　東京都渋谷区千駄ヶ谷4-9-7
電話　03-5411-6222（営業）

印刷・製本　中央精版印刷株式会社
装　丁　弓田和則

検印廃止

ISBN 978-4-344-69194-0 C0045
幻冬舎メディアコンサルティングＨＰ
https://www.gentosha-mc.com/